개정판

정수론과 암호학

Number Theory & Cryptography

이민섭 지음

KyoWooSa 教友社

머 리 말

정수론은 수학에 관한 모든 분야 중에서 가장 오래된 고전적인 학문이나 매년 새로운 이론에 관한 연구가 발표되어 왔다. 특히, 1980년대 들어 현대암호학에 정수론이 응용되면서 정보통신기술과 정보보호기술에서 중요한 기반 이론으로 정수론의 중요성은 더욱 크게 부각되고 있다.

1980년대 이후 컴퓨터와 통신기술의 발전은 오늘날 우리가 믿기 어려울 만큼 유비쿼터스(ubiquitous)나 UCC(user created content)를 자주 이야기할 만큼 사이버 사회를 만들어 왔다. 실제로 현실에서 일어나는 모든 분야의 일들이 사이버 사회에서 일어나고 있다. 금융업무, 무역업무, 상거래, 강의, 범죄 및 수사는 물론 검진과 치료에 이르기까지 다양한 분야가 사이버 사회에서 일어나고 있으며 이에 따라 정보보호는 중요한 역할을 하고 있으며 미래에는 더욱 중요한 역할을 할 것으로 예측된다. 이러한 관점에서 암호학은 매우 중요한 역할을 한다.

오늘날 정수론에 관한 서적은 크게 두 종류로 나뉘어 출판되고 있다. 즉, 순수한 정수 이론을 주요내용으로 하는 서적과 암호학을 비롯한 다양한 응용을 포함하는 서적으로 분류된다. 이 책은 암호학은 물론 다양한 응용을 포함하는 후자에 속하는 정수론을 집필하려고 노력하였다.

이 책은 학부과정에서 필요한 정수론에 관한 중요한 내용은 모두 포함시키고 있으며 이론의 일부 증명은 연습문제의 풀이를 통하여 설명하고 있으며 암호학을 포함한 다양한 응용을 다루고 있다. 일반적인 독자들은 모든 성질의 증명보다는 책의 전체적인 내용을 파악하는 노력이 바람직하다고 생각한다. 그러나 이러한 노력에도 불구하고 저자의 표현력 부족으로 인한 많은 부족한 점이 있을 것으로 생각되며 이 점에 대한 독자 여러분의 많은 질타와 격려를 기대하며 이 책이 이 분야에 관심을 가진 분들에게 다소라도 도움이 되길 기대한다.

이 저술은 2004년도 단국대학교 대학연구비지원에 의하여 수행되었음을 밝힌다. 또한 이 책이 태어나도록 도와주신 교우사 사장님과 단국대학교 암호교실 연구원들에게 감사드린다.

지 은 이

일러두기

머리말에서 설명한 것처럼 이 책은 일반 독자와 1학기 강의교재를 위한 두 가지 목적으로 정수론의 거의 모든 내용과 다양한 응용을 설명하려고 노력하였다. 처음 이 책을 읽는 독자들에게 자세한 모든 증명을 이해하는 것보다는 예제들을 중심으로 전체 내용을 파악하는 방향을 추천하고 싶다. 강의를 담당하시는 분들은 두 가지 강의 선택을 추천한다. 하나는 이론 중심으로 자세하게 강의하는 방법이고 다른 하나는 전체 내용을 개괄적으로 강의하는 방법이다. 아래 내용의 체계도에서 굵은 글씨로 쓴 절은 응용분야이므로 교수가 판단하여 적당하게 다루면 좋을 것이다.

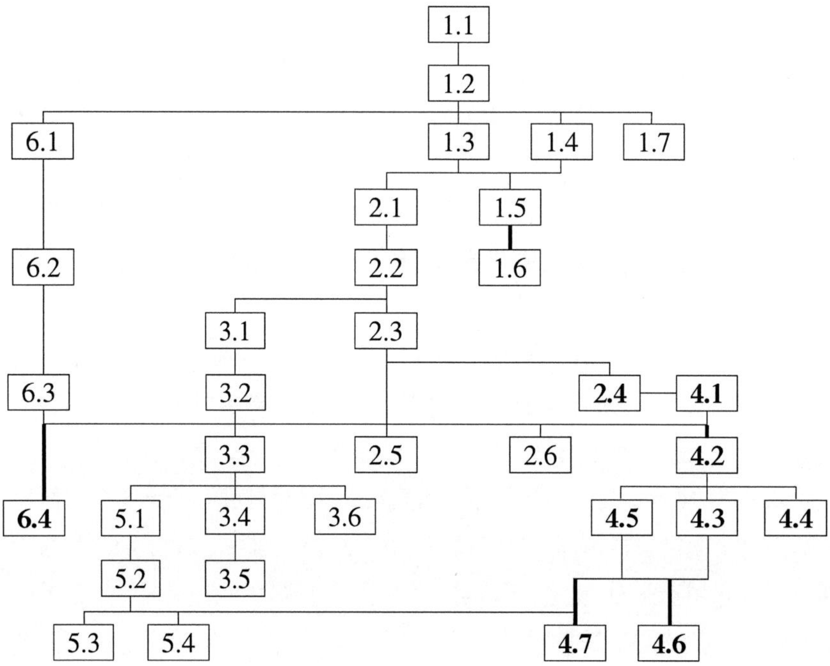

차 례

제 1 장 정 수

제 2 장 합동식과 암호

제 3 장 Euler 정리와 원시근

제 4 장 공개키 암호

제 5 장 이차잉여와 소인수분해

제 6 장 연분수와 응용

제 1 장

정 수

1. 정수의 기본 성질

공집합이 아닌 집합 R에 대하여 R의 임의의 두 원소 x, y의 순서쌍 (x, y)의 집합을 $R\times R$ 또는 R^2으로 나타낸다. 즉,

$$R\times R=\{(x, y) \mid x, y\in R\}$$

이다. 공집합이 아닌 집합 R에 대하여 함수

$$\circ : R\times R\rightarrow R, \quad \circ((x, y))=x\circ y$$

를 집합 R 위의 **이항연산**(binary operation)이라고 하고 $\circ$을 **연산기호**라고 한다. 다른 말로 집합 R은 $\circ$에 관하여 **닫혀있다**(closed)고 한다. 임의의 순서쌍 (x, y)에 대한 함수값 $\circ((x, y))$을 흔히 $x\circ y$로 나타낸다. 특히, 연산기호로 $+$, $\times$, $\circ$, $*$, $\cdot$ 등이 흔히 이용된다.

이 책에서 자주 쓰이는 수들의 집합에 대한 기호를 소개하면 아래와 같다.

$\mathbb{N}=\{1, 2, 3, \cdots\}$: 자연수(양의 정수) 전체의 집합

$\mathbb{Z}=\{\cdots, -2, -1, 0, 1, 2, \cdots\}$: 정수 전체의 집합

$\mathbb{Q}=\left\{\frac{a}{b} \mid a, b\in\mathbb{Z}, b\neq 0\right\}$: 유리수 전체의 집합

$\mathbb{R}$: 실수 전체의 집합

이들 집합 사이에는 다음과 같은 부분집합의 관계

$$\mathbb{N}\subseteq\mathbb{Z}\subseteq\mathbb{Q}\subseteq\mathbb{R}$$

가 성립한다.

예제 1.1.1 자연수의 집합 $\mathbb{N}$에 대하여 이항연산

$$+ : \mathbb{N}\times\mathbb{N}\rightarrow\mathbb{N}, \quad +((x, y))=x+y$$

은 자연수의 집합에서 덧셈의 형식적인 정의이다. 같은 방법으로 자연수의 집합 대신에 정수의 집합, 유리수의 집합 및 실수의 집합으로 대체할 수 있다.

예제 1.1.1에서 덧셈기호 $+$ 대신에 곱셈기호 $\times$로 대체해도 성립한다. 그러나 자

연수의 집합 ℕ에 대하여 뺄셈기호는 이항연산이 되지 않는다. 즉,

$$-:\mathbb{N}\times\mathbb{N}\to\mathbb{N},\quad -((x,\ y))=x-y$$

는 함수가 아니다.

실수의 집합 ℝ 위에는 덧셈 +와 곱셈 ·이 정의되어 있고 또 순서가 정의되어 있다. 먼저, 정수의 집합 ℤ 위에서 덧셈과 곱셈에 관하여 만족하는 성질을 나열하면 정리 1.1.1과 같다.

【정리 1.1.1】

임의의 정수 a, b, c에 대하여

A.1 : $(a+b)+c=a+(b+c)$ [결합법칙]

A.2 : $a+b=b+a$ [교환법칙]

A.3 : 특정한 정수 0이 존재하여 $a+0=a=0+a$이다.

A.4 : 각 $a\in\mathbb{Z}$에 대하여 $a+(-a)=0=(-a)+a$인 정수 $-a$가 존재한다.

M.1 : $(a\cdot b)\cdot c=a\cdot(b\cdot c)$ [결합법칙]

M.2 : $a\cdot b=b\cdot a$ [교환법칙]

M.3 : 특정한 정수 1이 존재하여 $a\cdot 1=a=1\cdot a$이다.

C : $a\neq 0$이고 $a\cdot b=a\cdot c$이면 $b=c$이다. [소약법칙]

D : $(a+b)\cdot c=a\cdot c+b\cdot c$, $a\cdot(b+c)=a\cdot b+a\cdot c$ [배분법칙]

정리 1.1.1에서 정수 0을 덧셈에 관한 **항등원**(identity) 또는 **영원**(zero element)이라 하고 정수 $-a$를 정수 a의 덧셈에 관한 **역원**(inverse element)이라 한다. 두 정수 a, b에 대하여 $a+(-b)$를 간단히 $a-b$로 나타낸다. 또한, 정수 1을 곱셈에 관한 **항등원**(identity)이라 한다. 한편, 집합 ℝ 위에서 덧셈과 곱셈에 관하여 만족하는 성질은 집합 ℤ에서 만족하는 A.1－A.4, M.1－M.3, C, D 외에 M.4가 있다.

M.4 : 각 $a\in\mathbb{R}$, $a\neq 0$에 대하여 $a\cdot a^{-1}=1=a^{-1}\cdot a$인 a^{-1}가 존재한다.

이때, a^{-1}를 a에 대한 곱셈에 관한 **역원**이라 한다. 실제로 정수의 집합에서 a^{-1}가 존재하는 a는 1과 -1뿐이다.

정수 전체 집합 $\mathbb{Z}$가 순서에 관하여 만족하는 성질은 다음 정리 1.1.2와 같다.

【정리 1.1.2】

집합 $\mathbb{Z}$에는 다음 두 조건을 만족하는 부분집합 $\mathbb{N}$이 존재한다.

(1) 각 정수 $a \in \mathbb{Z}$에 대하여 다음 중 꼭 하나만 성립한다.

(i) $a \in \mathbb{N}$ (ii) $a=0$ (iii) $(-a) \in \mathbb{N}$

(2) 임의의 a, $b \in \mathbb{N}$에 대하여 $a+b \in \mathbb{N}$이고 $a \cdot b \in \mathbb{N}$이다.

두 정수 a, b에 대하여 $a-b \in \mathbb{N}$일 때 $a>b$로 나타내면 $\mathbb{Z}$ 위에 순서가 정의된다. $x>0$인 정수 x를 양의 정수라 하면, 임의의 정수는 양의 정수, 0 또는 음의 정수 중에 꼭 한 가지이다. 또한, $a>b$ 또는 $a=b$일 때 $a \geq b$으로 나타낸다.

【정리 1.1.3】

양의 정수 전체의 집합 $\mathbb{N}$의 부분집합에 관한 다음 명제는 동치이다.

(1) 집합 $\mathbb{N}$의 부분집합 S가 다음 조건

(i) $1 \in S$ (ii) $n \in S \Rightarrow n+1 \in S$

을 만족하면, $S=\mathbb{N}$이다.

(2) 집합 $\mathbb{N}$의 공집합이 아닌 부분집합은 최소원을 가진다.

증명 먼저 (1)이 성립한다고 가정하고 T를 집합 $\mathbb{N}$의 공집합이 아닌 부분집합이라고 하자. 집합 T가 최소원을 가지지 않는다면, $1 \notin T$이고 $n \notin T$이면 $n+1 \notin T$이다(연습문제). 따라서 $1 \in \mathbb{N}-T$이고 $n \in \mathbb{N}-T$이면 $n+1 \in \mathbb{N}-T$이다. (1)에 의하여 $\mathbb{N}-T=\mathbb{N}$이고 $T=\varnothing$이므로 가정에 모순이다. 따라서 집합 $\mathbb{N}$의 공집합이 아닌 부분집합은 최소원을 가진다.

역으로, (2)가 성립하고 집합 $\mathbb{N}$의 부분집합 S가 두 조건 (i)과 (ii)를 만족한다고 하면 $1 \notin \mathbb{N}-S$이다. 이제, $\mathbb{N}-S \neq \varnothing$이라면, $\mathbb{N}-S$는 최소원 $l(>1)$을 가진다. 따라서 $l-1 \notin \mathbb{N}-S$이고 $l-1 \in S$이다. 한편 조건(ii)에 의하여 $l=(l-1)+1 \in S$이므로 모순이다. 따라서 $\mathbb{N}-S=\varnothing$이고 $S=\mathbb{N}$이다. ■

정리 1.1.3에서 (1)을 **수학적 귀납법**(mathematical induction)의 원리라 하고 (2)를 **정수의 정렬성**(well ordering property)이라고 한다. 일반적으로 정수의 정렬성은 성립되는 것으로 가정된다. 정수들의 부분집합에서 성립하는 성질들을 증명하는데 이용되는 수학적 귀납법은 다음과 같다.

【정리 1.1.4】

양의 정수 n에 관한 명제 $p(n)$에 대하여 다음 두 조건

(i) $p(1)$은 참이다.
(ii) $p(n)$이 참이면, $p(n+1)$도 참이다.

이 성립하면, 모든 양의 정수에 대하여 $p(n)$은 참이다.

정수들의 집합의 부분집합에서 성립하는 성질들을 증명하는데 자주 이용되는 수학적 귀납법의 변형된 유형은 다음과 같다.

【정리 1.1.5】

양의 정수 n에 관한 명제 $p(n)$에 대하여 다음 두 조건

(i) $p(1)$은 참이다.
(ii) $n>1$일 때, $1\leq k<n$인 정수 k에 대하여 $p(k)$가 참이면 $p(n)$도 참이다.

이 성립하면, 모든 양의 정수에 대하여 $p(n)$은 참이다.

【정리 1.1.6】

정수 n에 관한 명제 $p(n)$에 대하여 다음 두 조건

(i) 특정한 정수 a에 대하여 $p(a)$는 참이다.
(ii) $n\geq a$인 정수 n에 대하여 $p(n)$이 참이면, $p(n+1)$도 참이다.

이 성립하면, 정수 a보다 큰 모든 정수에 대하여 $p(n)$은 참이다.

정수 a에 대하여 a의 절대값을 $|a|$로 나타내며 다음과 같이 정의한다.

$$|a|=\begin{cases} a, & a\geq 0 \text{ 일 때} \\ -a, & a<0 \text{ 일 때} \end{cases}$$

즉, $|a|$는 음이 아닌 정수이다. 임의의 두 정수 a, b에 대하여 $|ab|=|a||b|$는 쉽게 증명된다. 자연수의 집합에서 성립되었던 나눗셈 알고리즘이 다음과 같이 확장된다.

【정리 1.1.7】

두 정수 a, $b(\neq 0)$에 대하여

$$a=qb+r, \quad 0\leq r<|b|$$

인 두 정수 q, r이 유일하게 존재한다. 이때, q를 몫(quotient)이라 하고 r을 나머지(remainder)라고 한다.

증명 임의의 정수 x와 주어진 두 정수 a, $b(\neq 0)$에 대하여 $a-x|b|$는 정수이다. 이제, $a-x|b|$꼴의 음이 아닌 정수들의 집합을 S로 나타내면 즉,

$$S=\{a-x|b|\geq 0 : x\in \mathbb{Z}\}$$

라면

$$a-(-|a|)|b|=a+|a||b|\geq a+|a|\geq 0$$

이므로 집합 S는 공집합이 아니다. 따라서 S는 음이 아닌 정수 전체의 집합 $\mathbb{N}\cup\{0\}$의 부분집합이다. 정수의 정렬성에 의하여 S는 최소원 r을 가진다. 즉, 적당한 정수 h가 존재하여 $a-h|b|=r$이다.

한편, $r\geq |b|$이라면

$$r-|b|=a-h|b|-|b|=a-(h+1)|b|\geq 0$$

이므로 $r-|b|$가 S의 원소가 되어 r의 최소성에 모순이다. 따라서 $0\leq r<|b|$이고 $a=h|b|+r$이다. 따라서 정수 q를

$$q=\begin{cases} h, & b\geq 0 \\ -h, & b<0 \end{cases}$$

으로 놓으면,

$$a = qb + r, \quad 0 \le r < |b|$$

이다. 두 정수 q, r의 유일성의 증명은 독자에게 맡긴다. ■

예제 1.1.2 두 정수 a, $b(\neq 0)$에 대하여 q, r은 다음 표와 같다.

a	b	$a=qb+r$	q	r
37	7	$37=5\times 7+2$	5	2
37	−7	$37=(-5)\times(-7)+2$	−5	2
−37	7	$-37=(-6)\times 7+5$	−6	5
−37	−7	$-37=6\times(-7)+5$	6	5

▶ 연습문제 1.1

1. 정리 1.1.3에서 집합 T가 최소원을 가지지 않을 때, 다음을 증명하여라.

(1) $1 \not\in T$이다.

(2) $n \not\in T$이면 $n+1 \not\in T$이다.

2. 다음을 증명하여라.

(1) $|a| \ge 0$　　(2) $|a| \ge a$

(3) $|5b| = 5|b|$　　(4) $|ab| = |a||b|$

3. 두 정수 a, $b(\neq 0)$에 대하여

$$a = qb + r, \quad 0 \le r < |b|$$

인 몫 q와 나머지 r을 구하여라.

(1) $a=39$, $b=7$　　(2) $a=-139$, $b=17$

(3) $a=-239$, $b=-17$　　(4) $a=0$, $b=71$

4. 정리 1.1.7에서 몫 q와 나머지 r의 유일성을 증명하여라.

2. 약수와 배수

정수의 집합 $\mathbb{Z}$는 나눗셈에 관하여 닫혀있지 않지만 특정한 정수들 사이에는 나눗셈을 수행할 수 있다. 이를테면, $2\times3=6$이므로 2는 6을 나눈다.

일반적으로 두 정수 a, b에 대하여 적당한 정수 c가 존재하여

$$b=c\times a \text{ (간단히, } b=ca)$$

를 만족할 때, 'a는 b를 나눈다.' 또는 'b는 a에 의하여 나누어진다.'고 하고 기호 $a|b$로 나타낸다. 이때, a를 b의 약수(divisor) 또는 인수(factor)라 하고 b를 a의 배수(multiple)라고 한다. 한편, a가 b의 약수가 아닐 때, $a\nmid b$로 나타낸다.

여기에서 $a\neq0$이면 $a|b$일 필요충분조건은 b를 a로 나누었을 때 나머지가 0이다. 특수한 경우로, $a=0$이면 $b=ca=0$이므로 0의 배수는 0뿐이다.

예제 1.2.1 (1) $b=0$이면, 임의의 정수 a에 대하여 $c=0$이 존재하여 $b=ca$이므로 0은 모든 정수의 배수이다. 즉, 임의의 정수 a에 대하여 $a|0$이다.

(2) 임의의 정수 a에 대하여 $a=1\times a=a\times1$이므로 a는 1과 a의 배수이다.

(3) 두 정수 a, b에 대하여 $a|b$이면, $a|(-b)$, $(-a)|b$, $(-a)|(-b)$이다.

(4) 정수 a, b, c에 대하여 $a|b$이고 $b|c$이면, $b=xa$이고 $c=yb$인 정수 x, y가 존재한다. 따라서 $c=yb=y(xa)=(yx)a$이므로 $a|c$이다.

다음 성질들은 정의로부터 쉽게 얻을 수 있다.

【정리 1.2.1】

정수 a, b, c에 대하여 다음이 성립한다.

(1) $a|1$이면, $a=1$ 또는 $a=-1$이다.

(2) $a|b$이고 $b|a$이면, $a=b$ 또는 $a=-b$이다.

(3) $a|b$, $a|c$이면, 임의의 정수 x, y에 대하여 $a|(bx+cy)$이다.

(4) $a|b$, $a|c$이면, $a|(b+c)$이고 $a|(b-c)$이다. 즉, a의 배수의 합과 차는 a의 배수이다.

증명 (1) $a|1$이면 적당한 정수 b가 존재하여 $ab=1$이다. 따라서 $a=b=1$ 또는 $a=b=-1$이다. 그러므로 $a=1$ 또는 $a=-1$이다.

(2) $a|b$이고 $b|a$이면, 적당한 정수 k, l이 존재하여 $b=ka$이고, $a=lb$이다. 따라서 $a=lb=l(ka)=(lk)a$이고 $lk=1$이다. 따라서 $l=k=1$ 또는 $l=k=-1$이다. 그러므로 $a=b$ 또는 $a=-b$이다.

(3) $a|b$이고 $a|c$이면, 적당한 정수 k, l이 존재하여 $b=ka$이고 $c=la$이다. 따라서

$$bx+cy=(ka)x+(la)y=(kx+ly)a$$

이므로 $a|(bx+cy)$이다.

(4) $b+c$는 (3)에서 $x=1$이고 $y=1$인 경우이므로 $a|(b+c)$이다. 같은 방법으로 $b-c$는 (3)에서 $x=1$이고 $y=-1$인 경우이므로 성립한다. ■

임의의 정수 a에 대하여 a의 배수 전체의 집합을 $a\mathbb{Z}$로 나타낸다. 즉,

$$a\mathbb{Z}=\{ax|x\in\mathbb{Z}\}$$

이다. 이를테면, $0\mathbb{Z}=\{0\}$, $1\mathbb{Z}=\mathbb{Z}$이고 임의의 정수 a에 대하여 $a\mathbb{Z}=-a\mathbb{Z}$이다.

예제 1.2.2 임의의 정수를 2로 나누면 나머지가 0이거나 1이다. 나머지가 0인 정수 전체의 집합은 2의 배수이므로 $2\mathbb{Z}$로 나타낼 수 있고 나머지가 1인 정수들은 $2k+1$꼴이다. 이제, $2k+1$꼴의 정수 전체의 집합을 $2\mathbb{Z}+1$로 나타내기로 하면, $\mathbb{Z}=2\mathbb{Z}\cup(2\mathbb{Z}+1)$이고 $2\mathbb{Z}\cap(2\mathbb{Z}+1)=\varnothing$이다.

예제 1.2.2를 일반화하면, 임의의 정수는 주어진 자연수 n에 대하여

$$nk,\ nk+1,\ \cdots,\ nk+(n-1),\ k\text{는 정수}$$

의 꼴로 표현됨을 알 수 있다. 정수 전체의 집합 $\mathbb{Z}$는 주어진 자연수 n에 대하여 $n\mathbb{Z}$, $n\mathbb{Z}+1$, $\cdots$, $n\mathbb{Z}+(n-1)$의 합집합으로 표시되며 i, j가 $0\leq i, j\leq n-1$이고 $i\neq j$이면 $(n\mathbb{Z}+i)\cap(n\mathbb{Z}+j)=\varnothing$이다.

한편, 4는 2의 배수이므로 4의 배수는 모두 2의 배수이다. 따라서 $4\mathbb{Z}\subseteq2\mathbb{Z}$이다. 이를 일반화하면 다음 정리가 성립한다.

【정리 1.2.2】

두 정수 a, b에 대하여 다음이 성립한다.

(1) $0\mathbb{Z} \subseteq a\mathbb{Z} \subseteq 1\mathbb{Z}$

(2) $b\mathbb{Z} \subseteq a\mathbb{Z} \Leftrightarrow a|b$

(3) $b\mathbb{Z} = a\mathbb{Z} \Leftrightarrow b = \pm a$

증명 (1) 정의에 의하여 $0\mathbb{Z} = \{0\}$이고 $1\mathbb{Z} = \mathbb{Z}$이다. 임의의 정수 a에 대하여 $\{0\} \subseteq a\mathbb{Z} \subseteq \mathbb{Z}$이므로 (1)이 성립한다.

(2) $b\mathbb{Z} \subseteq a\mathbb{Z}$이면 $b \in b\mathbb{Z} \subseteq a\mathbb{Z}$이므로 $b \in a\mathbb{Z}$이고 $a|b$이다. 역으로 $a|b$이면 $b = ca$인 c가 존재한다. 집합 $b\mathbb{Z}$의 임의의 원소를 x라고 하면 $x = kb$인 k가 존재한다. 따라서 $x = kb = k(ca) = (kc)a$이므로 x는 $a\mathbb{Z}$의 원소이다. 따라서 $b\mathbb{Z} \subseteq a\mathbb{Z}$이다.

(3) 정리 1.2.1의 (2)에 의하여 명백하다. ■

정리 1.2.2의 (1)은 정리 1.2.2의 (2)를 이용하여 증명할 수도 있다. 정리 1.2.2를 이용하면 [그림 1.1]을 얻을 수 있다.

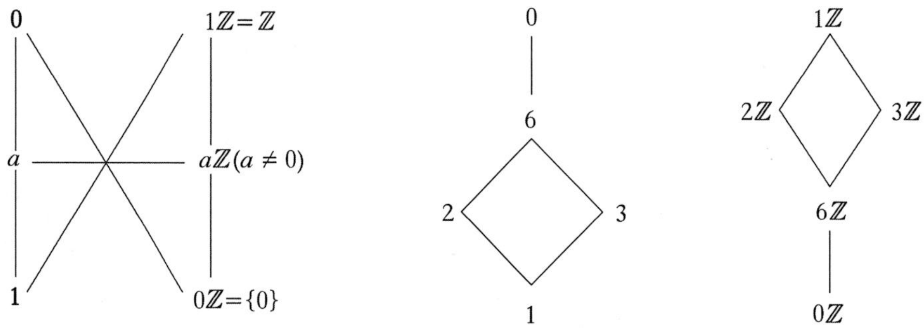

[그림 1.1] 집합 $n\mathbb{Z}$의 격자도

【정리 1.2.3】

각 정수 a에 대하여 집합 $a\mathbb{Z}$는 덧셈과 뺄셈에 관하여 닫혀 있다. 역으로 집합 $\mathbb{Z}$의 공집합이 아닌 부분집합 S가 덧셈과 뺄셈에 관하여 닫혀 있으면 적당한 음이 아닌 정수 m이 존재하여

$$S = m\mathbb{Z}$$

이다.

증명 정리 1.2.1의 (4)에 의하여 집합 $a\mathbb{Z}$는 덧셈과 뺄셈에 관하여 닫혀 있다. 역으로, 집합 $\mathbb{Z}$의 공집합이 아닌 부분집합 S가 덧셈과 뺄셈에 관하여 닫혀 있다고 하자. 집합 S는 적어도 하나의 원소 x를 가지므로 $x-x=0$을 원소로 가진다. 먼저 $S=\{0\}$이면 $S=0\mathbb{Z}$이므로 성립한다. 이제 $S\neq\{0\}$이라고 하면, S의 원소 x에 대하여 $-x$ 또한 S의 원소이다. 따라서 정수의 정렬성에 의하여 S는 양의 최소원 m을 가진다. 이제 $S=m\mathbb{Z}$임을 증명한다. 양의 정수 k에 대하여

$$km=\overbrace{m+m+\cdots+m}^{k\text{개}}\in S,\quad 0m=0\in S,\quad (-k)m=0-km\in S$$

이므로 $m\mathbb{Z}\subseteq S$이다. 한편, 집합 S의 임의의 원소 x에 대하여 정리 1.1.7에 의하여 적당한 정수 q, r이 존재하여

$$x=qm+r,\quad 0\le r\le m-1$$

이다. 따라서 $0\le r\le m-1$, $r=x-qm\in S$이며 m의 최소성에 의하여 $r=0$이어야 한다. 즉, $x=qm\in m\mathbb{Z}$이고 $S\subseteq m\mathbb{Z}$이다. 그러므로 $S=m\mathbb{Z}$이다. ■

▶ 연습문제 1.2

1. 두 정수 a, b에 대하여 $a|b$일 때 $a|(-b)$을 증명하여라.

2. 정리 1.2.2의 (3)을 증명하여라.

3. 정수 n이 2이상일 때, 정수 i, j가 $0\le i,\ j\le n-1$이고 $i\neq j$이면 $(n\mathbb{Z}+i)\cap(n\mathbb{Z}+j)=\varnothing$이다.

4. x와 y가 홀수일 때 x^2-y^2은 4의 배수임을 증명하여라.

5. x와 y가 홀수일 때 x^2+y^2은 완전제곱수가 아닌 것을 증명하여라.

6. 3의 배수가 아닌 정수의 세제곱은 $9k\pm1$ 꼴임을 증명하여라.

3. 최대공약수와 일차 부정방정식

두 정수 a, b의 공통이 되는 약수를 **공약수**(common divisor)라 하고 공약수 중에 0 또는 가장 큰 수를 **최대공약수**(greatest common divisor)라고 한다. 엄밀하게 정의하면, 두 정수 a, b의 최대공약수 d는 다음 조건을 만족한다.

(i) $d \geq 0$

(ii) $d|a$이고 $d|b$이다. 즉, d는 a와 b의 공약수이다.

(iii) $e|a$이고 $e|b$이면 $e|d$이다. 즉, a와 b의 모든 공약수 e는 d의 약수이다.

최대공약수 d를 $\gcd(a, b)$ 또는 순서쌍과 구별될 때 간단히 (a, b)로 나타낸다.

이를테면, $(6, 9)=3$이고 $(-6, 9)=(6, -9)=(-6, -9)=3$이다. 또한, $(0, 4)=4$이고 $(0, 0)=0$이다.

최대공약수의 정의로부터 다음 성질들이 쉽게 증명된다.

【정리 1.3.1】

두 정수 a, b에 대하여 다음이 성립한다.

(1) $(a, b)=(-a, b)=(a, -b)=(-a, -b)$

(2) $(a, b)=(b, a)$

(3) 정수 e에 대하여, $e|a$이고 $e|b \Leftrightarrow e|(a, b)$

(4) $a|b$이면, $(a, b)=|a|$이다.

두 정수 a, b에 대하여 [그림 1.2]를 얻는다.

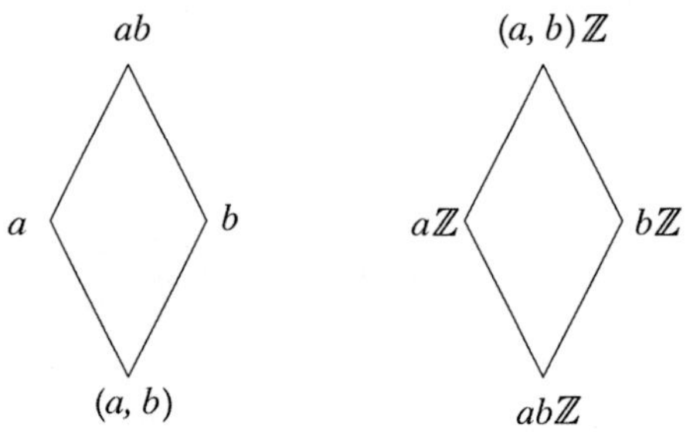

[그림 1.2] 정수 a, b와 집합 $a\mathbb{Z}$, $b\mathbb{Z}$의 격자도

두 정수 a, b에 대하여 $ax+by$ $(x,\ y\in\mathbb{Z})$의 꼴의 정수 전체의 집합을

$$a\mathbb{Z}+b\mathbb{Z}$$

로 나타내면 다음 성질을 만족한다.

【정리 1.3.2】

임의의 정수 a, b에 대하여, a와 b의 최대공약수 d는 유일하게 존재하며 다음이 성립한다.

$a\mathbb{Z}+b\mathbb{Z}=d\mathbb{Z}$이고, 적당한 정수 s, t가 존재하여 $d=as+bt$이다.

증명 두 정수 a와 b의 최대공약수를 d와 d'이라 하면, 최대공약수의 정의에 의하여 $d|d'$이고 $d'|d$ $(d\geq 0,\ d'\geq 0)$이므로 $d'=d$이다.
이제 집합 $a\mathbb{Z}+b\mathbb{Z}$를 S라고 하자. 집합 S의 임의의 두 원소를 x, y라고 하면 정수 m_1, n_1, m_2, n_2가 존재하여

$$x=am_1+bn_1,\quad y=am_2+bn_2$$

를 만족한다. 두 원소의 합과 차는

$$x+y=(am_1+bn_1)+(am_2+bn_2)=a(m_1+m_2)+b(n_1+n_2)$$
$$x-y=(am_1+bn_1)-(am_2+bn_2)=a(m_1-m_2)+b(n_1-n_2)$$

이므로 S는 덧셈과 뺄셈에 관하여 닫혀있다. 따라서 정리 1.2.3에 의하여 음이 아닌 정수 e가 존재하여

$$a\mathbb{Z}+b\mathbb{Z}=S=e\mathbb{Z}$$

이다. 한편, $a=a\cdot 1+b\cdot 0\in S=e\mathbb{Z}$이므로 $e|a$이고 같은 방법으로 $e|b$이다. 즉 e는 a와 b의 공약수이다. 정수 f가 a와 b의 공약수이면, 정리 1.2.2에 의하여

$$a\mathbb{Z}\subseteq f\mathbb{Z},\ b\mathbb{Z}\subseteq f\mathbb{Z}\text{이고 } a\mathbb{Z}+b\mathbb{Z}\subseteq f\mathbb{Z}$$

이다. 따라서 $e\mathbb{Z}=a\mathbb{Z}+b\mathbb{Z}\subseteq f\mathbb{Z}$이고 정수 f는 e의 약수이다. 따라서 e는 a와 b의 최대공약수이다. 즉, $a\mathbb{Z}+b\mathbb{Z}=d\mathbb{Z}$이다.
한편, $d\in d\mathbb{Z}=a\mathbb{Z}+b\mathbb{Z}$이므로 적당한 정수 s, t가 존재하여 $d=as+bt$이다. ■

정리 1.3.2에 의하여 a와 b의 최대공약수 d는 적당한 정수 s, t가 존재하여

$$d=as+bt$$

이다. 이때 d는 a와 b의 일차결합(linear combination)이라 한다.

최대공약수에 관한 몇 가지 성질들을 살펴보면 다음과 같다.

【정리 1.3.3】

정수 a, b, q, r에 대하여 $a=qb+r$이면, $(a, b)=(b, r)$이다.

증명 정수 d와 e를 각각 $d=(a, b)$이고 $e=(b, r)$이라고 하자.
먼저, $d|a$, $d|b$이고 $r=a-qb$이므로 $d|r$이다. 따라서 $d|e$이다.
또한, $e|b$, $e|r$이고 $a=qb+r$이므로 $e|a$이다. 따라서 $e|d$이다.
그러므로 $(a, b)=(b, r)$이다. ■

【따름정리 1.3.4】

두 정수 a, b에 대하여

$$\cdots=(a+2b, b)=(a+b, b)=(a, b)=(a-b, b)=(a-2b, b)=\cdots$$

증명 정리 1.3.3에서 q를 1, 2, …로 대입하면 $(a, b)=(a-b, b)=(a-2b, b)=\cdots$이고, q를 -1, -2, …로 대입하면 $\cdots=(a+2b, b)=(a+b, b)=(a, b)$이다. ■

이를테면, $(375, 150)=(225, 150)=(75, 150)=(150, 75)=(75, 75)=75$이다.

【따름정리 1.3.5】

두 정수 a, b에 대하여 정수 q, r $(0\le r<|b|)$이 존재하여

$$a=qb+r \text{이고 } (a, b)=(b, r)$$

이다.

이를테면, $375=2\times150+75$이므로 $(375, 150)=(150, 75)=75$이다.

【정리 1.3.6】 (Euclid 알고리즘)

두 양의 정수 a, b에 대하여 $r_0 = a$, $r_1 = b$라고 하고 다음이 성립한다고 하자.

$$\begin{aligned} r_0 &= q_0 r_1 + r_2, & 0 < r_2 < r_1 \\ r_1 &= q_1 r_2 + r_3, & 0 < r_3 < r_2 \\ &\vdots & \vdots \\ r_{n-1} &= q_{n-1} r_n + r_{n+1}, & 0 < r_{n+1} < r_n \\ r_n &= q_n r_{n+1} \end{aligned}$$

이때, $(a,\ b) = r_{n+1}$이다. 또, 적당한 정수 s와 t가 존재하여 $as + bt = r_{n+1}$이다.

증명 따름정리 1.3.5를 반복적으로 적용하면 얻을 수 있다. ■

이를테면, 57과 209의 최대공약수는

$$209 = 3 \times 57 + 38, \quad 57 = 1 \times 38 + 19, \quad 38 = 2 \times 19 \qquad \cdots\cdots (*)$$

이므로 $(209,\ 57) = 19$이다. 여기서 $57s + 209t = 19$를 만족하는 s와 t를 구하면, $(*)$의 첫 두 식으로부터

$$19 = 57 + (-1) \times 38, \quad 38 = 209 + (-3) \times 57$$

이므로

$$19 = 57 + (-1) \times 38 = 57 + (-1)\{209 + (-3) \times 57\} = 57 \times 4 + 209 \times (-1)$$

으로 $s = 4$이고 $t = -1$이다.

두 정수 a와 b의 최대공약수가 1일 때, a와 b를 서로소(relatively prime)라고 한다.

【정리 1.3.7】

두 정수 a와 b가 서로소일 필요충분조건은 적당한 정수 s와 t가 존재하여 $as + bt = 1$이다.

증명 두 정수 a와 b가 서로소라면 정리 1.3.2에 의하여 적당한 정수 s와 t가 존재하여 $as + bt = 1$이다. 역으로, 적당한 정수 s와 t가 존재하여 $as + bt = 1$이라 하고 $d = (a,\ b)$이라 하면 $d \mid 1$이므로 $d = 1$이다. 따라서 a와 b는 서로소이다. ■

【정리 1.3.8】

두 정수 a와 b에 대하여 다음이 성립한다.

(1) $d=(a,\ b)$일 때, $\left(\dfrac{a}{d},\ \dfrac{b}{d}\right)=1$이다.

(2) $d=(a,\ b)$일 때, $d=as+bt$를 만족하는 정수 s와 t는 서로소이다.

증명 (1) $d=(a,\ b)$이면 적당한 정수 s와 t가 존재하여 $as+bt=d$이다. 따라서 $\dfrac{a}{d}s+\dfrac{b}{d}t=1$이므로 정리 1.3.7에 의하여 $\left(\dfrac{a}{d},\ \dfrac{b}{d}\right)=1$이다.

(2) 식 $\dfrac{a}{d}s+\dfrac{b}{d}t=1$에서 정수 s와 t의 관점으로 보면, s와 t는 서로소이다. ■

정수를 계수로 가지는 두 개 이상의 미지수에 관한 대수방정식에서 정수해로 제한한 방정식을 **부정방정식** 또는 **Diophantus 방정식**이라 한다. 이를테면, 미지수 $x_1,\ x_2,\ \cdots,\ x_n$에 관한 일차 부정방정식은

$$a_1x_1+a_2x_2+\cdots+a_nx_n=c,\quad a_1,\ a_2,\ \cdots,\ a_n,\ c\text{는 정수}$$

와 같은 꼴이다.

이를테면, 방정식 $57s+209t=19$는 일차 부정방정식이고 그의 한 해는 $s=4$이고 $t=-1$이다.

일차 부정방정식의 해의 존재성에 관한 다음 성질은 자주 이용된다.

【정리 1.3.9】

두 미지수 $x,\ y$에 관한 일차 부정방정식

$$ax+by=c\ (a\neq0\text{ 또는 }b\neq0)$$

에서 $(a,\ b)=d$라 할 때, 이 방정식이 정수해를 가질 필요충분조건은 $d|c$이다. 또, $d|c$일 때, $x=x_0,\ y=y_0$을 이 방정식의 특수한 정수해라면, 이 방정식의 모든 정수해는 다음과 같은 꼴로 나타난다.

$$x=x_0+\frac{b}{d}k,\quad y=y_0-\frac{a}{d}k\ (k\text{는 임의의 정수})$$

증명 주어진 방정식이 하나의 정수해 $x=x_0$, $y=y_0$을 가진다면, $ax_0+by_0=c$이다. 한편, $(a, b)=d$이므로 정리 1.2.1에 의하여 $d|c$이다.
역으로, $d|c$라고 가정하면, 적당한 정수 m이 존재하여 $c=md$이다. 또한 정리 1.3.2에 의하여 적당한 정수 s와 t가 존재하여 $as+bt=d$이다. 따라서

$$c=md=m(as+bt)=a(ms)+b(mt)$$

이므로 일차 부정방정식 $ax+by=c$는 해 $x=ms$, $y=mt$를 가진다.
이제, $x=x_0$, $y=y_0$을 $ax+by=c$의 특수한 정수해라면, $ax_0+by_0=c$이므로

$$a\left(x_o+\frac{b}{d}k\right)+b\left(y_0-\frac{a}{d}k\right)=ax_o+by_0=c$$

이다. 따라서 임의의 정수 k에 대하여 $x=x_0+\frac{b}{d}k$, $y=y_0-\frac{a}{d}k$는 $ax+by=c$의 정수해이다. 한편, $x=x_1$, $y=y_1$을 $ax+by=c$의 임의의 정수해라면

$$ax_1+by_1=c=ax_0+by_0 \quad \text{또는} \quad a(x_1-x_0)=-b(y_1-y_0)$$

이다. 또한, $(a, b)=d$이므로 $\left(\frac{a}{d}, \frac{b}{d}\right)=1$이고 $\frac{a}{d}(x_1-x_0)=-\frac{b}{d}(y_1-y_0)$이다. 따라서 $\frac{b}{d}|(x_1-x_0)$이고 적당한 정수 k에 대하여 $x_1-x_0=\frac{b}{d}k$ 또는 $x_1=x_0+\frac{b}{d}k$이다. 방정식 $ax_1+by_1=c$에 $x_1=x_0+\frac{b}{d}k$를 대입하면,

$$a(x_0+\frac{b}{d}k)+by_1=c=ax_0+by_0 \quad \text{또는} \quad y_1=y_0-\frac{a}{d}k$$

이다. 따라서 모든 정수해는

$$x=x_0+\frac{b}{d}k, \quad y=y_0-\frac{a}{d}k \ (k\text{는 정수})$$

으로 나타난다. ■

이를테면, 일차 부정방정식 $57x+209y=19$의 한 해는 $x=4$, $y=-1$이고 $(209, 57)=19$이므로 모든 해는

$$x=4+11k, \quad y=-1-3k \ (k\text{는 정수})$$

꼴이다.

일차 부정방정식의 해를 구하는 문제는 암호이론에서 매우 중요하다. 이제, 복잡한 일차 부정방정식의 해를 구하는 알고리즘을 소개한다.

【정리 1.3.10】

정리 1.3.6의 기호를 따를 때, 다음 기호들

$$s_0=1,\ \ s_1=0,\ \ s_i=s_{i-2}-q_{i-2}s_{i-1}\ (2\le i\le n+1)$$
$$t_0=0,\ \ t_1=1,\ \ t_i=t_{i-2}-q_{i-2}t_{i-1}\ (2\le i\le n+1)$$

을 정의하면 다음 식들이 성립한다.

$$as_i+bt_i=r_i\ (0\le i\le n+1),\ \text{특히}\ as_{n+1}+bt_{n+1}=r_{n+1}=d$$

증명 식 $as_0+bt_0=a\cdot 1+b\cdot 0=a=r_0$이고 $as_1+bt_1=a\cdot 0+b\cdot 1=b=r_1$이므로 $i=0$과 $i=1$일 때 성립한다. 이제 $i\le k$일 때 $as_i+bt_i=r_i$가 성립한다고 가정하면,

$$\begin{aligned}as_{i+1}+bt_{i+1}&=a(s_{i-1}-q_{i-1}s_i)+b(t_{i-1}-q_{i-1}t_i)\\&=(as_{i-1}+bt_{i-1})-q_{i-1}(as_i+bt_i)\\&=r_{i-1}-q_{i-1}r_i\\&=r_{i+1}\end{aligned}$$

이므로 모든 i에 관하여 성립한다. ■

예제 1.3.1 일차 부정방정식 $342x+60y=6$의 해를 구하여 보자. 먼저,

$$342=5\cdot 60+42\text{에서}\ \ q_0=5$$
$$60=1\cdot 42+18\text{에서}\ \ q_1=1$$
$$42=2\cdot 18+6\text{에서}\ \ q_2=2$$

이다. 따라서

$$s_2=s_0-q_0s_1=1-0=1,$$
$$s_3=s_1-q_1s_2=0-1=-1$$
$$s_4=s_2-q_2s_3=1-2\times(-1)=3$$

이고 같은 방법으로

$$t_2=-5,\quad t_3=1+5=6,\quad t_4=-5-12=-17$$

이므로 한 해는 $x=3$, $y=-17$이므로 이 일차 부정방정식의 모든 해는

$$x=3+10t,\quad y=-17-57t\ (\text{단, } t\text{는 정수})$$

이다.

지금까지 두 정수에 관한 최대공약수를 정의하였다. 이를 일반화하면, n개의 정수 a_1, a_2, $\cdots$, a_n의 최대공약수 d는 다음 조건을 만족하는 정수로 정의한다.

(i) $d\geq 0$

(ii) $d|a_1$, $d|a_2$, $\cdots$, $d|a_n$이다. 즉, d는 a_1, a_2, $\cdots$, a_n의 공약수이다.

(iii) $e|a_1$, $e|a_2$, $\cdots$, $e|a_n$이면 $e|d$이다. 즉, a_1, a_2, $\cdots$, a_n의 모든 공약수 e는 d의 약수이다.

최대공약수를 $\gcd(a_1, a_2, \cdots, a_n)$ 또는 순서쌍과 구별될 때 간단히 $(a_1, a_2, \cdots, a_n)$으로 나타낸다.

【정리 1.3.11】

정수 a_1, a_2, $\cdots$, a_n에 대하여 다음이 성립한다.

(1) $(a_1, a_2, \cdots, a_{n-1}, a_n)=((a_1, a_2, \cdots, a_{n-1}), a_n)$

(2) 정수 a_1, a_2, $\cdots$, a_n의 최대공약수 d는 항상 존재하고

$$a_1s_1+a_2s_2+\cdots+a_ns_n=d$$

인 정수 s_1, s_2, $\cdots$, s_n이 존재한다.

정수 a_1, a_2, $\cdots$, a_n에 대하여 그의 최대공약수가 1일 때 서로소(mutually prime)라 하고, 특히 임의의 서로 다른 i, j에 대하여 $(a_i, a_j)=1$일 때 쌍마다 서로소(relatively prime in pairs)라 한다. 정리 1.3.11로부터 다음 정리를 쉽게 얻을 수 있다.

【정리 1.3.12】

정수 $a_1, a_2, \cdots, a_n(n \geq 2)$이 서로소일 필요충분조건은

$$a_1 s_1 + a_2 s_2 + \cdots + a_n s_n = 1$$

인 정수 $s_1, s_2, \cdots, s_n$이 존재한다.

미지수 $x_1, \cdots, x_n$에 관한 일차 부정방정식의 정수해에 관하여 다음이 성립한다.

【정리 1.3.13】

정수 $a_1, a_2, \cdots, a_n$중에 적어도 하나는 0이 아니고 $d=(a_1, a_2, \cdots, a_n)$일 때, 미지수 $x_1, x_2, \cdots, x_n$에 관한 일차 부정방정식

$$a_1 x_1 + a_2 x_2 + \cdots + a_n x_n = c,$$

이 정수해를 가지기 위한 필요충분조건은 $d|c$이다.

예제 1.3.2 세 정수 42, 30, 21에 대하여 최대공약수는

$$(42, 30, 21) = ((42, 30), 21) = (6, 21) = 3$$

이다. 따라서 $(21, 6)=3$과 $(42, 30)=6$에서 정리 1.3.10을 적용하면

$$1 \cdot 21 + (-3) \cdot 6 = 3, \quad (-2) \cdot 42 + 3 \cdot 30 = 6$$

을 구할 수 있으므로 왼쪽 식의 6 대신에 오른쪽 식을 대입하면

$$1 \cdot 21 + (-3) \cdot \{(-2) \cdot 42 + 3 \cdot 30\} = 3$$

이고 정리하면 $1 \cdot 21 + 6 \cdot 42 + (-9) \cdot 30 = 3$이다. 따라서 $x=6,\ y=-9,\ z=1$은 $42x+30y+21z=3$을 만족한다.

▶ 연습문제 1.3

1. 다음 두 정수의 최대공약수를 구하여라.

(1) $a=39$, $b=26$ (2) $a=39$, $b=-78$

(3) $a=399$, $b=361$ (4) $a=39$, $b=0$

2. 정수 a, b와 f에 대하여 $a\mathbb{Z} \subseteq f\mathbb{Z}$, $b\mathbb{Z} \subseteq f\mathbb{Z}$이면 $a\mathbb{Z}+b\mathbb{Z} \subseteq f\mathbb{Z}$임을 증명하여라.

3. 양의 정수 n과 정수 a_1, a_2, $\cdots$, a_n, m에 대하여 다음을 증명하여라.

(1) $(a_1a_2,\ m)=1 \Leftrightarrow (a_1,\ m)=1$이고 $(a_2,\ m)=1$

(2) $(a_1^2,\ m)=1 \Leftrightarrow (a_1,\ m)=1$

(3) $(a_1a_2\cdots a_n,\ m)=1 \Leftrightarrow (a_1,\ m)=1,\ (a_2,\ m)=1,\ \cdots,\ (a_n,\ m)=1$

(4) $(a_1^n,\ m)=1 \Leftrightarrow (a_1,\ m)=1$

(5) $(a_1^n,\ m^t)=1 \Leftrightarrow (a_1,\ m)=1$ (단, t는 양의 정수)

4. 세 정수 a, b, c에 대하여 $(a,\ b)=1$일 때 다음을 증명하여라.

(1) $a|bc \Leftrightarrow a|c$ (2) $ab|c \Leftrightarrow a|c,\ b|c$

5. 다음 부정방정식의 해를 구하여라.

(1) $12x+32y=4$ (2) $16x+24y=4$

6. 다음 세 정수의 최대공약수를 구하여라.

(1) $a=39$, $b=26$, $c=0$ (2) $a=39$, $b=-78$, $c=27$

7. 다음 부정방정식의 해를 구하여라.

(1) $12x+32y+24z=4$ (2) $16x+24y+44z=4$

8. 정리 1.3.10을 이용하여 $680x+362y=2$의 한 해를 찾고 일반해를 구하여라.

4. 최소공배수

두 정수 a, b의 공통이 되는 배수를 **공배수**(common multiple)라 하고 공배수 중에 0 또는 가장 작은 양의 정수를 **최소공배수**(least common multiple)라고 한다. 엄밀하게 정의하면, 두 정수 a, b의 최소공배수 l은 다음 조건을 만족한다.

(i) $l \geq 0$
(ii) $a|l$이고 $b|l$이다. 즉, l은 a와 b의 공배수이다.
(iii) $a|c$이고 $b|c$이면 $l|c$이다. 즉, a와 b의 모든 공배수 c는 l의 배수이다.

이때, $l = lcm(a, b)$ 또는 간단히 $[a, b]$로 나타낸다.
이를테면, $[6, 9]=18$이고 $[-6, 9]=[6, -9]=[-6, -9]=[6, 9]=18$이다. 또한, $[0, 4]=0$이고 $[0, 0]=0$이다.

최소공배수의 정의로부터 다음 성질들이 쉽게 증명된다.

【정리 1.4.1】

두 정수 a, b에 대하여 다음이 성립한다.
(1) $[a, b]=[-a, b]=[a, -b]=[-a, -b]$
(2) $[a, b]=[b, a]$
(3) $(a, b)|[a, b]$
(4) 정수 c에 대하여, $a|c$이고 $b|c \Rightarrow [a, b]|c$
(5) $a|b$이면, $[a, b]=|b|$이다.
(6) 두 정수 a와 b가 서로소일 필요충분조건은 $[a, b]=|ab|$이다.

두 정수 a, b의 최소공배수에 대하여 다음 정리가 성립한다.

【정리 1.4.2】

임의의 정수 a, b에 대하여, a와 b의 최소공배수 l은 유일하게 존재하며 $a\mathbb{Z} \cap b\mathbb{Z} = l\mathbb{Z}$이다. 특히, $a|b$이면, $a\mathbb{Z} \cap b\mathbb{Z} = b\mathbb{Z}$이다.

지금까지 두 정수에 관한 최소공배수를 정의하였다. 이를 일반화하면, n개의 정수 a_1, a_2, $\cdots$, a_n의 최소공배수 l은 다음 조건을 만족하는 정수로 정의한다.

(i) $l \geq 0$

(ii) $a_1|l$, $a_2|l$, $\cdots$, $a_n|l$이다. 즉, l은 a_1, a_2, $\cdots$, a_n의 공배수이다.

(iii) $a_1|c$, $a_2|c$, $\cdots$, $a_n|c$이면 $l|c$이다. 즉, a_1, a_2, $\cdots$, a_n의 모든 공배수 c는 l의 배수이다.

최소공배수 l을 $lcm(a_1, a_2, \cdots, a_n)$ 또는 간단히 $[a_1, a_2, \cdots, a_n]$으로 나타낸다.

【정리 1.4.3】

정수 a_1, a_2, $\cdots$, a_n에 대하여 다음이 성립한다.

$$[a_1, a_2, \cdots, a_{n-1}, a_n] = [[a_1, a_2, \cdots, a_{n-1}], a_n]$$

예제 1.4.1 세 정수 42, 30, 21에 대하여 최소공배수는 다음과 같다.

$$[42, 30, 21] = [[42, 30], 21] = [210, 21] = 210$$

【정리 1.4.4】

정수 a_1, a_2, $\cdots$, a_n 쌍마다 서로소일 필요충분조건은

$$[a_1, a_2, \cdots, a_n] = |a_1 a_2 \cdots a_n|$$

이다.

▶ 연습문제 1.4

1. 다음 두 정수의 최소공배수를 구하여라.

(1) $a=39$, $b=26$ (2) $a=39$, $b=-78$

(3) $a=399$, $b=361$ (4) $a=39$, $b=0$

2. 정리 1.4.1의 (4)와 (5)를 증명하여라.

3. 정리 1.4.2를 다음의 과정을 통하여 증명하여라.
   (1) $a\mathbb{Z}\cap b\mathbb{Z}$는 덧셈과 뺄셈에 관하여 닫혀있음을 증명하여라.
   (2) a와 b의 최소공배수 l은 유일함을 증명하여라.
   (3) $a\mathbb{Z}\cap b\mathbb{Z}=l\mathbb{Z}$임을 증명하여라.

4. 다음 세 정수의 최소공배수를 구하여라.
   (1) $a=39,\ b=26,\ c=0$　　(2) $a=39,\ b=-78,\ c=27$
   (3) $a=399,\ b=360,\ c=240$　　(4) $a=39,\ b=0,\ c=-24$

5. 두 정수 a와 b에 대하여

$$(a,\ b)\cdot[a,\ b]=ab$$

   을 증명하여라.

6. 아래 다이아 그램에서 a와 b의 값을 구하여라. (단, 1과 48은 아니다.)

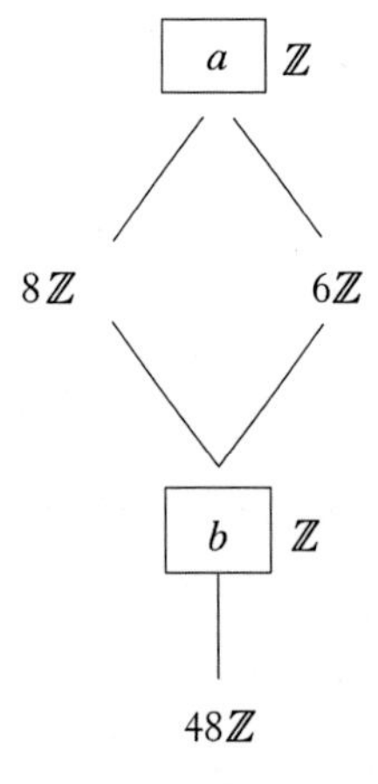

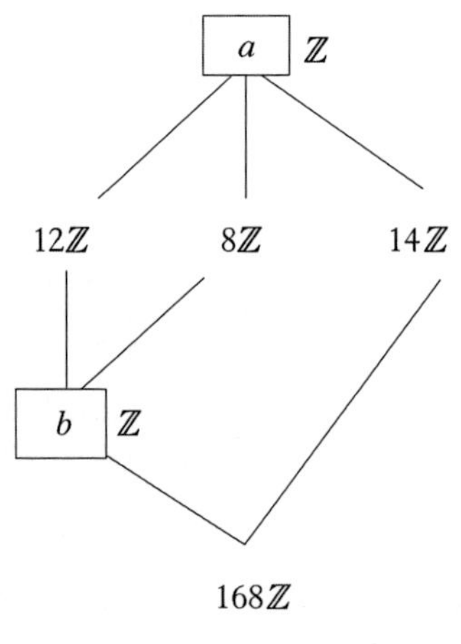

5. 소수와 소인수분해

임의의 정수 a에 대하여 그의 절대값이 1이 아닐 때, a는 적어도 $1,\ -1,\ a,\ -a$를 약수로 가진다. 즉, a는 적어도 서로 다른 4개 이상의 약수를 가진다. 특히, 0의 약수는 무한히 많다.

서로 다른 약수를 꼭 4개만 가지는 양의 정수를 **소수**(prime number)라고 하고, 5개 이상의 서로 다른 약수를 가지는 양의 정수를 **합성수**(composite number)라고 한다.

【정리 1.5.1】

양의 정수 a에 대하여 다음이 성립한다.

(1) 1의 약수는 1과 -1뿐이다.

(2) a가 소수일 필요충분조건은 $a \neq 1$이고 그의 모든 약수는 $1,\ -1,\ a,\ -a$뿐이다.

(3) a가 합성수일 필요충분조건은 1과 a 이외의 양의 약수를 가진다. 즉, 적당한 양의 정수 $d,\ e$가 존재하여 $a = de,\ 1 < d < a$이고 $1 < e < a$이다.

(4) a는 1, 소수 또는 합성수 중에 꼭 하나이다.

증명 (1) 약수의 정의에 의하여 1의 약수는 1과 -1뿐이다.

(2) 소수의 정의에 의하여 분명하다.

(3)과 (4)의 증명은 독자에게 맡긴다. ■

양의 정수 2, 3, 5, 7 등은 소수이고 6은 2를 약수로 가지므로 합성수이다.

【정리 1.5.2】

소수 p와 정수 a에 대하여 다음이 성립한다.

(1) $p \nmid a \Leftrightarrow (p,\ a) = 1 \Leftrightarrow [p,\ a] = p|a|$

(2) $p \mid a \Leftrightarrow (p,\ a) = p \Leftrightarrow [p,\ a] = |a|$

증명 (1) $p \nmid a$라고 가정하면, p의 양의 약수는 1과 p뿐이므로 $(p, a)=1$이다.
이제, $(p, a)=1$이면, $[p, a]$는 p의 배수이고 a의 배수이다. 즉, 적당한 양의 정수 s와 t가 존재하여 $sp=[p, a]=t|a|$이다. 가정으로부터 $a \nmid p$이므로 $t|p$이다. 따라서 $[p, a]$는 $p|a|$의 배수이다. 한편, $p|a|$는 p와 a의 공배수이므로 $p|a|$는 $[p, a]$의 배수이다. 따라서 $[p, a]=p|a|$이다.
따라서 (1)의 세 조건은 동치이다. 마지막으로 $[p, a]=p|a|$라고 가정하고 $p \nmid a$이 아니라고 하자. 그러면, $p|a$이고 $[p, a]=|a|$이므로 모순이다. 따라서 $p \nmid a$이다.
(2) (1)의 증명과 유사하다. 증명은 독자에게 맡긴다. ■

【정리 1.5.3】

소수 p와 정수 a, b에 대하여 다음이 성립한다.

$$p|ab \Leftrightarrow p|a \text{ 또는 } p|b$$

증명 먼저, $p|a$ 또는 $p|b$이면 약수의 정의에 의하여 분명히 $p|ab$이다.
역으로 $p|ab$를 가정하고 $p \nmid a$이라 하자. 그러면 정리 1.5.2와 정리 1.3.7에 의하여 적당한 정수 s와 t가 존재하여 $as+pt=1$이다. 이 식의 양변에 b를 곱하면, $abs+pbt=b$이다. 가정에 의하여 $p|ab$이므로 $p|b$이다. ■

정리 1.5.3은 귀납적으로 일반화할 수 있다[연습문제]. 즉, 소수 p와 정수 a_1, a_2, $\cdots$, a_n (n은 3 이상인 정수)에 대하여

$$p|(a_1a_2 \cdots a_n) \Leftrightarrow p|a_1,\ p|a_2,\ \cdots,\ \text{또는}$$
$$p|a_n \Leftrightarrow \text{적당한 } k(1 \le k \le n)\text{에 대하여 } p|a_k$$

이다. 한편, 1이 아닌 임의의 양의 정수는 소수인 약수를 반드시 하나 이상 가진다[연습문제]. 소수인 약수를 소인수라고 한다. 이를테면, 3과 4는 각각 3과 2로 1개의 소인수를 가지고, 6은 2개의 소인수 2와 3을 가진다.

이제 소수의 존재성에 관하여 알아보자.

【정리 1.5.4】 (Euclid)

소수는 무한히 많다. 특히, 홀수인 소수는 무한히 많다.

증명 서로 다른 유한개의 소수 p_1, p_2, $\cdots$, p_n만이 존재한다고 가정하고 자연수 N을

$$N = p_1 p_2 \cdots p_n + 1$$

이라 놓으면 $N > 1$이다. 따라서 N은 소인수 p를 가지며, 가정에 의하여 적당한 i $(1 \leq i \leq n)$에 대하여 $p = p_i$이다. 즉, $p|N$이고 $p|p_1 p_2 \cdots p_n$이다. 따라서 $p|1$이므로 모순이다. 그러므로 소수는 무한히 많다. 또한, 짝수인 소수는 2뿐이므로 홀수인 소수는 무한히 많다. ■

이를테면,

$$2+1=3,\ 2\cdot3+1=7,\ 2\cdot3\cdot5+1=31,\ 2\cdot3\cdot5\cdot7\cdot11\cdot13+1=59\cdot509$$

은 $p_1 p_2 \cdots p_n + 1$꼴로 p_1, p_2, $\cdots$, p_n 이외의 소인수를 가지는 것을 알 수 있다.

Euclid 정리는 Dirichlet에 의하여 다음과 같이 확장되었다. 이 정리의 증명은 생략한다.

【정리 1.5.5】 (Dirichlet)

서로 다른 두 양의 정수 a, b에 대하여 $(a, b)=1$일 때,

$$an+b \ (n\text{은 자연수})$$

의 꼴인 소수는 무한히 많다.

이를테면 $4n+1$꼴의 소수와 $4n+3$꼴의 소수는 무한히 많다.

정수 1이 아닌 모든 양의 정수 n은 소인수를 가진다는 사실은 이미 설명하였다. 정수 1이 아닌 모든 양의 정수 n은 소인수의 곱으로 표현되며 곱의 순서를 무시하면 유일하게 표현된다.

이를테면,

$$60 = 2\cdot2\cdot3\cdot5 = 2\cdot3\cdot2\cdot5 = 3\cdot5\cdot2\cdot2 = \cdots$$

이지만 작은 소수를 앞에 쓰면, $60 = 2\cdot2\cdot3\cdot5$와 같이 유일하게 표현할 수 있고, 지수를 이용하면 $60 = 2^2\cdot3\cdot5$로 유일하게 표현할 수 있다.

일반적으로 1이 아닌 양의 정수 n의 서로 다른 소인수 전체가 $p_1,\ p_2,\ \cdots,\ p_r$일 때, n은

$$n=p_1^{e_1}p_2^{e_2}\cdots p_r^{e_r}\ \ (p_1<p_2<\cdots<p_r,\ e_1\geq 1,\ e_2\geq 1,\ \cdots,\ e_r\geq 1)$$

꼴로 유일하게 표현된다. 이와 같은 꼴을 정수 n의 **표준분해**(standard decomposition)라고 한다.

예제 1.5.1 두 정수 240, 936의 표준분해를 구하면,

$$240=2^4\cdot 3\cdot 5,\quad 936=2^3\cdot 3^2\cdot 13$$

이고 두 정수의 최대공약수와 최소공배수는 각각

$$(240,\ 936)=24=2^3\cdot 3,\quad [240,\ 936]=9360=2^4\cdot 3^2\cdot 5\cdot 13$$

이다. 한편, 두 정수를

$$240=2^4\cdot 3\cdot 5\cdot 13^0,\quad 936=2^3\cdot 3^2\cdot 5^0\cdot 13$$

과 같이 표현하면 두 정수의 최대공약수와 최소공배수는 각각 공통된 소수의 지수의 최소값에 대한 곱과 최대값에 대한 곱이 되는 것을 알 수 있다.

예제 1.5.1의 일반화는 다음 정리와 같다.

【정리 1.5.6】

두 양의 정수 $a,\ b$가 서로 다른 소수 $p_1,\ p_2,\ \cdots,\ p_r$에 대하여

$$a=p_1^{e_1}\cdot p_2^{e_2}\cdots p_r^{e_r},\quad b=p_1^{f_1}\cdot p_2^{f_2}\cdots p_r^{f_r}\ \ (\text{각 } i\text{에 대하여 } e_i,\ f_i\geq 0)$$

와 같이 표현된다면, $a,\ b$의 최대공약수와 최소공배수는 다음과 같다.

$$(a,\ b)=p_1^{m_1}\cdot p_2^{m_2}\cdots p_r^{m_r},\quad [a,\ b]=p_1^{n_1}\cdot p_2^{n_2}\cdots p_r^{n_r}$$

단, 각 $i\ (1\leq i\leq r)$에 대하여 $m_i=\min\{e_i,\ f_i\}$이고 $n_i=\max\{e_i,\ f_i\}$이다.

증명 두 정수 a, b가

$$a = p_1^{e_1} \cdot p_2^{e_2} \cdots p_r^{e_r}, \quad b = p_1^{f_1} \cdot p_2^{f_2} \cdots p_r^{f_r}$$

와 같이 표현되었을 때, a, b의 공약수는 소수인 약수를 기껏해야 $p_1, \cdots, p_r$로 가지므로 a, b의 공약수를 $p_1^{m_1} \cdot p_2^{m_2} \cdots p_r^{m_r}$이라고 표현하면 각 i에 대하여 m_i는

$$m_i \le e_i \text{이고 } m_i \le f_i$$

따라서 (1)의 세 조건은 동치이다.이다. 따라서 a, b의 최대공약수가 되려면 각 i에 대하여 $m_i = \min\{e_i, f_i\}$이다. 한편, a, b의 최소공배수는 소수인 약수를 $p_1, \cdots, p_r$개 가지면 충분하므로 같은 방법으로 증명할 수 있다. ■

정리 1.5.6과 같이 정수의 표준분해를 이용하면 다음 정리를 증명할 수 있다.

【정리 1.5.7】

양의 정수 a, b, c에 대하여 다음이 성립한다.

(1) $(a, b)[a, b] = ab$이다. 특히, $(a, b) = 1 \Leftrightarrow [a, b] = ab$

(2) $(a, b, c)[ab, bc, ca] = abc$이고 $[a, b, c](ab, bc, ca) = abc$

(3) $(a, [b, c]) = [(a, b), (a, c)]$이고 $[a, (b, c)] = ([a, b], [a, c])$

(4) $([a, b], [b, c], [c, a]) = [(a, b), (b, c), (c, a)]$

위 정리의 (2)와 (3)에서 첫 등식의 (,)과 [,]를 각각 [,]과 (,)로 바꾸면 두 번째 등식을 얻는다. 이러한 의미에서 두 식을 **쌍대적**(dual)이라고 한다. 한편, (4)의 왼쪽 항에 있는 (,)과 [,]를 각각 [,]과 (,)로 바꾸면 (4)의 오른쪽 항을 얻는다. 이와 같은 등식을 **자기쌍대적**(self-dual)이라 한다.

실수 x에 대하여, x보다 크지 않은 최대 정수를 x의 **정수부분**이라 하고 기호 $[x]$로 나타낸다. 함수 $f : \mathbb{R} \to \mathbb{Z}$, $f(x) = [x]$를 **최대정수함수**(greatest integer function) 또는 Gauss 함수라고 한다.

이를테면, $[5] = 5$, $[5.5] = 5$, $[-4] = -4$, $[-4.5] = -5$이다.

예제 1.5.2 양의 정수들의 집합 $\{1, 2, 3\cdots, 100\}$에서

(1) 2의 배수의 개수는 $\left[\dfrac{100}{2}\right]=50$이다.

(2) 3의 배수의 개수는 $\left[\dfrac{100}{3}\right]=33$이다.

(3) 6의 배수의 개수는 $\left[\dfrac{100}{6}\right]=16=\left[\dfrac{\left[\dfrac{100}{2}\right]}{3}\right]$이다.

(4) 2 또는 3의 배수의 개수는 $\left[\dfrac{100}{2}\right]+\left[\dfrac{100}{3}\right]-\left[\dfrac{100}{6}\right]=67$이다.

정수 a, $b(\neq 0)$에 대하여 $\left[\dfrac{a}{b}\right]$는 a를 b로 나누었을 때의 몫임을 위 예제를 통하여 쉽게 알 수 있으며 '일반적으로 다음 정리가 성립한다.

【정리 1.5.8】

양의 정수 a, b, c에 대하여 다음이 성립한다.

(1) $\left[\dfrac{\left[\dfrac{a}{b}\right]}{c}\right]=\left[\dfrac{a}{bc}\right]$ (2) $\left[\dfrac{\left[\dfrac{a}{b}\right]}{b}\right]=\left[\dfrac{a}{b^2}\right]$

증명 (1) 먼저 $\left[\dfrac{a}{b}\right]=q$이고 $\left[\dfrac{q}{c}\right]=s$라고 하면,

$$a=qb+r\ (0\leq r<b),\quad q=sc+t\ (0\leq t<c)$$

이다. 따라서

$$a=qb+r=(sc+t)b+r=s(bc)+tb+r$$
$$0\leq tb+r\leq(c-1)b+r=bc+r-b<bc$$

이므로 $\left[\dfrac{a}{bc}\right]=s=\left[\dfrac{q}{c}\right]=\left[\dfrac{\left[\dfrac{a}{b}\right]}{c}\right]$이다.

(2) (1)의 특수한 경우이다. ■

소수 p에 대하여 양의 정수 n을 나누어 떨어뜨리는 p의 최대거듭제곱이 p^e일 때, $p^e \| n$으로 나타낸다. 다시 설명하면,

$$p^e \| n \Leftrightarrow p^e | n \text{ 이고 } \quad p^{e+1} \nmid n$$

이다. 특히, 양의 정수 n에 대하여 $n!$을 나누어 떨어뜨리는 소수 p의 최대거듭제곱이 p^e일 때, e를 $e(p, n)$으로 나타낸다.

이를테면, $6! = 720 = 2^4 \cdot 3^2 \cdot 5$이므로 $e(2, 6) = 4$, $e(3, 6) = 2$, $e(5, 6) = 1$이다. 일반적으로 지수 $e(p, n)$에 대하여 다음 정리가 성립하는데 증명은 생략한다.

【정리 1.5.9】

양의 정수 n과 소수 p에 대하여 다음이 성립한다.

$$e(p, n) = \sum_{i=1}^{k} \left[\frac{n}{p^i} \right] \ (p^k \leq n < p^{k+1})$$

예제 1.5.3 정리 1.5.9를 이용하여 $5^e \| 300!$인 $e = e(5, 300)$을 구하면

$$5^3 < 300 < 5^4 \text{이므로 } e(5, 300) = \left[\frac{300}{5} \right] + \left[\frac{300}{5^2} \right] + \left[\frac{300}{5^3} \right] = 60 + 12 + 2 = 74$$

이다. 즉, $5^{74} | 300!$이지만 $5^{75} \nmid 300!$이다.

▶ 연습문제 1.5

1. 양의 정수 a가 합성수일 필요충분조건은 a의 절대값이 1과 a 이외의 양의 약수를 가진다.

2. 정리 1.5.2의 (2)를 증명하여라.

3. 소수 p와 정수 a_1, a_2, $\cdots$, a_n (n은 3 이상인 정수)에 대하여

$$p|a_1a_2\cdots a_n \Leftrightarrow p|a_1,\ p|a_2,\ \cdots,\ \text{또는}\ p|a_n$$

임을 증명하여라.

4. 2 이상인 모든 정수는 적어도 하나의 소수인 약수를 가짐을 증명하여라.

5. $4n+3$의 꼴인 소수는 무한히 많음을 증명하여라.

6. 두 정수 288과 432의 표준분해를 구하고 이를 이용하여 두 정수 288과 432의 최대공약수와 최소공배수를 구하여라.

7. 정리 1.5.7을 증명하여라.

8. 정의역이 폐구간 $[-5, 5]$인 Gauss 함수의 그래프를 그려라.

9. 세 자리 자연수에 대하여 다음 물음에 답하여라.
   (1) 6의 배수 중에 가장 작은 수를 구하여라.
   (2) 6의 배수 중에 가장 큰 수를 구하여라.
   (3) 6의 배수의 개수를 구하여라.

10. 정리 1.5.9를 증명하여라.

11. 12!을 표준분해의 꼴로 표현하여라.

12. $e(5, 1000)$를 구하여라.

6. 약수의 개수와 합

앞 절에서 자연수의 표준분해에 관하여 살펴보았다. 이 절에서는 자연수의 표준분해를 이용하여 그 자연수의 양의 약수의 개수와 합을 구하는 방법을 알아본다.

정의역이 집합 $\mathbb{N}$이고 공역이 집합 $\mathbb{Z}$인 함수 $f:\mathbb{N}\to\mathbb{Z}$를 **정수론적 함수**(arithmetic function)라고 한다. 특히, 함수 $f:\mathbb{N}\to\mathbb{Z}$가 조건

$$f(1)=1 \text{ 과 } (m,\ n)=1 \Rightarrow f(mn)=f(m)f(n)$$

을 만족할 때, 함수 f를 **곱셈함수**(multiplicative function)라고 한다.

이를테면, 자연수 n에 대한 양의 약수의 개수를 $\tau(n)$으로 나타내면, 함수 $\tau:\mathbb{N}\to\mathbb{Z}$는 정수론적 함수이며 곱셈함수이다.

【정리 1.6.1】

함수 $\tau:\mathbb{N}\to\mathbb{Z}$는 곱셈함수이며, 자연수 n $(n\geq 2)$의 표준분해가 $n=p_1^{e_1}p_2^{e_2}\cdots p_r^{e_r}$이면

$$\tau(n)=(e_1+1)(e_2+1)\cdots(e_r+1)$$

이다.

증명 자연수 1의 양의 약수는 1뿐이므로 분명히 $\tau(1)=1$이다. 먼저, $n=p_1^{e_1}$이면 n의 양의 약수는 모두 $p_1^{f_1}$ $(0\leq f_1\leq e_1)$의 꼴이므로 $\tau(n)=(e_1+1)$이다. 같은 방법으로 $n=p_1^{e_1}p_2^{e_2}\cdots p_r^{e_r}$이면, n의 양의 약수는 모두

$$p_1^{f_1}p_2^{f_2}\cdots p_r^{f_r} \text{ (각 } i\text{에 대하여 } 0\leq f_i\leq e_i)$$

의 꼴이므로 $\tau(n)=(e_1+1)(e_2+1)\cdots(e_r+1)$이다. 즉,

$$\tau(p_1^{e_1}p_2^{e_2}\cdots p_r^{e_r})=\tau(p_1^{e_1})\tau(p_2^{e_2})\cdots\tau(p_r^{e_r})$$

이다. 이제 두 자연수 m과 n이 서로소이고 $m=q_1^{c_1}q_2^{c_2}\cdots q_t^{c_t}$라고 하면 임의의 i와

j에 대하여 $p_i \neq q_j$이므로 mn의 표준분해는 $q_1^{c_1}q_2^{c_2}\cdots q_t^{c_t}p_1^{e_1}p_2^{e_2}\cdots p_r^{e_r}$이다. 따라서

$$\tau(mn)=(c_1+1)(c_2+1)\cdots(c_t+1)(e_1+1)(e_2+1)\cdots(e_r+1)=\tau(m)\tau(n)$$

이다. 그러므로 τ는 곱셈함수이다. ■

정리 1.6.1에 의하여 양의 약수의 개수를 구하는 것은 어렵지 않다. 이를테면 $240=2^4\cdot3\cdot5$이므로 240의 양의 약수의 개수는 $\tau(240)=5\cdot2\cdot2=20$이다. 한편, 양의 약수의 개수가 3인 자연수는 정리 1.6.1에 의하여 소수의 제곱뿐이다. 즉, 4, 9, 25 등이다.

자연수 n에 대한 양의 약수의 총합을 $\sigma(n)$으로 나타내면, 함수 $\sigma:\mathbb{N}\to\mathbb{Z}$는 정수론적 함수이며 곱셈함수이다.

【정리 1.6.2】

함수 $\sigma:\mathbb{N}\to\mathbb{Z}$는 곱셈함수이며, n $(n\geq2)$의 표준분해가 $n=p_1^{e_1}p_2^{e_2}\cdots p_r^{e_r}$이면

$$\sigma(n)=\frac{p_1^{e_1+1}-1}{p_1-1}\frac{p_2^{e_2+1}-1}{p_2-1}\cdots\frac{p_r^{e_r+1}-1}{p_r-1}$$

이다.

증명 자연수 1의 양의 약수는 1뿐이므로 분명히 $\sigma(1)=1$이다. 먼저, $n=p_1^{e_1}$이면 n의 양의 약수는 모두 $p_1^{f_1}$ $(0\leq f_1\leq e_1)$의 꼴이므로

$$\sigma(n)=p_1^0+p_1^1+\cdots+p_1^{e_1}=\frac{p_1^{e_1+1}-1}{p_1-1}$$

이다. 한편, $n=p_1^{e_1}p_2^{e_2}\cdots p_r^{e_r}$이면, n의 양의 약수는 모두

$$n=p_1^{f_1}p_2^{f_2}\cdots p_r^{f_r}\ (\text{각 } i\text{에 대하여 } 0\leq f_i\leq e_i)$$

의 꼴이고 모든 약수는

$$(p_1^0+p_1^1+\cdots+p_1^{e_1})(p_2^0+p_2^1+\cdots+p_2^{e_2})\cdots(p_r^0+p_r^1+\cdots+p_r^{e_r})$$

의 전개식의 모든 항으로 구성되어 있다. 따라서

$$\sigma(n)=\frac{p_1^{e_1+1}-1}{p_1-1}\frac{p_2^{e_2+1}-1}{p_2-1}\cdots\frac{p_r^{e_r+1}-1}{p_r-1}$$

이다. 이제 두 자연수 m과 n이 서로소일 때, 정리 1.6.1과 같은 방법으로

$$\sigma(mn)=\sigma(m)\sigma(n)$$

이다. 따라서 σ는 곱셈함수이다. ■

정리 1.6.2에 의하여 양의 약수의 총합을 구하는 것은 어렵지 않다. 이를테면 $240=2^4\cdot3\cdot5$이므로 240의 양의 약수의 합은

$$\sigma(240)=\frac{2^5-1}{2-1}\cdot\frac{3^2-1}{3-1}\cdot\frac{5^2-1}{5-1}=744$$

이다.

【정리 1.6.3】

자연수 n에 대하여 다음은 동치이다.

(1) n은 소수이다.

(2) $\tau(n)=2$

(3) $\sigma(n)=n+1$

증명 (1)을 가정하면 (2)와 (3)은 분명하다. (2)가 성립하면 (1)이 성립하는 것을 쉽게 알 수 있으며, (3)이 성립하면 (1)이 성립하는 것을 쉽게 알 수 있다. ■

곱셈함수의 예로 정수론에서 자주 이용되는 함수로 다음과 같이 정의된 함수

$$\mu:\mathbb{N}\to\mathbb{Z},\quad \mu(n)=\begin{cases}1 & n=1\text{일 때}\\ 0 & n\text{이 제곱인수를 가질 때}\\ (-1)^r & n\text{이 서로 다른 }r\text{개의 소수의 곱일 때}\end{cases}$$

를 뫼비우스 함수(Möbius function)이라 한다.

이를테면, $\mu(2)=-1$, $\mu(3)=-1$, $\mu(4)=0$, $\mu(6)=1$, $\mu(10)=1$, $\mu(12)=0$이다.

▶ 연습문제 1.6

1. 다음 정수 값에 대하여 $\tau(n)$과 $\sigma(n)$을 구하여라.
   (1) $n=1000$　　(2) $n=10!$

2. 다음 등식을 만족하는 모든 양의 정수를 구하여라.
   (1) $\tau(n)=2$을 만족하는 한 자리 정수
   (2) $\tau(n)=3$을 만족하는 두 자리 정수
   (3) $\tau(n)=8$을 만족하는 최소 자연수

3. 다음 등식을 만족하는 모든 양의 정수를 구하여라.
   (1) $\sigma(n)=31$　　(2) $\sigma(n)=12$

4. 자연수 n에 대한 양의 약수의 합이 $2n$일 때 n을 **완전수**(perfect number)라고 한다. 이를테면, 6과 28은 완전수이다. 다음을 증명하여라.
   (1) p가 소수일 때 p^k $(k \geq 1)$은 완전수가 아니다.
   (2) $2^k \cdot 3$ $(k \geq 2)$은 완전수가 아니다.
   (3) p가 소수이고 2^p-1이 소수일 때 $2^{p-1}(2^p-1)$는 완전수이다.

5. 뫼비우스 함수 μ가 곱셈함수임을 다음의 과정을 통하여 증명하여라.
   (1) $a=1$ 또는 $b=1$일 때, $\mu(ab)=\mu(a)\mu(b)$이다.
   (2) a가 제곱인수를 가지거나 b가 제곱인수를 가지면, $\mu(ab)=\mu(a)\mu(b)$이다.
   (3) a와 b 모두가 제곱인수를 가지지 않고 $(a, b)=1$이면, $\mu(ab)=\mu(a)\mu(b)$이다.

6. 뫼비우스 함수 μ에 대하여 다음이 성립하는 것을 증명하여라.

$$\sum_{d|n} \mu(d) = \begin{cases} 1 & n=1 \text{ 일 때} \\ 0 & n \geq 2 \text{ 일 때} \end{cases}$$

7. 정수의 표현

정수를 표현하는데 여러 가지 방법이 있다. 적당한 양의 정수 p를 기반으로 한 p진수 표현, Cantor 표현 및 Fibonacci 표현 등이 있다.

일상생활에서 사용하고 있는 정수는 10진수이다. 이를테면, 2537은

$$2\cdot 10^3+5\cdot 10^2+3\cdot 10+7$$

을 뜻한다. 정수 n이

$$n=d_{k-1}p^{k-1}+d_{k-2}p^{k-2}+\cdots+d_1p+d_0,$$
$$d_{k-1}\neq 0,\ 0\leq d_i<p\ (i=0,\ 1,\ \cdots,\ k-1)$$

로 표현될 때 n을 $(d_{k-1}d_{k-2}\cdots d_1d_0)_p$ 또는 $(d_i)_p$로 나타내고 이를 n의 p진법 표현이라 하고 p진법으로 표현된 수를 k자리 p진법의 수 또는 간단히 p진수(p-ary number)라고 한다. 한편, $p^{k-1}\leq n<p^k$인 임의의 정수 n은 k자리 p진법의 수가 되고, 역으로 k자리 p진법의 수 n은 $p^{k-1}\leq n<p^k$을 만족한다. 일반적으로, $p=10$인 경우 즉, 10진법의 수일 때 괄호와 아래첨자를 생략하고, 또한 $p=2$인 경우에도 문맥상에 문제가 발생하지 않을 때 괄호와 아래첨자를 생략한다. 또한 $p>10$일 때 특별한 설명이 없으면 $A=10$, $B=11$, $\cdots$ 등을 사용하기로 약속한다. 이를테면, 16 진법의 수는 1, 2, $\cdots$, 9, $A(=10)$, $B(=11)$, $C(=12)$, $D(=13)$, $E(=14)$, $F(=15)$를 사용하여 표현한다.

이제부터 p진법의 수를 q진법의 수로 바꾸는 과정을 알아본다. 먼저 p진법의 수를 10진법의 수로 고치는 예는 예제 1.7.1과 같다.

예제 1.7.1 (1) $(11001001)_2=2^7+2^6+2^3+1=201$

(2) $(A30C)_{16}=10\times 16^3+3\times 16^2+12=41740$

또한 10 진법의 수를 p진법의 수로 고치는 예는 예제 1.7.2와 같다.

예제 1.7.2 $201 = 5^3 + 3 \times 5^2 + 1 = (1301)_5$

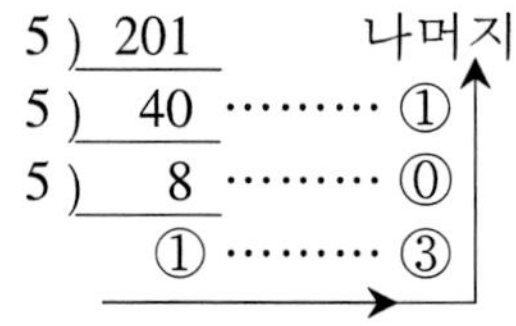

[그림 1.3] 201을 5진법으로 변환하는 방법

일반적으로 p진법의 수를 q진법의 수로 바꾸는 과정은 직접 계산하여도 되지만 10진법의 수를 거쳐서 고친다. 이를테면, 2진법의 수 11001001을 5진법의 수로 고칠 때 예제 1.7.1(1)과 예제 1.7.2를 통하여 5진법의 수 1301을 얻는다. 그러나 특수한 진법으로 고쳐서 계산하는 경우도 있다. 이를테면, 4진법의 수 32031을 8진법의 수로 고칠 때에는 2진법의 수를 이용하여

$$(32031)_4 = (11\ 10\ 00\ 11\ 01)_2 = (1\ 110\ 001\ 101)_2 = (1615)_8$$

이다.

한편, 이러한 p진법의 수들의 사칙연산은 10진법의 수로 고쳐서 계산한 뒤에 p진법의 수로 고쳐도 되지만 직접 계산이 가능하다.

한편, 5진법의 수에서의 덧셈표와 곱셈표는 [표 1.1]과 같다.

+	0	1	2	3	4
0	0	1	2	3	4
1	1	2	3	4	10
2	2	3	4	10	11
3	3	4	10	11	12
4	4	10	11	12	13

×	0	1	2	3	4
0	0	0	0	0	0
1	0	1	2	3	4
2	0	2	4	11	13
3	0	3	11	14	22
4	0	4	13	22	31

[표 1.1] 5진법의 수에서의 덧셈표와 곱셈표

정수 n이 $p^{k-1} \le n < p^k$인 임의의 정수이면, n은 k자리 p진법의 수가 된다. 한편, 이 식의 양변에 양의 정수 p를 밑수로 하는 log를 취하면 $k-1 \le \log_p n < k$이다. 따라서 $k = 1 + [\log_p n]$이다(단, $[x]$는 x의 Gauss 정수이다). 이를테면, 10^6을 2진법으로 표현하면 $1 + [6\log_2 10] = 20$자리이다.

정수의 또 다른 표현으로 다음 정리에 의한 Cantor 표현법이 있다.

【정리 1.7.1】

모든 양의 정수 n은 다음과 같은 꼴로 유일하게 표현된다.

$$n = r_m m! + r_{m-1}(m-1)! + \cdots + r_2 2! + r_1 1!$$
$$m \ge 1,\ 1 \le r_m \le m,\ 0 \le r_i \le i\ (1 \le i \le m-1)$$

특히, $(m+1)! - 1 = mm! + (m-1)(m-1)! + \cdots + 2 \cdot 2! + 1 \cdot 1!$이다.

증명 먼저 $1 = 1!$, $2 = 1 \cdot 2!$, $3 = 1 \cdot 2! + 1!$, $4 = 2 \cdot 2!$, $5 = 2 \cdot 2! + 1!$이다. 이제, n보다 작은 모든 자연수에 대하여 정리가 성립한다고 가정하자. 자연수 n에 대하여 적당한 자연수 m이 존재하여

$$m! \le n < (m+1)!$$

이다. 나눗셈 정리에 의하여 두 정수 r_m $(1 \le r_m < m+1)$과 k $(0 \le k < m! \le n)$가 존재하여

$$n = r_m m! + k$$

이다. 가정에 의하여

$$k = r_{m-1}(m-1)! + \cdots + r_2 2! + r_1 1!,\ 0 \le r_i \le i (0 \le i \le m-1)$$

이므로 정리가 성립한다. 유일성은 나눗셈 정리로부터 분명하다.
이를테면, $65 = 2 \cdot 4! + 2 \cdot 3! + 2 \cdot 2! + 1 \cdot 1!$이다. ■

이탈리아의 수학자 Fibonacci는 '토끼문제'와 관련하여 다음과 같은 수들을 제시하였는데, 이 수들은 자연 현상 속에서 자주 나타나는 수이다.

다음과 같이 정의되는 수들

$$f_1=1,\quad f_2=1,\quad f_{n+2}=f_{n+1}+f_n\ (n\geq 1)$$

을 Fibonacci 수라 하고, Fibonacci 수들로 이루어진 수열

$$1,\ 1,\ 2,\ 3,\ 5,\ 8,\ 13,\ 21,\ 34,\ 55,\ \cdots$$

를 Fibonacci 수열이라고 한다.

정의에 따라 자연수를 Fibonacci 수들의 합으로 나타내보면,

$$1=f_1=f_2,\ 2=f_3,\ 3=f_2+f_3=f_4,\ 4=f_1+f_4=f_3+f_3,\cdots$$

이다.

▶ 연습문제 1.7

1. 다음 수를 10진수로 나타내라.
   (1) $(11010)_2$　　　(2) $(32D)_{16}$

2. 다음 10진수를 2진법의 수와 16진법의 수로 나타내라.
   (1) 159　　　(2) 47

3. 다음 2진수를 16진수로 나타내라.
   (1) 10111　　　(2) 11101101

4. 다음 16진수를 2진수로 나타내라.
   (1) 531　　　(2) 24A

5. 다음 수를 Cantor 표현과 Fibonacci 표현으로 나타내어라.
   (1) 159　　　(2) 47

제 2 장

합동식과 암호

1. 합동과 잉여류

합동 개념은 독일의 수학자 Gauss가 19세기 초 처음으로 도입한 개념으로 현대사회에서 중요한 정보통신 및 정보보호 이론의 기반이 되는 부호이론과 암호이론에 직접적으로 응용되는 것은 물론 다양한 분야에 응용되고 있다. 이 절에서는 합동에 관하여 설명한다. 앞으로 사용하는 m은 2 이상인 정수로 약속한다.

정수 m이 2 이상이고 두 정수 a와 b에 대하여 $a-b$가 m의 배수일 때, a와 b는 m에 관하여 **합동**(congruent modulo m)이라 하고 기호

$$a \equiv b \pmod{m} \text{ 또는 간단히 } a \equiv b \bmod m$$

로 나타낸다. 즉,

$$m \mid (a-b) \Leftrightarrow a \equiv b \pmod{m} \Leftrightarrow a-b=km \ (k \in \mathbb{Z})$$

이다. 또한, 합동기호 $\equiv$을 품는 식을 **합동식**(congruence)이라 한다.

한편, $m \nmid (a-b)$인 경우에 $a \not\equiv b \pmod{m}$으로 나타내고, a와 b는 m에 관하여 합동이 아니라고 한다.

이를테면, $29 \equiv 4 \bmod 5$, $1 \equiv -1 \bmod 2$, $25 \equiv 4 \bmod 7$, $25 \not\equiv 4 \bmod 5$이다.

주의 정수 m이 1인 경우에 모든 정수는 1에 관하여 합동이므로 m은 2 이상인 정수로 사용한다.

위 정의로부터 다음 성질이 성립함을 쉽게 알 수 있다.

【정리 2.1.1】

양의 정수 m과 두 정수 a와 b에 대하여

$$a \equiv b \bmod m \Leftrightarrow a-b=km \Leftrightarrow a=b+km \ (k \in \mathbb{Z})$$

【정리 2.1.2】

합동관계 ≡은 동치관계이다. 즉,

(1) 임의의 정수 a에 대하여 $a \equiv a \bmod m$이다.

(2) $a \equiv b \bmod m$이면 $b \equiv a \bmod m$이다.

(3) $a \equiv b \bmod m$이고 $b \equiv c \bmod m$이면 $a \equiv c \bmod m$이다.

증명 (1) 정수 a에 대하여 $a-a$는 모든 정수의 배수이므로 $a \equiv a \bmod m$이다.

(2) 정수 a, b에 대하여 $a-b$가 m의 배수이면, $b-a$가 m의 배수이다.

(3) $a \equiv b \bmod m$이고 $b \equiv c \bmod m$이면, $a-b$와 $b-c$는 m의 배수이다. 한편, $a-c=(a-b)+(b-c)$이므로 $a-c$는 m의 배수이다. 즉, $a \equiv c \bmod m$이다. ■

예제 2.1.1 $m=3$일 때 모든 정수는 다음 세 합동식 중의 하나에 속해 있다.

$$\cdots \equiv -9 \equiv -6 \equiv -3 \equiv 0 \equiv 3 \equiv 6 \equiv \cdots \pmod 3$$
$$\cdots \equiv -8 \equiv -5 \equiv -2 \equiv 1 \equiv 4 \equiv 7 \equiv \cdots \pmod 3$$
$$\cdots \equiv -7 \equiv -4 \equiv -1 \equiv 2 \equiv 5 \equiv 8 \equiv \cdots \pmod 3$$

이들 합동식에서 연산에 관하여 만족하는 성질은 일부 예외를 제외하면 정수에서 성립하는 성질이 그대로 성립한다.

【정리 2.1.3】

정수 a, b, c와 d에 대하여 $a \equiv b \bmod m$, $c \equiv d \bmod m$이라 할 때, 다음이 성립한다.

(1) $a+c \equiv b+d \bmod m$

(2) $a-c \equiv b-d \bmod m$

(3) $ac \equiv bd \bmod m$

증명 $a \equiv b \bmod m$, $c \equiv d \bmod m$이므로 $a=b+km$, $c=d+lm$인 정수 k, l이 존재한다.

(1) $(a+c)-(b+d)=(b+km+d+lm)-(b+d)=(k+l)m$이므로 성립한다.

(2) $(a-c)-(b-d)=(b+km-d-lm)-(b-d)=(k-l)m$ 이므로 성립한다.

(3) $ac-bd=(b+km)(d+lm)-(bd)=(kd+lb+klm)m$ 이므로 성립한다. ■

이를테면, $18 \equiv 6 \bmod 4$이고 $7 \equiv 3 \bmod 4$이면

$$18+7 \equiv 6+3 \bmod 4,\ 18-7 \equiv 6-3 \bmod 4\text{이고 } 18 \cdot 7 \equiv 6 \cdot 3 \bmod 4$$

이다. 정리 2.1.3의 특수한 경우로 다음 정리를 얻는다.

【따름정리 2.1.4】

임의의 정수 a와 b에 대하여 $a \equiv b \bmod m$이라 할 때, 다음이 성립한다.

(1) 임의의 정수 c에 대하여 $a+c \equiv b+c \bmod m$이다.

(2) 임의의 정수 c에 대하여 $ca \equiv cb \bmod m$이다.

이를테면, $18 \equiv 6 \bmod 4$이면

$$18+7 \equiv 6+7 \bmod 4\text{이고 } 18 \cdot 7 \equiv 6 \cdot 7 \bmod 4$$

이다.

다음 정리는 정리 2.1.3의 일반화이다. 엄밀한 증명은 수학적 귀납법을 이용하여야 하지만 생략한다(연습문제).

【정리 2.1.5】

임의의 정수 a_i와 b_i에 대하여 $a_i \equiv b_i \bmod m$ $(1 \leq i \leq n)$이라 할 때, 다음이 성립한다.

(1) $a_1+a_2+\cdots+a_n \equiv b_1+b_2+\cdots+b_n \pmod m$

(2) $a_1a_2\cdots a_n \equiv b_1b_2\cdots b_n \pmod m$

정리 2.1.5의 특수한 경우로 다음 정리를 얻는다.

【따름정리 2.1.6】

두 정수 a와 b에 대하여 $a \equiv b \bmod m$이라 할 때, 다음이 성립한다.

(1) 임의의 양의 정수 n에 대하여 $na \equiv nb \bmod m$이다.

(2) 임의의 양의 정수 n에 대하여 $a^n \equiv b^n \bmod m$이다.

(3) 임의의 정수 c와 양의 정수 n에 대하여 $ca^n \equiv cb^n \bmod m$이다.

증명 임의의 $i\ (1 \le i \le n)$에 대하여 $a_i = a$와 $b_i = b$라 놓으면 정리 2.1.5의 (1)과 (2)는 각각 정리 2.1.6의 (1)과 (2)가 된다.
또한, 따름정리 2.1.4와 (2)를 이용하면 (3)이 증명된다. ■

【따름정리 2.1.7】

정수 계수를 가지는 두 다항식

$$f(x) = a_0 + a_1x + \cdots + a_nx^n, \quad g(x) = b_0 + b_1x + \cdots + b_nx^n$$

에 대하여 다음이 성립한다.

(1) 두 정수 a와 b에 대하여 $a \equiv b \bmod m$이면, $f(a) \equiv f(b) \bmod m$이다.

(2) 임의의 정수 a_i와 b_i에 대하여 $a_i \equiv b_i \bmod m\ (0 \le i \le n)$일 때, 두 정수 a와 b에 대하여 $a \equiv b \bmod m$이면, $f(a) \equiv g(b) \bmod m$이다.

이제 정리들의 응용으로 다음 예제를 살펴보자.

예제 2.1.2 (1) $10 \equiv 1 \bmod 3$, $10 \equiv 1 \bmod 9$, $10 \equiv -1 \bmod 11$이므로
$10^k \equiv 1 \bmod 3$, $10^k \equiv 1 \bmod 9$, $10^k \equiv (-1)^k \bmod 11$이다.

(2) 자연수 $m = a_n10^n + a_{n-1}10^{n-1} + \cdots + a_110 + a_0$에 대하여

$$m \equiv a_0 + a_1 + \cdots + a_n \bmod 3$$

$$m \equiv a_0 + a_1 + \cdots + a_n \bmod 9$$

$$m \equiv a_0 - a_1 + \cdots + (-1)^n a_n \bmod 11$$

이다. 이를테면, 265789를 3과 9로 나눈 나머지는 각각

$$2+6+5+7+8+9$$

를 3과 9로 나눈 나머지와 같고, 265789를 11로 나눈 나머지는

$$9-8+7-5+6-2$$

를 11로 나눈 나머지와 같다. 따라서 265789를 3, 9, 11로 나눈 나머지는 각각 1, 1, 7이다.

예제 2.1.3 정수 $2^{37}20^{27}$을 13으로 나눈 나머지를 구하여 보면,

$$2^4 \equiv 3 \bmod 13, \quad 2^8 \equiv 9 \bmod 13, \quad 2^{12} \equiv 1 \bmod 13$$

이므로 $2^{37} \equiv (2^{12})^3 2 \equiv 2 \bmod 13$이다. 또한, $20 = 2^2 5$이므로 $20^{27} = 2^{54} 5^{27}$이다. 한편, $5^2 \equiv 25 \equiv -1 \bmod 13$이므로

$$2^{54} \equiv (2^{12})^4 2^6 \equiv 2^6 \equiv 2^4 2^2 \equiv 12 \bmod 13\text{이고 } 5^{27} \equiv (5^4)^6 5^3 \equiv 5^3 \equiv 8 \bmod 13$$

이므로 $20^{27} \equiv 5 \bmod 13$이다.
따라서 $2^{37}20^{27} \equiv 10 \bmod 13$이다.

정수에서는 소약법칙, 즉

$$a \neq 0\text{이고 } ab = ac\text{이면 } b = c$$

이 성립하는 것은 잘 알려진 사실이다. 그러나 일반적으로 합동식에서 소약법칙은 성립하지 않는다. 즉,

$$3 \not\equiv 0 \bmod 9\text{이고 } 3 \times 2 \equiv 3 \times 5 \bmod 9\text{이지만, } 2 \not\equiv 5 \bmod 9$$

이다. 또한, 정수에서는 $a \neq 0$이고 $b \neq 0$이면 $ab \neq 0$이지만 합동식에서는,

$$a \not\equiv 0 \bmod m\text{이고 } b \not\equiv 0 \bmod m\text{이지만 } ab \equiv 0 \bmod m$$

일 수 있다. 이를테면, $a \equiv 2 \bmod 6$이고 $b \equiv 3 \bmod 6$이지만 $ab \equiv 0 \bmod 6$이다.

합동식에서는 소약법칙에 관한 다음의 정리가 성립한다.

【정리 2.1.8】

$ka \equiv kb \bmod m$이고 $(k, m)=1$이면 $a \equiv b \bmod m$이다.

특히, $ka \equiv 0 \bmod m$이고 $(k, m)=1$이면 $a \equiv 0 \bmod m$이다.

증명 가정 $ka \equiv kb \bmod m$으로부터 $k(a-b)=lm$인 정수 l이 존재한다. 가정에서 $(k, m)=1$이므로 $k|l$이다. 즉 $l=ek$인 e가 존재한다. 따라서 $a-b=em$이므로 $a \equiv b \bmod m$이다. 특히, $b=0$이면 $a \equiv 0 \bmod m$이다. ■

이제 합동에 관한 몇 가지 성질들을 살펴본다.

【정리 2.1.9】

두 양의 정수 m_1, m_2에 대하여

$$\begin{cases} a \equiv b \bmod m_1 \\ a \equiv b \bmod m_2 \end{cases} \Leftrightarrow a \equiv b \bmod [m_1, m_2]$$

이다. 특히, m_1, m_2이 서로소이면

$$\begin{cases} a \equiv b \bmod m_1 \\ a \equiv b \bmod m_2 \end{cases} \Leftrightarrow a \equiv b \bmod m_1 m_2$$

이다.

증명 먼저, $a \equiv b \bmod [m_1, m_2]$을 가정하면 $\begin{cases} a \equiv b \bmod m_1 \\ a \equiv b \bmod m_2 \end{cases}$은 분명하게 성립한다.

역으로, $\begin{cases} a \equiv b \bmod m_1 \\ a \equiv b \bmod m_2 \end{cases}$이 성립하면 $a-b$는 m_1과 m_2의 배수이므로 $a-b$는 m_1과 m_2의 최소공배수의 배수이다. 따라서 $a \equiv b \bmod [m_1, m_2]$이다.

특히, m_1, m_2이 서로소이면 $[m_1, m_2]=m_1 m_2$이므로 정리 2.1.9가 성립된다. ■

【정리 2.1.10】

양의 정수 $m_1, m_2, \cdots, m_r$에 대하여

$$\begin{cases} a \equiv b \bmod m_1 \\ a \equiv b \bmod m_2 \\ \quad \vdots \\ a \equiv b \bmod m_r \end{cases} \Leftrightarrow a \equiv b \bmod [m_1, m_2, \cdots, m_r]$$

이다. 특히, $m_1, m_2, \cdots, m_r$이 쌍마다 서로소이면

$$\begin{cases} a \equiv b \bmod m_1 \\ a \equiv b \bmod m_2 \\ \quad \vdots \\ a \equiv b \bmod m_r \end{cases} \Leftrightarrow a \equiv b \bmod m_1 m_2 \cdots m_r$$

이다.

다음 정리는 합동식의 해를 구할 때 자주 이용된다.

【정리 2.1.11】

두 양의 정수 m, d에 대하여 다음 성질이 성립한다.

(1) $a \equiv b \bmod m \Leftrightarrow ad \equiv bd \bmod md$

(2) $d|a, d|b, d|m$일 때, $a \equiv b \bmod m \Leftrightarrow \dfrac{a}{d} \equiv \dfrac{b}{d} \left(\bmod \dfrac{m}{d}\right)$

(3) $d|m$일 때, $a \equiv b \bmod m \Rightarrow a \equiv b \bmod d$

증명 (1) 먼저, $a \equiv b \bmod m$이면 적당한 k가 존재하여 $a - b = km$이다. 따라서

$$ad - bd = (a-b)d = (km)d = k(md)$$

이므로 $ad \equiv bd \bmod md$이다.

역으로, $ad \equiv bd \bmod md$이면 적당한 k가 존재하여

$$ad - bd = k(md) \text{이고 } a - b = km$$

이다. 따라서 $a \equiv b \bmod m$이다. ■

▶ 연습문제 2.1

1. 다음 합동식 중에 옳은 것들을 찾아라.
   (1) $15 \equiv 3 \bmod 6$　　(2) $25 \equiv 3 \bmod 6$
   (3) $15 \equiv 3 \bmod 4$　　(4) $35 \equiv 13 \bmod 11$

2. 다음 명제 중에 옳은 것은 증명하고 옳지 않은 것은 이유를 설명하여라.
   (1) $15 \equiv 15 \bmod 6$이다.
   (2) $15 \equiv 3 \bmod 6$이면 $3 \equiv 15 \bmod 6$이다.
   (3) $15 \equiv 3 \bmod 6$이면 $15+7 \equiv 3+7 \bmod 6$이다.
   (4) $15 \equiv 3 \bmod 6$이면 $30 \equiv 6 \bmod 6$이다.
   (5) $15 \equiv 3 \bmod 6$이면 $15^2 \equiv 3^2 \bmod 6$이다.
   (6) $3 \times 15 \equiv 3 \times 3 \bmod 18$이면 $15 \equiv 3 \bmod 18$이다.

3. 따름정리 2.1.4를 증명하여라.

4. 정리 2.1.5를 증명하여라.

5. 3^{115}의 1의 자리 수를 구하여라.

6. $3^{32}5^{41}$을 11로 나눈 나머지를 구하여라.

7. 정리 2.1.11을 증명하여라.

8. 다음 명제 중에 옳은 것은 증명하고 옳지 않은 것은 이유를 설명하여라.
   (1) 두 양의 정수 m_1, m_2에 대하여

$$\begin{cases} a \equiv b \bmod m_1 \\ a \equiv b \bmod m_2 \end{cases} \Leftrightarrow a \equiv b \bmod m_1 m_2$$

   이다.
   (2) $a \equiv b \bmod m \Leftrightarrow ad \equiv bd \bmod m$

2. 잉여류와 완전잉여계

공집합이 아닌 집합 A에 대하여 A^2의 부분집합 R를 A 위에서의 **관계**(relation)라 한다. 즉,

$$R=\{(a, b)\in A\times A | a\text{와 } b\text{는 적당한 조건을 만족한다}\}$$

순서쌍 $(x, y)\in R$을 기호로 xRy 또는 $x\sim y$로 나타내고 'x와 y는 관계가 있다'라고 한다.

관계에 관한 몇 가지 예를 들면 다음과 같다.

예제 2.2.1 집합 $A=\{1, 2, 3\}$에 대하여

$$A^2=\{(1, 1), (1, 2), (1, 3), (2, 1), (2, 2), (2, 3), (3, 1), (3, 2), (3, 3)\}$$

이고 A^2의 부분집합은 모두 2^9가지이므로 A위에서의 관계는 모두 2^9가지가 존재한다. 다음 집합들은 관계의 예들이다.

$$R_1=\{(1, 1), (2, 2), (3, 3)\}$$
$$R_2=\{(1, 1), (1, 2), (1, 3), (2, 2), (3, 3)\}$$
$$R_3=\{(1, 1), (1, 2), (1, 3), (2, 2), (2, 3), (3, 3)\}$$
$$R_4=\{(1, 2), (2, 1), (2, 3), (3, 2), (1, 3), (3, 1)\}$$

또한, 이들을 조건제시법으로 표현해 보면, 다음과 같다.

$$R_1=\{(x, y)\in A^2 | y=x\}$$
$$R_2=\{(x, y)\in A^2 | x\text{는 } y\text{의 약수이다}\}$$
$$R_3=\{(x, y)\in A^2 | y\geq x\}$$
$$R_4=\{(x, y)\in A^2 | y\neq x\}$$

이들 4가지 관계 R_1-R_4는 집합 A 위의 2^9가지의 관계들 중에 수학적인 의미를 가지는 관계이다.

이제 관계 R에 관한 구체적인 의미를 주는 몇 가지 정의를 살펴보자.

(1) R : 반사(reflexive) $\Leftrightarrow$ A의 임의의 원소 x에 대하여 $(x, x) \in R$

(2) R : 대칭(symmetric) $\Leftrightarrow$ $(x, y) \in R$에 대하여 $(y, x) \in R$

(3) R : 추이(transitive) $\Leftrightarrow$ $(x, y) \in R$이고 $(y, z) \in R$이면 $(x, z) \in R$

(4) R : 반대칭(antisymmetric) $\Leftrightarrow$ $(x, y) \in R$이고 $(y, x) \in R$이면 $x = y$

예제 2.2.2 예제 2.2.1에서 주어진 세 관계가 만족하는 성질을 살펴보면,

(1) R_1은 반사, 대칭, 추이 및 반대칭을 모두 만족한다.

(2) R_2는 반사, 추이 및 반대칭을 모두 만족한다. 그러나 $(1, 2) \in R_2$이지만 $(2, 1) \notin R_2$이므로 대칭이 아니다.

(3) R_4는 반사, 추이와 반대칭을 만족하지 않지만 대칭을 만족한다.

집합 A 위에서의 관계 R이 반사, 대칭 및 추이 관계를 만족할 때, R를 A 위에서의 **동치관계**(equivalence relation)라 한다. 원소 x, y에 대하여 xRy 즉 $x \sim y$일 때 x와 y는 **동치**라고 한다,

이를테면, R_1은 동치관계이며, 정수의 집합 $\mathbb{Z}$ 위에 정의된 합동관계 $\equiv$은 정리 2.1.2에 의하여 동치관계이다. 이 때 합동관계 R은 자연수 m에 의하여 결정된다. 특히 $m = 3$이면,

$$R = \{(a, b) \mid a\text{와 } b\text{의 차가 3의 배수이다.}\}$$

이다. 한편 $(\mathbb{Z}, \sim)$가 동치관계이고 $x \in \mathbb{Z}$일 때, x와 관계가 있는 모든 원소들의 집합을 x를 품는 **동치류**(Equivalence class)라 하고 기호로 $\bar{x}$로 나타낸다. 즉,

$$\bar{x} = \{a \in \mathbb{Z} \mid x \sim a\}$$

이다. 이때 x를 이 동치류의 **대표원**이라 한다. 특히, 정수 전체의 집합 $\mathbb{Z}$ 위에 정의된 합동관계 $a \equiv b \bmod m$에 의하여 정의된 동치류를 **법 m에 관한 잉여류**(residue class modulo m)라고 한다.

예제 2.2.3 임의의 정수 x, y에 대한 관계 $\sim$를

$$x \sim y \Leftrightarrow x \equiv y \bmod 5$$

로 정의하면, 관계 $\sim$는 집합 $\mathbb{Z}$ 위에서 동치관계이다. 임의의 정수를 5로 나누면 나머지는 0, 1, 2, 3, 4 중에 꼭 하나이고 잉여류를 살펴보면,

$$\bar{0} = \{a \in \mathbb{Z} \mid a \equiv 0 \bmod 5\} = \{\cdots, -10, -5, 0, 5, 10, \cdots\}$$
$$\bar{1} = \{a \in \mathbb{Z} \mid a \equiv 1 \bmod 5\} = \{\cdots, -9, -4, 1, 6, 11, \cdots\}$$
$$\bar{2} = \{a \in \mathbb{Z} \mid a \equiv 2 \bmod 5\} = \{\cdots, -8, -3, 2, 7, 12, \cdots\}$$

등과 같이 되어 $\bar{0}$은 5의 배수들의 집합이고 $\bar{1}$은 5로 나눈 나머지가 1이 되는 정수들의 집합이다. 또한, $\bar{0} = \bar{5} = \overline{10} = \overline{-5} = \cdots$이고 $\bar{1} = \bar{6} = \overline{-4} = \overline{-9} = \cdots$이다. 따라서, $\mathbb{Z}$는 관계 $\sim$에 의하여 5개의 부분집합 $\bar{0}$, $\bar{1}$, $\bar{2}$, $\bar{3}$, $\bar{4}$가 만들어진다.

【정리 2.2.1】

관계 $R \subseteq A^2$이 $\sim$에 관하여 동치관계를 이룬다고 하자. 이때 동치류들의 집합 $P = \{\bar{x} \mid x \in A\}$는 다음 성질을 만족한다 :

(1) 임의의 원소 $x \in A$에 대하여 $x \in \bar{x}$이다.

(2) $x \sim y \Leftrightarrow \bar{x} = \bar{y} \Leftrightarrow x \in \bar{y} \Leftrightarrow y \in \bar{x}$

(3) 임의의 원소 x, $y \in A$에 대하여
$\bar{x} \cap \bar{y} = \varnothing$ 또는 $\bar{x} = \bar{y}$이다.

(4) $\bigcup_{x \in A} \bar{x} = A$이다.

즉, $P = \{\bar{x} \mid x \in A\}$는 집합 A를 분할(partition)한다고 한다.

증명 (1) 임의의 원소 $x \in A$에 대하여 $x \sim x$이므로 $x \in \bar{x}$이다.

(2) $x \sim y$를 가정하자. 이때, $a \in \bar{y}$이면 $y \sim a$이다. 가정에서 $\sim$이 동치관계이므로 $x \sim a$이다. 따라서 $a \in \bar{x}$이고 $\bar{y} \subseteq \bar{x}$이다. 또한, $x \sim y$이면 $y \sim x$이고 $\bar{x} \subseteq \bar{y}$이다. 그러므로 $\bar{x} = \bar{y}$이다.

이제, $\bar{x} = \bar{y}$이면, $x \sim x$이므로 $x \in \bar{x} = \bar{y}$이다. 같은 방법으로 $y \in \bar{y} = \bar{x}$이다.

마지막으로, $x \in \overline{y}$이면 정의에 의하여 $y \sim x$이므로 $x \sim y$이다.

(3) 임의의 원소 x, $y \in A$에 대하여 $\overline{x} \cap \overline{y} \neq \varnothing$을 가정하면, $z \in \overline{x} \cap \overline{y}$인 원소 z가 A에 존재한다. (1)에 의하여 $\overline{x} = \overline{z} = \overline{y}$이다.

(4) 임의의 원소 $x \in A$에 대하여 $\overline{x} \subseteq A$이므로 $\bigcup_{x \in A} \overline{x} \subseteq A$이다. 한편, 임의의 원소 $x \in A$에 대하여 $\{x\} \subseteq \overline{x}$이므로 $A = \bigcup_{x \in A} \{x\} \subseteq \bigcup_{x \in A} \overline{x}$이다. ■

예제 2.2.3에서 얻은 5개의 잉여류에 관하여 자세하게 관찰하면, 임의의 정수는 5개의 잉여류들 중에 꼭 한 잉여류에 속하며 임의의 서로 다른 두 잉여류는 서로소임을 알 수 있다. 이와 같은 관계를 기호

$$\mathbb{Z} = \overline{0} \,\dot{\cup}\, \overline{1} \,\dot{\cup}\, \overline{2} \,\dot{\cup}\, \overline{3} \,\dot{\cup}\, \overline{4}$$

으로 나타낸다. 여기서 기호 $A \dot{\cup} B$는 $A \cap B = \phi$인 두 집합 A와 B의 합집합을 의미한다.

정리 2.2.1을 잉여류에 관하여 정리하면 다음과 같다.

【정리 2.2.2】

양의 정수 m에 대하여 합동관계 $a \equiv b \bmod m$에 의하여 만들어지는 잉여류 전체의 집합을 $\overline{\mathbb{Z}}_m$이라고 하면 다음 성질을 만족한다 :

(1) 임의의 정수 x에 대하여 적당한 음이 아닌 정수 $r\ (\leq m-1)$이 존재하여 $x \in \overline{x} = \overline{r}$이다.

(2) $\overline{\mathbb{Z}}_m = \{\overline{x} \mid x \in \mathbb{Z}\} = \{\overline{0},\ \overline{1},\ \cdots,\ \overline{m-1}\}$

증명 (1) 주어진 양의 정수 m과 임의의 정수 x에 대하여 정리 1.1.7에 의하여

$$x = qm + r,\ 0 \leq r < m$$

인 정수 q와 r이 존재하므로 $\overline{x} = \overline{r}$이므로 성립한다.

(2) 잉여류 전체의 집합은 m으로 나누었을 때 나타나는 나머지에 대한 잉여류이므로 $\overline{\mathbb{Z}}_m = \{\overline{x} \mid x \in \mathbb{Z}\} = \{\overline{0},\ \overline{1},\ \cdots,\ \overline{m-1}\}$이다. ■

양의 정수 m을 법으로 한 m개의 잉여류 $\overline{0}$, $\overline{1}$, $\cdots$, $\overline{m-1}$에서 정수를 각각 1개씩 선택하여 만든 집합

$$S=\{s_0,\ s_1,\ \cdots,\ s_{m-1}\}$$

을 법 m에 관한 **완전잉여계**(complete residue system)라고 한다. 특히, 완전잉여계 $\{0,\ 1,\ \cdots,\ m-1\}$을 법 m에 관한 **최소 양의 잉여계**라 하고 기호 $\mathbb{Z}_m$으로 나타낸다.

이를테면, $\{2, 3, 4, 5, 6, 7\}$은 법 6에 관한 완전잉여계이지만 $\{4, 6, 8, 10, 12, 14\}$는 4와 10이 같은 잉여계의 원소이므로 법 6에 관한 완전잉여계가 아니다.

정수 전체의 집합 $\mathbb{Z}$의 부분집합 $S=\{s_0,\ s_1,\ \cdots,\ s_r\}$가 법 m에 관한 완전잉여계일 필요충분조건은 다음과 같다.

【정리 2.2.3】

집합 $\mathbb{Z}$의 부분집합 $S=\{s_0,\ s_1,\ \cdots,\ s_r\}$가 법 m에 관한 완전잉여계일 필요충분조건은 $r=m-1$이고 $s_i \equiv s_j \bmod m$이면 $s_i=s_j$이다.

증명 집합 $S=\{s_0,\ s_1,\ \cdots,\ s_r\}$가 법 m에 관한 완전잉여계라고 하면,

$$\{\overline{s_0},\ \overline{s_1},\ \cdots,\ \overline{s_r}\}=\overline{\mathbb{Z}}_m$$

이므로 $r=m-1$이고 $s_i \neq s_j \Rightarrow \overline{s}_i \neq \overline{s}_j \Rightarrow s_i \not\equiv s_j \bmod m$이다.

역으로, $r=m-1$이고 $s_i \equiv s_j \bmod m \Rightarrow s_i=s_j$이라고 가정하면, 집합 $\{s_0,\ s_1,\ \cdots,\ s_{m-1}\}$의 각각의 원소를 m으로 나눈 나머지는 모두 다르다. 즉, $\{\overline{s_0},\ \overline{s_1},\ \cdots,\ \overline{s_{m-1}}\}=\overline{\mathbb{Z}}_m$이다. ■

정리 2.2.3을 이용하면 집합 $\mathbb{Z}$의 부분집합이 완전잉여계인지 아닌지를 쉽게 판정할 수 있다.

【정리 2.2.4】

(1) 연속된 m개의 정수의 집합은 법 m에 관한 완전잉여계이다.

(2) m이 홀수일 때, 집합 $\left\{-\frac{m-1}{2}, \cdots, -1, 0, 1, \cdots, \frac{m-1}{2}\right\}$은 법 m에 관한 완전잉여계이다.

증명 (1) 연속된 m개의 정수의 집합을 S라고 하면, 적당한 정수 a가 존재하여

$$S=\{a, a+1, \cdots, a+m-1\}$$

이다. 먼저 $|S|=m$이고 $a+i\equiv a+j \pmod m$이면$(0\le i, j<m)$, $i\equiv j \bmod m$이므로 $i=j$이다. 따라서 정리 2.2.3에 의하여 S는 완전잉여계이다.

(2) 집합 $\left\{-\frac{m-1}{2}, \cdots, -1, 0, 1, \cdots, \frac{m-1}{2}\right\}$은 연속된 m개의 정수의 집합이다. ■

【정리 2.2.5】

집합 $S=\{s_0, s_1, \cdots, s_r\}$가 법 m에 관한 완전잉여계일 때, $(a, m)=1$인 정수 a와 임의의 정수 b에 대하여 집합

$$T=\{as_0+b, as_1+b, \cdots, as_{m-1}+b\}$$

는 법 m에 관한 완전잉여계이다.

증명 임의의 서로 다른 i, j에 대하여 $as_i+b\neq as_j+b$이므로 $|T|=m$이다. 또한, $(a, m)=1$이므로

$$\begin{aligned} as_i+b\equiv as_j+b \pmod m &\Rightarrow as_i\equiv as_j \pmod m \\ &\Rightarrow s_i\equiv s_j \pmod m \\ &\Rightarrow s_i=s_j \end{aligned}$$

이다. 따라서 정리 2.2.3에 의하여 T는 법 m에 관한 완전잉여계이다. ■

이제 완전잉여계를 이용한 문제들을 살펴보자.

예제 2.2.4 모든 자연수 n에 대하여 n^3-n이 6의 배수임을 증명하려면 n^3-n이 2의 배수이고 동시에 3의 배수인 것을 증명하면 된다.
먼저 2의 배수는 2를 법으로 0이다. 모든 자연수는 2를 법으로 0과 1중에 하나이므로 두 경우에 대하여 증명하면 된다. 즉,

$$n \equiv 0 \bmod 2\text{일 때 } n^3-n \equiv 0-0 \equiv 0 \bmod 2$$
$$n \equiv 1 \bmod 2\text{일 때 } n^3-n \equiv 1-1 \equiv 0 \bmod 2$$

이므로 n^3-n은 2의 배수이다. 같은 방법으로

$$n \equiv 0 \bmod 3\text{일 때 } n^3-n \equiv 0-0 \equiv 0 \bmod 3$$
$$n \equiv 1 \bmod 3\text{일 때 } n^3-n \equiv 1-1 \equiv 0 \bmod 3$$
$$n \equiv 2 \bmod 3\text{일 때 } n^3-n \equiv 8-2 \equiv 0 \bmod 3$$

이므로 n^3-n은 3의 배수이다. 따라서 n^3-n은 6의 배수이다.

정수 전체의 집합 $\mathbb{Z}$ 위에 정의된 잉여류 $\overline{a} \in \overline{\mathbb{Z}}_m$에 대하여 $(a,\ m)=1$일 때, $\overline{a}$를 법 m에 관한 기약잉여류(reduced residue class modulo m)라고 하고 기약잉여류 전체의 집합을 $\overline{R}$로 나타내면,

$$\overline{R}=\{\overline{a} \in \overline{\mathbb{Z}}_m \mid (a,\ m)=1\}$$

이다. 한편, $\mathbb{Z}_m^*=\{a \in \mathbb{Z}_m \mid (a,\ m)=1\}$와 $\overline{\mathbb{Z}}_m^*=\{\overline{a} \mid a \in \mathbb{Z}_m^*\}$을 정의하면, $\overline{R}=\overline{\mathbb{Z}}_m^*$이다.

각 정수 a에 대하여 $\overline{a}=\overline{r}$인 $r \in \overline{\mathbb{Z}}_m$이 단 하나 존재하고(정리 1.1.7과 2.2.2) $(a,\ m)=(r,\ m)$이므로, $(a,\ m)=1$인 각 정수 a에 대하여 $\overline{a}=\overline{r}$인 $r \in \overline{\mathbb{Z}}_m$이 단 하나 존재하고 $(r,\ m)=1$이다.

이를테면, 작은 자연수 m에 대하여

$$\mathbb{Z}_2^*=\{1\} \qquad \overline{\mathbb{Z}}_2^*=\{\overline{1}\}$$
$$\mathbb{Z}_3^*=\{1,\ 2\} \qquad \overline{\mathbb{Z}}_3^*=\{\overline{1},\ \overline{2}\}$$

$$\mathbb{Z}_4^* = \{1,\ 3\} \qquad \overline{\mathbb{Z}}_4^* = \{\overline{1},\ \overline{3}\}$$

$$\mathbb{Z}_5^* = \{1,\ 2,\ 3,\ 4\} \qquad \overline{\mathbb{Z}}_5^* = \{\overline{1},\ \overline{2},\ \overline{3},\ \overline{4}\}$$

$$\mathbb{Z}_{10}^* = \{1,\ 3,\ 7,\ 9\} \qquad \overline{\mathbb{Z}}_{10}^* = \{\overline{1},\ \overline{3},\ \overline{7},\ \overline{9}\}$$

$$\mathbb{Z}_{12}^* = \{1,\ 5,\ 7,\ 11\} \qquad \overline{\mathbb{Z}}_{12}^* = \{\overline{1},\ \overline{5},\ \overline{7},\ \overline{11}\}$$

정수의 부분집합 R에 대하여 $\overline{R} = \{\overline{r} \mid r \in R\} = \overline{\mathbb{Z}}_m^*$일 때, 집합 R을 법 m에 관한 기약잉여계(reduced residue system modulo m)라고 한다.

이를테면, 소수 p에 대하여 $\mathbb{Z}_p^* = \{1,\ 2,\ \cdots,\ p-1\}$는 법 p에 관한 기약잉여계이다. 또한, 집합 $S = \{s_0,\ s_1,\ \cdots,\ s_{m-1}\}$이 법 m에 관한 완전잉여계이면, 집합 $R = \{s_i \in S \mid (s_i,\ m) = 1\}$은 법 m에 관한 기약잉여계이다.

▶ 연습문제 2.2

1. 예제 2.2.1에서 정의된 R_3이 만족하는 관계들을 찾아라.

2. 어느 대학의 학생들의 집합 A에서 다음과 같이 정의된 관계 $\sim$이 동치관계인지 판정하여라.

(1) $x \sim y \Leftrightarrow x$는 y와 같은 전공이다.

(2) $x \sim y \Leftrightarrow x$는 y와 생일이 같은 달이다.

(3) $x \sim y \Leftrightarrow x$는 y를 좋아한다.

3. 법 3에 관한 잉여류들을 원소나열법으로 나타내어라.

4. 다음 집합 중에서 법 7에 관한 완전잉여계를 찾아라.

(1) $\{-3,\ -2,\ -1,\ 0,\ 1,\ 2,\ 3\}$ (2) $\{-6,\ -4,\ -2,\ 0,\ 2,\ 4,\ 6\}$

(3) $\{-9,\ -6,\ -3,\ 0,\ 3,\ 6,\ 9\}$ (4) $\{-12,\ -8,\ -4,\ 0,\ 4,\ 8,\ 12\}$

5. 다음 집합 중에서 법 8에 관하여 완전잉여계를 찾아라.

(1) $\{-4, -3, -2, -1, 0, 1, 2, 3\}$

(2) $\{-3, -2, -1, 0, 1, 2, 3, 4\}$

(3) $\{-6, -4, -2, 0, 2, 4, 6, 8\}$

(4) $\{-9, -6, -3, 0, 3, 6, 9, 12\}$

6. 모든 자연수 n에 대하여 n^5-n이 10의 배수임을 증명하여라.

7. n이 홀수일 때 n^2을 8로 나눈 나머지는 1임을 증명하여라.

8. 다음 자연수 m에 대하여 집합 $\mathbb{Z}_m^*$를 원소나열법으로 나타내어라.

(1) $m=8$ (2) $m=9$

(3) $m=14$ (4) $m=15$

(5) $m=18$ (6) $m=20$

9. 집합 $S=\{s_0, s_1, \cdots, s_{m-1}\}$가 법 m에 관한 완전잉여계이면, 집합 $R=\{s_i \in S | (s_i, m)=1\}$은 법 m에 관한 기약잉여계인 것을 증명하여라.

10. 임의의 정수 n에 대하여

(1) $n^2 \equiv 0 \bmod 8$, $n^2 \equiv 1 \bmod 8$ 또는 $n^2 \equiv 4 \bmod 8$ 중에 하나만 성립하는 것을 증명하여라.

(2) 성질 (1)을 이용하여 부정방정식

$$x^2+y^2+z^2=10007$$

의 정수해가 존재하지 않는 것을 증명하여라.

3. 일차합동식과 응용

제1장에서 부정방정식의 정수해를 구하는 방법에 관하여 설명하였다. 이 절에서는 이를 이용하여 일차합동식의 해를 구하는 방법을 알아본다.

정수를 계수로 가지는 x에 관한 n차 다항식

$$f(x)=a_nx^n+\cdots+a_1x+a_0,\quad a_n\not\equiv 0 \bmod m$$

에 대하여 미지수 x에 관한 합동식

$$f(x)\equiv 0 \bmod m \quad \text{즉} \quad a_nx^n+\cdots+a_1x+a_0\equiv 0 \bmod m$$

을 미지수 x에 관한 n차 **합동식**(congruence of degree n)이라고 한다. 특정한 값 a에 대하여 $f(a)\equiv 0 \bmod m$이면, 따름정리 2.1.7에 의하여 $c\equiv a \bmod m$인 모든 c에 대하여 $f(c)\equiv 0 \bmod m$이다. 이러한 의미에서 합동식의 해를 $x\equiv a \bmod m$으로 정의한다. 합동식에서 서로 다른 해란 법 m에 관하여 서로 다른 해를 의미한다. 즉, $f(x)\equiv 0 \bmod m$을 만족하는 $\mathbb{Z}_m$의 원소들은 서로 다른 해이다.

예제 2.3.1 합동식 $8x^3+x^2-1\equiv 0 \bmod 8$은 3차항의 계수 8이 법 8에 관하여 0이므로 $x^2-1\equiv 0 \bmod 8$과 같으므로 2차 합동식이다. 2차 합동식에 집합 $\mathbb{Z}_8$의 원소를 대입하면 합동식은 4개의 해

$$x\equiv 1 \bmod 8,\ x\equiv 3 \bmod 8,\ x\equiv 5 \bmod 8,\ x\equiv 7 \bmod 8$$

을 가진다.

이들 합동식의 해는 일반적으로 합동식의 차수에 따라 구분하여 구한다. 이차 이상인 고차 합동식은 뒤에 설명하기로 하고 여기서는 일차 합동식

$$ax\equiv b \bmod m,\ a\not\equiv 0 \bmod m$$

의 해에 관한 성질을 알아본다.

다음 정리에 의하여 일차 합동식의 해는 완전하게 결정된다.

【정리 2.3.1】

일차 합동식 $ax \equiv b \bmod m$이 해를 가지기 위한 필요충분조건은 $d=(a, m)$가 b의 약수이다. 이때 $x \equiv x_0 \bmod m$이 이 합동식의 해라면, 이 합동식은 d개의 해

$$x \equiv x_0 + \frac{m}{d} t \pmod{m}, \quad t=0, 1, \cdots, d-1$$

를 가진다. 특히, $(a, m)=1$일 때 일차합동식 $ax \equiv b \bmod m$은 유일한 해를 가진다.

증명 먼저 $(a, m)=d$라 놓고 이 정리를 증명하자. 즉,

$$a=a_1 d, \ m=m_1 d, \ (a_1, m_1)=1$$

이다. 합동식 $ax \equiv b \bmod m$이 해를 가지면 적당한 t가 존재하여

$$ax-b=tm \text{이고 } b=ax-tm$$

이다. 따라서

$$b=a_1 dx-tdm_1=(a_1 x-tm_1)d$$

이므로 d는 b의 약수이다.

역으로, d가 b의 약수이면 적당한 b_1이 존재하여 $b=b_1 d$이므로 주어진 합동식 $ax \equiv b \bmod m$은 정리 2.1.11에 의하여

$$da_1 x \equiv db_1 \bmod dm_1 \text{ 또는 } a_1 x \equiv b_1 \bmod m_1$$

이다. 한편, $(a_1, m_1)=1$이므로 정리 1.3.7에 의하여

$$a_1 s+m_1 t=1$$

인 s와 t가 존재한다. 따라서 양변에 $b=b_1 d$를 곱하면

$$ab_1 s+mb_1 t=b$$

즉, 합동식 $ax \equiv b \bmod m$은 $x \equiv b_1 s \bmod m$를 해로 가진다.

이제 $x \equiv x_0 \bmod m$이 주어진 합동식의 해라면,

$$a\left(x_0 + \frac{m}{d}t\right) = ax_o + a_1 mt \equiv ax_0 \equiv b \pmod{m}$$

이므로

$$x \equiv x_0 + \frac{m}{d}t \pmod{m}, \quad t = 0,\ 1,\ \cdots,\ d-1$$

는 주어진 합동식의 해이다. 한편, $x \equiv c \bmod m$이 이 합동식의 해라면,

$$ac \equiv b \equiv ax_0 \bmod m \text{ 또는 } c \equiv x_0 \bmod m_1 \text{ 또는 } c = x_0 + \frac{m}{d}t$$

이다. 따라서 이 합동식은 꼭 d개의 해를 가진다. 특히, $(a,\ m) = 1$이면 $d = 1$이므로 $ax \equiv b \bmod m$은 유일한 해를 가진다. ■

합동식의 해를 구할 때 법 m이 작은 자연수인 경우는 직접 대입하여 구한다.

예제 2.3.2 합동식 $3x \equiv 2 \bmod 5$의 해를 구하여 보면, 정리 2.3.1에 의하여 하나의 해를 가지는 것을 알 수 있다. 정수 5를 법을 한 수이므로 0, 1, 2, 3, 4를 모두 대입하여 보면, $x \equiv 4 \bmod 5$가 해이다.

예제 2.3.3 합동식 $4x \equiv 12 \bmod 16$의 해를 구하여 보면, $(4,\ 16) = 4$이고 $4 \mid 12$이므로 정리 2.3.1에 의하여 4개의 해를 가지는 것을 알 수 있다. 정리 2.1.11에 의하여 $4x \equiv 12 \bmod 16$은 $x \equiv 3 \bmod 4$이다. 즉, $x \equiv 3 \bmod 16$이 합동식의 한 해이고 정리 2.3.1에 의하여 모든 해는

$$x \equiv 3 + 4t \bmod 16, \quad t = 0,\ 1,\ 2,\ 3$$

이다.

위 두 예제와 달리 법 m이 큰 수인 경우에 모든 수를 대입하여 해를 구하는 것은 쉽지 않다. 이 경우에는 Euclid 호제법 또는 알고리즘(정리 1.3.10)을 이용한다.

일차합동식의 특수한 경우인 $ax \equiv 1 \bmod m$의 해 x를 법 m에 관한 a의 **역원**(inverse element)이라 한다.

예제 2.3.4 법 35에 관한 8의 역원을 구하려면 $8x \equiv 1 \bmod 35$의 해 x를 구하여야 한다. 즉, 유클리드 호제법에 의하면

$$
\begin{aligned}
&35 = 4 \times 8 + 3 \\
&8 = 2 \times 3 + 2 \\
&3 = 1 \times 2 + 1 \Rightarrow 1 = 3 - 1 \times 2 = 3 - (8 - 2 \times 3) = 3 \times 3 - 8 \\
&\qquad\qquad\quad \Rightarrow 1 = 3 \times 3 - 8 = 3 \times (35 - 4 \times 8) - 8 \\
&\qquad\qquad\quad \Rightarrow 1 = 3 \times 35 - 13 \times 8 \\
&\qquad\qquad\quad \Rightarrow (-13) \times 8 \equiv 1 \bmod 35
\end{aligned}
$$

이므로 법 35에 관한 8의 역원은 -13 즉, 22이다.

이제 일차합동식의 응용에 관하여 살펴본다.

전화를 걸 때 번호를 잘못 기억하거나 또는 버튼을 잘못 누르는 일이 흔히 있다. 이와 같은 점에 착안하여 1자리를 잘못 기억하거나 또는 버튼 1개를 잘못 누르는 경우에도 정확하게 연결되도록 전화번호 체계를 연구하는 과정에서 다음과 같은 원칙으로 전화번호를 부여하였다고 한다.

10자리 $x_1x_2 \cdots x_{10}$이 전화번호일 필요충분조건

$\Leftrightarrow$ (i) $x_1, x_2, \cdots, x_{10}$은 모두 0부터 9까지의 수 중 하나

(ii) $x_1 + x_2 + \cdots + x_{10}$은 11의 배수

(iii) $x_1 + 2x_2 + \cdots + 10x_{10}$은 11의 배수

이다. 이와 같은 제한 아래 실제로 전화번호로 사용할 수 있는 번호는 약 8.2×10^7개이다. 당시에 이와 같은 번호를 전화번호로 사용하는 시스템은 8자리이면 충분한 전화번호를 10자리를 이용하는 것이 경제적인가의 논란 속에 도입되지 않았다. 이 부호를 약간 변형하여 오늘날 국제적으로 서적을 분류하는 번호로 이용하였다. 이 변형된 번호를 **국제표준서적번호**(international standard book number, ISBN)라고 한

다. 즉, 10자리 수 $x_1x_2 \cdots x_{10}$이 독자들이 읽고 있는 모든 서적에

$$\text{ISBN } \square - \square - \square - x_{10}$$

으로 되어 있다. ISBN 부호에서는 62쪽의 두 번째 조건이 제외되고 각 공란에는 1자리 이상의 숫자가 들어가고 x_{10}은 10개의 숫자와 X를 사용하여 나타낸다(단, X는 11진수에서 10을 나타낸다). 이 때에 첫 공란의 숫자는 서적에 사용된 언어를 나타내고 두 번째 공란의 숫자는 출판사의 고유번호를 나타내며 세 번째 공란의 숫자는 출판사에서 지정한 번호이고 x_{10}은 이 번호가 맞는지 확인하는 검사자리이다. 이를테면, 0은 영어를 나타내고 89는 한국어를 나타낸다.

93410
9 788981 721381
ISBN 89-8172-138-6

[그림 2.1]

어떤 책의 국제표준서적번호가 [그림 2.1]과 같다면, 이 책은 89로부터 한국어로 출판된 것과 8172로부터 교우사에서 발행된 서적임을 알 수 있다.

$$8 \cdot 1 + 9 \cdot 2 + 8 \cdot 3 + 1 \cdot 4 + 7 \cdot 5 + 2 \cdot 6 + 1 \cdot 7 + 3 \cdot 8 + 8 \cdot 9 + 6 \cdot 10 = 264$$

는 11의 배수이므로 서적번호이다. 실제로 10자리 6은 처음 9자리

$$8 \cdot 1 + 9 \cdot 2 + 8 \cdot 3 + 1 \cdot 4 + 7 \cdot 5 + 2 \cdot 6 + 1 \cdot 7 + 3 \cdot 8 + 8 \cdot 9$$

를 11로 나눈 나머지와 같다.

예제 2.3.5 어느 서적의 ISBN 번호를 7번째 자리를 잘못 옮겨 적어

$$\text{ISBN } 89\text{-}8172\text{-}a35\text{-}0$$

이라고 적었다. a의 값을 구하여 보자. 번호의 규칙에 따라 일차합동식

$$8 \cdot 1 + 9 \cdot 2 + 8 \cdot 3 + 1 \cdot 4 + 7 \cdot 5 + 2 \cdot 6 + a \cdot 7 + 3 \cdot 8 + 5 \cdot 9 + 0 \cdot 10 \equiv 0 \bmod 11$$

을 얻는다. 정리하면 $7a + 5 \equiv 0 \bmod 11$이고 $a \equiv 4 \bmod 11$이다. 따라서 $a = 4$이다.

ISBN번호와 같은 원리로 만들어진 번호 중에 자주 이용되는 부호가 여권번호, 주민등록번호, 상품에 표기된 막대번호(bar code) 등이 있다.

주민등록번호는 1962년 주민등록법의 제정과 함께 도입되어 1975년 주민등록법 시행령과 시행규칙이 개정되면서 오늘날과 같이 13자리로 이루어진 번호를 사용하고 있다. 13자리로 이루어진 부호어 $\boldsymbol{x}=x_1x_2\cdots x_{13}$이 주민등록번호인 경우는 생년 2자리, 생월 2자리, 생일 2자리, 성별 1자리, 태어난 위치 4자리, 일련번호 1자리, 검사자리 1자리로 구성되며, x_{13}은

$$2x_1+3x_2+\cdots+9x_8+2x_9+3x_{10}+4x_{11}+5x_{12}$$

를 11로 나눈 나머지를 a라 할 때, $x_{13}\equiv 11-a\pmod{10}$로 정의된다.

이를테면, 160312−2067514는

$$2+18+15+6+14+16+12+21+20+5$$

이 11로 나눈 나머지가 8이고 $x_{13}\equiv 11-8\equiv 3\pmod{10}$이므로 주민등록번호가 아니다.

참고 현재 인터넷 게임 등 사이버 상에서 다른 사람의 이름과 주민등록 번호를 이용하는 문제는 심각한 수준이다. 이를 방지하기 위하여 개인적으로는 주민등록번호를 잘 관리하여야 하고, 기업 및 단체는 서류에 주민등록번호를 요구하지 않고 대체 수단을 이용하도록 권고되고 있다. 이에 대한 방법으로 공인인증서가 이용되고 있고 다른 대체 수단이 연구되고 있다. 국가적으로는 현행 시스템을 바꾸는 문제와 더불어 처벌규정을 강화하고 있다.

13개의 숫자로 이루어진 막대부호(bar code) $x_1x_2\cdots x_{13}$은 $\square-\square-\square-x_{13}$의 네 부분으로 구성된다. 첫 부분은 제조회사의 소속 국가(대한민국 88), 두 번째 부분은 제조회사, 세 번째 부분은 상품번호이고 마지막 자리 x_{13}은 전체 번호가 맞는지 확인하는 자리이다. 즉

$$x_{13}\equiv 240-(x_1+x_3+\cdots+x_{11})-3(x_2+x_4+\cdots+x_{12}) \bmod 10$$

이다.

▶ 연습문제 2.3

1. 합동식 $x^2+x+1\equiv 0 \bmod 7$의 해를 구하라.

2. 다음 합동식을 풀어라.
   (1) $3x\equiv 2 \bmod 7$　　(2) $8x\equiv 4 \bmod 32$
   (3) $8x\equiv 1 \bmod 51$　　(4) $15x\equiv 5 \bmod 35$

3. 다음 ISBN 번호 중에 올바른 것을 찾아라.
   (1) 3-540-11284-7　　(2) 1-387-11284-7

4. 다음 10자리 수가 ISBN 번호일 때 x를 구하여라.
   (1) 3-540-x1284-5　　(2) 1-387-112x4-7

5. ISBN $x_1x_2\cdots x_{10}$이 올바른 번호라면, x_{10}은 $x_1+2x_2+\cdots+9x_9$를 11로 나눈 나머지와 같음을 보여라.

6. 다음주민등록번호 중에 올바른 것을 찾아라.
   (1) 120325-1201157　　(2) 100515-1067316

7. 다음 13자리 수가 주민등록번호일 때 x를 구하여라.
   (1) 120325-1201x57　　(2) 120515-106731x

8. 다음 13자리 수가 막대부호인지 확인하여라.
   (1) 8 8 0 1 2 3 4 1 2 3 4 5 0　　(2) 8 8 0 3 3 8 0 0 0 0 5 8 3

4. 합동식과 암호

자신의 비밀정보를 보호하는 방법과 상대방의 비밀정보를 가로채어 자신에게 유리한 정보를 얻고자 하는 노력은 인류의 역사 이래 매우 중요한 개념으로 인식되어 왔다. 이러한 정보의 보호와 탈취는 좁은 의미에서 군대, 외교기관, 또는 특수 목적을 가진 곳에서 이용되어 온 반면에, 넓은 의미에서는 인간의 사회활동 및 경제행위 자체에서 무의식 속에 이용되어 왔다고 볼 수 있다. 특히, 컴퓨터와 통신의 발달로 인한 정보의 폭주 속에서 정보의 관리, 수신, 전송 등에 있어서 정보의 보호는 절대적으로 필요하게 되었으며 국가 사이의 외교, 사업상의 계약 등을 준비할 때에 나의 정보를 보호하고 상대방의 정보를 가로채는 일은 매우 중요하다.

예를 들면, 옛날 군대에서 사용했던 봉화제도, 국가 사이에 맺어졌던 비밀조약 등은 좁은 의미의 예이고, 상거래에서 상품의 원가나 식당의 음식을 만드는 비법 등은 넓은 의미의 예로 볼 수 있을 것이다. 수학자이며 경제학자인 존 내시를 주인공으로 한 영화 Beautiful Mind에서 나오는 암호들은 특수 정보를 해독하는 군사적 목적의 근대암호의 예이고 최근 이라크와 미국의 전쟁에서 사용한 암호는 현대암호의 예이다. 또한, 컴퓨터와 인터넷 이용의 보편화에 따른 인터넷을 통한 전자투표, 전자화폐 등에서 요구하는 패스워드는 정보보호를 위한 절차들이고, 해커에 의한 자료의 위조 및 탈취, home banking에서의 범죄 등은 통신의 발달로 인하여 발생되는 정보탈취의 예이다. 또한, 최근 시행하려다가 연기한 전자주민등록증 제도는 개인의 정보보호에 관한 대책의 미흡 때문에 취해진 조치이고 2003년도 교육계에 가장 쟁점의 화제가 되었던 NEIS의 실시문제 또한 개인의 정보보호에 관한 대책이 문제였다.

한편, 자신의 정보를 보호하려는 노력으로부터 **암호작성**(cryptography)에 대한 연구와, 상대의 정보를 가로채려는 노력으로부터 **암호해독**(cryptanalysis)에 관한 연구가 활발하게 진행되고 있다. 이와 같은 두 가지 관점 즉, 평범한 사람이 이해할 수 있는 내용을 특정한 사람을 제외하고 이해할 수 없는 형태로의 변형과 특정한 사람을 제외하면 이해할 수 없는 형태를 평범한 사람이 이해할 수 있는 형태로 바꾸는 방법을 연구하는 원리, 기술 또는 과학을 **암호학**(cryptology)이라 한다. 암호학은 암호작성과 암호해독 양쪽을 연구하는 학문이다.

지금부터 암호에서 자주 나오는 기본적이고 중요한 용어를 몇 가지 설명한다.

(i) 평문과 암호문 : 평범한 사람이 이해할 수 있는 형태인 일반 문장을 **평문**(plaintext, P)이라 하고, 평문이 일반인이 이해할 수 없는 꼴로 변형된 형태인 문장을 **암호문**(ciphertext, C)이라 한다. 이들 평문과 암호문을 이루는 기본단위를 **문자** 또는 **알파벳**이라고 한다. 이를테면, 한글로 쓰인 경우에는 1음절 또는 자모단위, 영문으로 쓰인 경우 영어 알파벳, 컴퓨터나 기타 통신에 이용될 때에는 보통 이진수들로 표현된 비트들을 기본단위로 사용하고 필요에 따라 숫자, 문장기호, 특수문자 등이 추가되어 사용된다.

(ii) 암호화, 복호 및 해독과정 : 평문을 암호문으로 변환하는 과정을 **암호화과정**(encryption process)이라 한다. 암호문을 평문으로 변환하는 방법을 알고 평문으로 바꾸는 과정을 **복호과정**(decryption process)이라 하는 반면에 변환하는 방법을 모르는 상태에서 평문을 얻는 과정을 **해독과정**(analysis process) 또는 **공격과정**(attack process)이라 한다.

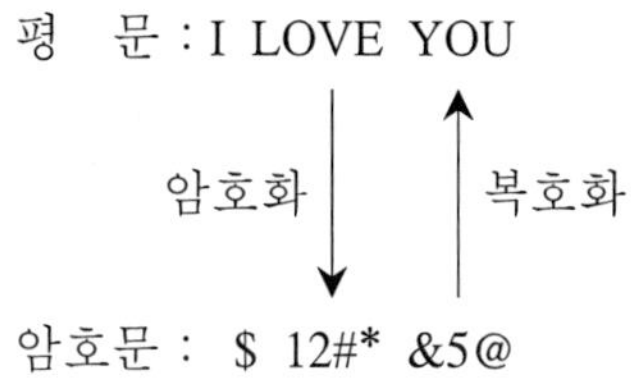

[그림 2.2] 평문과 암호문

(iii) 암호화키와 복호키 : 평문을 암호문으로 바꾸는데 필요한 기술 또는 원리를 **암호화키**(encryption key, EK)라 하고 암호문을 평문으로 바꾸는데 필요한 기술 또는 원리를 **복호키**(decryption key, DK)라 한다. 암호화키와 복호키를 **암호키**라 한다.

(iv) 암호 알고리즘 : 암호화키와 복호키는 보통 함수로 표현된다. 이때, 암호화과정을 **암호화함수**(encryption function, E) 또는 **암호화 알고리즘**(encryption algorithm)이라 하고 복호과정을 **복호함수**(decryption function, D) 또는 **복호 알고리즘**(decryption algorithm)이라 한다. 또한 암호화 알고리즘과 복호 알고리즘을 포함한 알고리즘을 **암호 알고리즘**(crypto algorithm)이라 한다.

지금까지 설명한 용어를 도표로 나타내면 다음 [그림 2.3]과 같다.

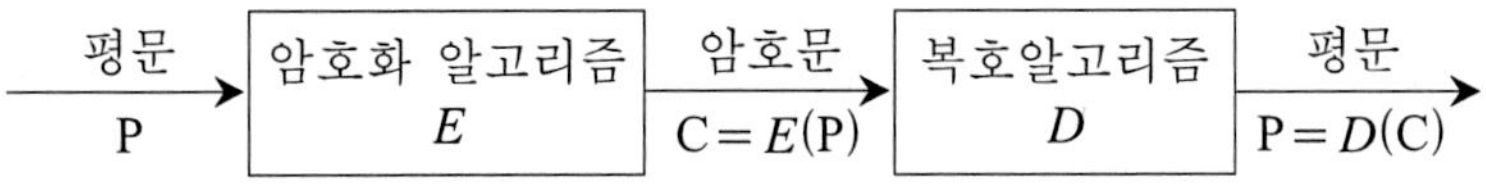

[그림 2.3] 암호화와 복호

(v) 송신자, 수신자, 도청자 : 암호화된 정보를 안전하게 보내기를 원하는 사람 또는 주체를 **송신자**(sender), 송신자로부터 합법적으로 정보를 받는 사람 또는 주체를 **수신자**(receiver)라 한다. 한편, 송신자와 수신자 사이에 전송중인 정보 또는 저장된 정보를 가로채려는 사람 또는 주체를 **도청자**(eavesdropper)라 한다. 이때, 단순히 정보를 가로채려는 사람을 수동적인 도청자라 하고, 정보의 변조 또는 차단 등으로 수신자를 혼돈시키는 도청자를 능동적인 도청자라 한다.

(vii) 비밀성, 무결성 및 가용성 : 정보의 송신 또는 수신과정에서 자료가 노출되어도 원래의 정보가 노출되지 않는 성질로 암호화를 통하여 만들어지는 성질을 **비밀성**(security)이라 한다. 정보를 탈취한 자가 정보를 변조함으로써 수신자에게 쓸모없는 정보를 줄 수 있다. 이와 같이 쓸모 없는 정보가 되지 않는 즉, 전송된 정보가 변조되지 않는 성질을 **무결성**(integrity)이라 한다. 비밀성과 무결성이 뛰어나도 일반인이 사용하기 어려우면 쓸모없는 것이기 때문에 원하는 사람들이 편리하고 쉽게 사용할 수 있도록 설계하는 성질을 **가용성**(accessibility)이라 한다.

(viii) 암호화프로토콜 : 신뢰할 수 없는 두 주체 또는 다 주체 사이에 암호계를 이용하여 안전한 통신을 하는 절차를 **암호화프로토콜**(cryptographic protocol)이라 한다.

지금까지 암호의 필요성과 암호를 이해하기 위한 기본 용어들을 설명하였다. 실제로 암호는 과거에 정보를 허가받지 못한 제삼자에게 노출되어도 정보가 노출되지 않도록 정보를 변형하는데서 시작되어 군사 및 외교에서 주로 사용되어 왔지만, 인터넷과 정보통신이 발전한 요즈음 정보화시대에는 온라인(on line) 상에 많은 행위에서 개인의 프라이버시 보호는 물론 개인의 생활에 편리함을 주는데 적극적으로 활용되고 있다. 이제부터는 암호의 직접적인 응용 및 원리의 응용에 의한 구체적인 예들에 관하여 설명한다.

예제 2.4.1 (전자상거래) 전자상거래(electronic commerce)란 인터넷이나 PC통신을 통하여 서로 신뢰하지 못하는 둘 또는 여러 사람 사이에 상품을 사고 파는 거래를 의미하며, 이때에 상품을 보내고 대금을 결제하는 일에 암호계가 이용된다. 즉, 상품을 보낸 판매자가 상품을 신청한 고객이 상품을 수신한 것을 확인하고 또한 상품을 수신한 고객은 상품대금을 송금하고 판매자에게 입금된 것을 확인할 수 있게 하는 제도를 암호를 이용하여 설계함으로써 안전한 거래가 이루어지도록 할 수 있다. 이와 같은 전자상거래는 시간과 공간의 제약이 없고 직접 매장까지 나가야 하는 번거로움을 덜 수 있는 것이 장점이며, 이때 거래대금의 결재는 신용카드나 뒤에 설명할 전자화폐에 의하여 결제될 수 있다. 이와 같이 편리한 전자상거래의 시장규모는 2001년에 118조원 정도에 불과했지만, 2005년 358조원에 이르고 이후 더욱 늘어날 것으로 예측된다.

예제 2.4.2 (전자투표) 국제적인 학회나 회사 같은 곳에서 의사결정을 하거나 임원을 선출하기 위하여 투표를 하는 경우에 여러 가지 여건상 직접 비밀투표를 하지 못하는 때에 이용할 수 있는 투표제도로 인터넷을 통하여 투표를 함으로써 직접 비밀투표를 대신할 수 있는 제도를 전자투표제라 할 수 있다. 이때 필요한 사항을 살펴보면

(i) 합법적인 유권자만이 투표를 할 수 있어야 하며

(ii) 유권자는 꼭 한 표를 행사해야 하고

(iii) 유권자가 투표한 결과의 비밀이 보장되어야 하고

(iv) 유권자가 본인이 투표한 결과를 확인할 수 있어야 한다.

이러한 사항들을 충족시키는 시스템을 만드는데 암호계가 이용된다. 현재 우리나라 국회에서도 종종 전자 투표를 시행하고 있는 것이 보도되고 있다.

예제 2.4.3 (영지식 증명) 일반적으로 어떤 사실을 증명한다는 것은 증명과정을 상대방에게 보여주고 이해시키는 것이다. 이와 같은 일반적인 증명 방법과 달리 증명 내용을 알려주지 않고 상대방에게 증명을 알고 있다는 확신을 주는 증명을 **영지식 증명**(zero knowledge proof)이라 한다.

예를 들어 서로 신뢰하지 못하는 두 점술가 A와 B가 있다. A는 수험자의 합격여부를 잘 예언하는 점술가로 합격여부를 맞추는 비법을 알고 있는데 혼자서 모든 수험자의 합격여부를 예언해 주기에는 너무 많은 사람이 찾아온다.

그래서 A는 그의 비법이 적힌 알고리즘을 B에게 팔려고 한다. 이때 다음과 같은 일이 일어났을 때 어떻게 할까?

(i) B가 A에게 알고리즘을 보여 달라고 하면 어떻게 할까? 알고리즘만 보고 이를 이용하면 A로서는 속수무책이다.

(ii) A가 B에게 돈을 먼저 달라고 하면 어떻게 할까? B는 이 알고리즘이 과연 합격여부를 맞출 수 있는지 믿을 수가 없다.

이때, B는 A가 모르고 B만이 알고 있는 과거의 수험생 30명의 합격여부에 대한 결과를 요구하고 A가 그 알고리즘에 넣어 모두 맞춘다면, A가 전혀 수험생에 대한 합격여부의 결과를 모르고 30명의 합격여부를 모두 맞출 수 있는 확률은 10^{-9}보다 적으므로 B는 A의 알고리즘을 믿을 것이다. 즉, A는 알고리즘의 내용을 B에게 주지 않고도 B가 알고리즘이 틀림없다고 믿게 할 수 있다.

최근 개인의 신분증명으로 주민등록번호의 요구가 사회문제화 되고 있는 상황에서 이와 같은 실제 예로는 전화통화 또는 인터넷 위에서 고객 본인임을 확인하는 방법으로 다음과 같은 질문을 하고 본인을 확인하면 편리하다.

(i) 귀하의 전화번호 중에 네 번째 수는?

(ii) 귀하의 주민등록번호 중에 아홉 번째 자리의 수는?

(iii) 영문자와 숫자로 조합된 귀하의 e-mail 주소의 열 번째 문자는?

이 질문에 본인이 아닌 사람이 맞게 대답할 확률은 대략

$$\frac{1}{10}\times\frac{1}{10}\times\frac{1}{36}\fallingdotseq 0.000278$$

이므로 이를 맞게 대답하면 본인이 거의 확실하고 좀 더 본인일 확률을 높이려면 이런 종류의 질문을 몇 가지 더하면 된다. 현재 상황에서 질문자가 응답자의 대답 7, 6 및 n을 가지고 고객의 정보를 얼마나 알 수 있는가? 아마도 거의 알 수 없을 것이므로 영지식 증명을 응용한 예라 할 수 있다.

이제 합동의 개념을 이용하여 평문을 암호문으로 변환한 암호를 설명한다. 암호변환을 간단히 설명하기 위하여 먼저 알파벳들의 집합 $C=\{A, B, \cdots, Y, Z\}$의 각 원소를 순서대로 집합 $\mathbb{Z}_{26}=\{0, 1, 2, \cdots, 23, 24, 25\}$으로 대응시키고 암호변환을 $\mathbb{Z}_{26}$ 위의 함수 E로 표현할 수 있다.

암호변환함수가 일차함수인 대표적인 예는 로마의 J. Caesar가 전쟁을 할 때 아군끼리 비밀통신에 처음 사용한 Caesar 암호로서 암호변환함수 E가

$$E(x) \equiv x+3 \pmod{26}$$

이다. 이를테면 평문 'I LOVE YOU'를 암호화하면 암호문 'L ORYH BRX'를 얻는다.

$$\begin{array}{ccccccc} & & & E & & & \\ \mathrm{A} & \longrightarrow & 0 & \longrightarrow & 3 & \longrightarrow & \mathrm{D} \\ \mathrm{B} & \longrightarrow & 1 & \longrightarrow & 4 & \longrightarrow & \mathrm{E} \\ & \vdots & & \vdots & & \vdots & \\ \mathrm{Z} & \longrightarrow & 25 & \longrightarrow & 2 & \longrightarrow & \mathrm{C} \end{array}$$

[그림 2.4] Caesar 암호변환

Caesar 암호의 일반적인 확장으로 암호변환함수 E가

$$E(x) \equiv ax+b \pmod{26} \ (\text{단, } \gcd(a, 26)=1)$$

인 암호를 Affine 암호라 한다. 이 암호의 경우에 복호함수는 E의 역함수

$$E^{-1}(x) \equiv a^{-1}(x-b) \pmod{26}$$

이다.

예제 2.4.4 암호변환함수 E가

$$E(x) \equiv 5x+7 \pmod{26}$$

인 암호에서 평문 'ARMY'를 암호화하면,

A는 0이고 $E(0) \equiv 7 \pmod{26}$이므로 H로
R은 17이고 $E(17) \equiv 85+7 \equiv 14 \mathrm{mod} 26)$이므로 O로
M은 12이고 $E(12) \equiv 60+7 \equiv 15 \mathrm{mod} 26)$이므로 P로
Y는 24이고 $E(24) \equiv 120+7 \equiv 23 \mathrm{mod} 26)$이므로 X로

로 암호화되어 암호문 'HOPX'를 얻는다.

한편, 복호함수는 $5^{-1}=21 \pmod{26}$이므로
$D(x)=E^{-1}(x)=21(x-7) \pmod{26}$이다. 암호문 'HOPX'을 복호하면

H는 7이고 $D(7)\equiv 0 \pmod{26}$이므로 A로
O는 14이고 $D(14)\equiv 21(14-7)\equiv 17 \pmod{26}$이므로 R로
P는 15이고 $D(15)\equiv 21(15-7)\equiv 12 \pmod{26}$이므로 M로
X는 23이고 $D(23)\equiv 21(23-7)\equiv 24 \pmod{26}$이므로 Y로

이므로 평문 'ARMY'를 얻는다.

이 암호의 성질은 모든 같은 문자는 한 문자로 변환되기 때문에 문자의 통계적 도수분포의 성질이 그대로 보존되어 있다. 따라서 이와 같은 암호의 암호문은 각 문자의 통계적 분포를 이용하여 해독될 수 있다. 이와 같은 약점을 보완하는 몇 가지 방법을 설명한다.

먼저, 몇 가지 Affine 함수를 주기적으로 사용하는 Polyalphabetic 암호를 설명한다. 즉, 암호변환함수 E가

$$E : (\mathbb{Z}_{26})^d \to (\mathbb{Z}_{26})^d,\ E(m_1,\ m_2,\ \cdots,\ m_d)=(f_1(m_1),\ f_2(m_2),\ \cdots,\ f_d(m_d))$$
$$f_i(m_i)\equiv m_i+b_i \pmod{26},\ (i=1,\ 2,\ \cdots,\ d)$$

인 암호이다. 이때 b_i 대신에 이와 대응하는 알파벳으로 주는 경우가 있다. 이와 같은 암호로 Vigenere 암호와 Beaufort 암호가 있다. 다음 예제에서 한 문자가 여러 문자로 암호화되고 다른 문자들이 같은 문자로 암호화 되는 것을 알 수 있다. 즉, 암호변환함수가 수학적 의미의 함수가 아닌 다대다 함수이다.

예제 2.4.5 평문 'RENAISSANCE'를 BAND라는 키를 이용하여 Vigenere 암호변환하면 다음과 같다. 즉, 주기가 4이고 각 암호변환 함수가

$$f_1(a)=(a+1) \bmod 26 \qquad f_2(a)=a \bmod 26$$
$$f_3(a)=(a+13) \bmod 26 \qquad f_4(a)=(a+3) \bmod 26$$

이다. 암호화 과정

M = RENA ISSA NCE
k = BAND BAND BAN
C = SEAD JSFD OCR

으로부터 암호문 'SEAD JSFD OCR'을 얻는다. 이 암호를 해독하려면 4를 법으로 i번째 암호문자를 함수

$$f_1^{-1}(a) = (a-1) \bmod 26 \qquad f_2^{-1}(a) = a \bmod 26$$
$$f_3^{-1}(a) = (a-13) \bmod 26 \qquad f_4^{-1}(a) = (a-3) \bmod 26$$

를 이용하여 복호하는 것을 알 수 있다.

또 다른 방법으로 자주 나오는 문자들을 여러 가지 값으로 대입하여 만든 즉, 암호변환함수가 일 대 다인 Homophonic 대입암호라 하는 암호가 있다. 즉, 자주 나오는 문자들 E, T, A, R 등을 여러 가지 값으로 대입하여 만든 Homophonic 대입암호는 암호변환 함수가 일대다 형이다.

예제 2.4.6 암호변환 함수 $E : C \to \mathbb{Z}_{99}$가 다음

$$E(x) = \begin{cases} 3x & x \in C - \{\mathrm{E, A, R, T}\} \\ 17,\ 19,\ 23,\ 47,\ 64 & x = \mathrm{E} \\ 8,\ 20,\ 25,\ 49 & x = \mathrm{A} \\ 1,\ 29,\ 65 & x = \mathrm{R} \\ 16,\ 31,\ 85 & x = \mathrm{T} \end{cases}$$

과 같이 정의된다고 가정하고 함수값이 한 자리 수이면 그 수 앞에 0을 추가하기로 한다. 이를테면, $f(\mathrm{B}) = 03$이고 $f(\mathrm{C}) = 06$이다. 그러면, 평문

$$\mathrm{M\underline{A}NY\ \underline{A}\ SLIP\ \underline{T}WIX\underline{T}\ \underline{T}H\underline{E}\ CUP\ \underline{A}ND\ \underline{T}H\underline{E}\ LIP}$$

는

$$\begin{array}{l} \quad 08 \qquad\quad 20 \qquad\qquad\qquad 16 \qquad\qquad 3185 \quad 17 \qquad\quad 25 \qquad 16 \quad 47 \\ 36\underline{08}3972\underline{20}5433244\underline{516}66246\underline{93185}21\underline{17}066045\underline{25}3909\underline{16}21\underline{47}332445 \end{array}$$

로 암호화 된다.

지금까지의 방법과 달리 한 번에 여러 문자를 암호화 하는 방법을 살펴보자. 이를테면, 두 문자를 동시에 암호화하는 방법으로 문자

$$\text{AA, AB, AC, } \cdots, \text{ AZ, BA, BB, } \cdots, \text{ BZ, CA, CB, } \cdots, \text{ ZZ}$$

를

$$0,\ 1,\ 2,\ \cdots,\ 25,\ 26,\ 27,\ \cdots\ 51,\ 52,\ 53,\ \cdots,\ 25 \cdot 26 + 25 = 675$$

로 대응시키고 암호변환함수 E가

$$E : \mathbb{Z}_{676} \to \mathbb{Z}_{676}, \quad E(x) = ax + b, \quad (a,\ 26^2) = 1$$

으로 정의된 암호를 생각해 보자.

예제 2.4.7 암호변환함수 E가

$$E(x) \equiv 125x + 37 \pmod{26^2}$$

인 암호에서 평문 'ARMY'를 암호화하면, AR은 17이고 MY는 336이므로

$$E(x) \equiv 125 \cdot 17 + 37 \equiv 134 \equiv 5 \cdot 26 + 4 \pmod{26^2} \text{이므로 FE}$$
$$E(x) \equiv 125 \cdot 336 + 37 \equiv 125 \equiv 4 \cdot 26 + 21 \pmod{26^2} \text{이므로 EV}$$

이고 암호문은 'FEEV'이다. 이 암호는 E의 역함수를 구하여 복호할 수 있다.

예제 2.4.7과 같은 유형의 암호는 일반적으로 n개의 평문 문자를 동시에 n개의 암호문 문자로 암호화 하는 암호로 확장 가능함을 알 수 있다. 이 방법과는 달리 암호변환함수가

$$E(x,\ y) = (ax + by,\ cx + dy), \quad a,\ b,\ c,\ d,\ x,\ y \in \mathbb{Z}_{26}$$

인 암호를 생각할 수 있다.

▶ 연습문제 2.4

1. Caesar 암호변환을 이용하여 다음과 같은 암호문을 얻었다.

QXPEHU WKHRUB LV YHUB LQWHUHVWLQJ

이 암호문을 복호하여 평문을 구하여라.

2. 평문 CRYPTOGRAPHY를 지시대로 하여 암호문을 구하여라.
   (1) 암호변환함수 $E(x)=3x+17 \bmod 26$을 이용하여 암호화하여라.
   (2) 암호변환함수 $E(x)=17x+23 \bmod 26^2$을 이용하여 암호화하여라.
   (3) 암호화키가 LADY인 Vigenere 암호를 이용하여 암호화하여라.

3. 예제 2.4.7의 암호변환 함수의 역함수를 구하고 암호문 FEEV를 복호하여라.

4. 암호변환 함수 E가

$$E(x,\ y)=(3x+4y,\ 4x+3y), \quad x,\ y\in\mathbb{Z}_{26}$$

인 암호에서 평문 ARMY의 암호문을 구하여라. 또 복호함수를 찾고 암호문 FO에 해당하는 평문을 구하여라.

참고 암호변환 함수 E가

$$E([x\ y])=[x\ y]\begin{bmatrix}3 & 4\\ 4 & 3\end{bmatrix}$$

와 같이 표현할 수 있으며 역행렬을 이용하여 E의 역함수를 얻을 수 있음을 확인할 수 있다.

5. Wilson의 정리와 중국인의 나머지 정리

이 절에서는 합동식에 관한 몇 가지 정리를 소개한다.

【정리 2.5.1】

양의 정수 m과 정수 a에 대하여, 다음이 성립한다.

$$(a,\ m)=1 \Leftrightarrow aa'\equiv 1 \bmod m \text{인 정수 } a'\text{이 존재한다.}$$

증명 먼저, $(a,\ m)=1$이면, 정리 1.3.7에 의하여 $as+mt=1$인 정수 $s,\ t$가 존재한다. 따라서 $as\equiv 1 \bmod m$인 s가 존재하므로 s를 a'이라 놓으면 $aa'\equiv 1 \bmod m$이다. 역으로, $aa'\equiv 1 \bmod m$인 정수 a'이 존재한다고 가정하면, 따름정리 1.3.5와 정리 2.1.1에 의하여

$$1=(aa',\ m)\geq (a,\ m)\geq 1$$

이므로 $(a,\ m)=1$이다. ■

정리 2.5.1에 의하여 $(a,\ m)=1$이면 $aa'\equiv 1 \bmod m$인 정수 a'이 존재한다. 이때, 정수 a'을 법 m에 관한 a의 역원(inverse)이라고 한다.

예제 2.5.1 법 11에 관하여

$$1\cdot 1\equiv 1 \bmod 11 \quad 2\cdot 6\equiv 1 \bmod 11 \quad 3\cdot 4\equiv 1 \bmod 11$$
$$5\cdot 9\equiv 1 \bmod 11 \quad 7\cdot 8\equiv 1 \bmod 11 \quad 10\cdot 10\equiv 1 \bmod 11$$

이므로 1, 2, 3, 5, 7, 10의 역원은 각각 1, 6, 4, 9, 8, 10이다.

이를 이용하여 합동식 $5x\equiv 3 \bmod 11$의 해를 구하기 위하여 양변에 5의 역원 9를 곱하면, $x\equiv 9\cdot 3\equiv 5 \bmod 11$이다.

특히, m이 소수이면 $(a,\ m)=1$ 즉 m의 배수가 아닌 임의의 정수 a는 항상 역원을 가진다.

【정리 2.5.2】

소수 p에 대하여 다음 성질이 성립한다.

(1) $ab \equiv 0 \bmod p \Leftrightarrow a \equiv 0 \bmod p$ 또는 $b \equiv 0 \bmod p$

(2) $ab \equiv ac \bmod p$이고 $a \not\equiv 0 \bmod p \Rightarrow b \equiv c \bmod p$

(3) $x^2 \equiv c^2 \bmod p \Leftrightarrow x \equiv c \bmod p$ 또는 $x \equiv -c \bmod p$

특히, $x^2 \equiv 1 \bmod p \Leftrightarrow x \equiv 1 \bmod p$ 또는 $x \equiv -1 \bmod p$

증명 (1) 정리 1.5.3과 합동식의 정의에 의하여

$$ab \equiv 0 \bmod p \Leftrightarrow p \mid ab \Leftrightarrow p \mid a \text{ 또는 } p \mid b \Leftrightarrow a \equiv 0 \bmod p \text{ 또는 } b \equiv 0 \bmod p$$

(2) $ab \equiv ac \bmod p$이면 $a(b-c) \equiv 0 \bmod p$이고 (1)에 의하여

$$a \equiv 0 \bmod p \text{ 또는 } b-c \equiv 0 \bmod p$$

이다. 가정에서 $a \not\equiv 0 \bmod p$이므로 $b-c \equiv 0 \bmod p$ 즉, $b \equiv c \bmod p$이다.

(3) 같은 방법으로 증명할 수 있다. ■

다음 정리는 Wilson의 정리로 알려져 있으나 Lagrange가 증명하였다.

【정리 2.5.3】

소수 p에 대하여 $(p-1)! \equiv -1 \bmod p$이다.

증명 먼저 $p=2$와 $p=3$인 경우에 $(p-1)! \equiv -1 \bmod p$는 분명하게 성립한다.
이제 p가 5 이상인 소수라고 하면, 집합 $R=\{1, 2, \cdots, (p-2), (p-1)\}$은 4개 이상의 짝수개의 원소를 가진다. 정리 2.5.1에 의하여 집합 R의 각 원소 a는 역원 a'을 가진다. 즉, $aa' \equiv 1 \bmod p$이다.
한편, 정리 2.5.2에 의하여

$$a^2 \equiv 1 \bmod p \Leftrightarrow a \equiv 1 \bmod p \text{ 또는 } a \equiv -1 \equiv (p-1) \bmod p$$

이다. 즉 1과 $(p-1)$을 제외하면 $aa' \equiv 1 \bmod p$인 원소 a와 a'은 서로 다른 원소이고 역원 a'은 유일하다. 따라서 집합 $R-\{1, p-1\}=\{2, \cdots, (p-2)\}$에서

원소 a를 택하면 역원 a'은 그 집합의 유일한 원소 $aa' \equiv 1 \bmod p$이다. 즉, 집합 $\{2, \cdots, (p-2)\}$의 $(p-3)$개의 원소는 $\frac{(p-3)}{2}$개의 원소와 역원의 쌍으로 이루어진다. 즉, 집합 $\{2, \cdots, (p-2)\}$의 원소들의 곱은 1이다. 따라서

$$(p-1)! \equiv 1 \cdot 2 \cdot \cdots \cdot (p-2) \cdot (p-1) \equiv 1 \cdot (p-1) \equiv -1 \bmod p$$ ■

다음 정리는 Wilson의 정리의 역이다.

【정리 2.5.4】

정수 $p \geq 2$에 대하여 $(p-1)! \equiv -1 \bmod p$이면 p는 소수이다.

증명 정수 p에 대하여 $(p-1)! \equiv -1 \bmod p$일 때 p가 합성수라고 가정하자. 그러면 적당한 정수 a, b가 존재하여

$$1 < a,\ b < p \text{이고} \quad ab = p$$

이다. 따라서 $(p-1)! \equiv -1 \bmod p$과 $ab = p$로부터 $(p-1)! \equiv -1 \bmod a$이다. 한편, $1 < a < p$로부터 $(p-1)! \equiv 0 \bmod a$이므로 모순이다. 그러므로 p는 소수이다. ■

이제 법 m에 관한 원소의 역원을 이용하여 연립일차합동식의 해를 구하는 방법에 관하여 알아보자.

【정리 2.5.5】

양의 정수 $m_1, \cdots, m_r$이 쌍마다 서로소라 하고 $m = m_1 \cdots m_r$일 때 임의의 정수 c에 대하여 연립일차합동식

$$\begin{aligned} x &\equiv c \bmod m_1 \\ x &\equiv c \bmod m_2 \\ &\vdots \\ x &\equiv c \bmod m_r \end{aligned}$$

은 유일한 해 $x \equiv c \bmod m$을 가진다.

증명 각 정수 m_i에 대하여 $x-c$는 m_i의 배수이고 정수 $m_1, \cdots, m_r$이 쌍마다 서로소이므로 $x-c$는 $m_1 \cdots m_r$의 배수이므로 $x \equiv c \bmod m$는 연립합동식의 해이다.

이제, $x \equiv b \bmod m$이 연립합동식의 해라면

$$b \equiv c \bmod m_1$$
$$\vdots$$
$$b \equiv c \bmod m_r$$

이므로 각 정수 m_i에 대하여 $b-c$는 m_i의 배수이고 $b-c$는 $m_1 \cdots m_r$의 배수이므로 $b \equiv c \bmod m$이다. 따라서 $x \equiv c \bmod m$은 유일한 해이다. ■

이를테면, 5로 나누면 2가 남고, 7로 나누면 2가 남고 8로 나누면 2가 남는 수를 x라 하면, 정리 2.5.5에 의하여 $x-2$는 5, 7, 8의 배수이므로 $x-2 \equiv 0 \bmod 280$이다. 즉, $x \equiv 2 \bmod 280$을 쉽게 구할 수 있다. 그러나 5로 나누면 2가 남고, 7로 나누면 3이 남고 8로 나누면 4가 남는 수를 구하는 문제는 약간 복잡하다. 일반적인 이 문제의 해는 중국인의 나머지정리(Chinese Remainder Theorem)로 잘 알려져 있는 정리 2.5.6과 같다.

【정리 2.5.6】

양의 정수 $m_1, \cdots, m_r$이 쌍마다 서로소라 하고 $m = m_1 \cdots m_r$일 때, 임의의 정수 $c_1, c_2, \cdots, c_r$에 대하여 연립일차합동식

$$x \equiv c_1 \bmod m_1$$
$$x \equiv c_2 \bmod m_2$$
$$\vdots$$
$$x \equiv c_r \bmod m_r$$

은 유일한 해 $x \equiv c_1M_1N_1 + c_2M_2N_2 + \cdots + c_rM_rN_r \pmod m$을 가진다.

단, $M_1 = m_2 \cdots m_r$, $M_2 = m_1m_3 \cdots m_r$, $\cdots$, $M_r = m_1 \cdots m_{r-1}$이고, N_i는 $M_iN_i \equiv 1 \bmod m_i$ $(i = 1, 2, \cdots, r)$을 만족하는 정수이다.

증명 각 i $(i=1, 2, \cdots, r)$에 대하여 $(M_i, m_i) = 1$이므로 $M_ix \equiv 1 \bmod m_i$는 유일한 해

$x \equiv N_i \bmod m_i$가 존재한다. 이제 x를 각 일차합동식에 대입하면,

$$x \equiv c_1M_1N_1 + c_2M_2N_2 + \cdots + c_rM_rN_r \equiv c_1M_1N_1 \equiv c_1 \pmod{m_1}$$
$$x \equiv c_1M_1N_1 + c_2M_2N_2 + \cdots + c_rM_rN_r \equiv c_2M_2N_2 \equiv c_2 \pmod{m_2}$$
$$\vdots$$
$$x \equiv c_1M_1N_1 + c_2M_2N_2 + \cdots + c_rM_rN_r \equiv c_rM_rN_r \equiv c_r \pmod{m_r}$$

이므로 x는 연립합동식의 해이다. 해의 유일성은 정리 2.5.5의 유일성 증명과 유사하게 할 수 있다. ■

예제 2.5.2 5로 나누면 2가 남고, 7로 나누면 3이 남고 8로 나누면 4가 남는 자연수를 구하는 문제는 연립합동식

$$x \equiv 2 \bmod 5$$
$$x \equiv 3 \bmod 7$$
$$x \equiv 4 \bmod 8$$

의 해를 구하는 문제이다. 즉,

$$m_1 = 5,\ m_2 = 7,\ m_3 = 8,\quad M_1 = 56,\ M_2 = 40,\ M_3 = 35$$

이므로

$56N_1 \equiv 1 \bmod 5$으로부터 $N_1 \equiv 1 \bmod 5$

$40N_2 \equiv 1 \bmod 7$으로부터 $5N_2 \equiv 1 \bmod 7$이고 $N_2 \equiv 3 \bmod 7$

$35N_3 \equiv 1 \bmod 8$으로부터 $3N_3 \equiv 1 \bmod 8$이고 $N_3 \equiv 3 \bmod 8$

이다. 따라서

$$x \equiv 2 \cdot 56 \cdot 1 + 3 \cdot 40 \cdot 3 + 4 \cdot 35 \cdot 3 \equiv 52 \pmod{280}$$

이므로 구하는 자연수는 52, 332, 612 등이다.

▶ 연습문제 2.5

1. 법 17에 관한 5의 역원을 구하여라.

2. 합동식 $5x \equiv 3 \bmod 17$의 해를 구하여라.

3. 정리 2.5.2의 (3)을 증명하여라.

4. Wilson의 정리를 이용하여 다음을 구하여라.
   (1) 정수 17!을 19로 나누었을 때 나머지를 구하여라.
   (2) 정수 16!을 19로 나누었을 때 나머지를 구하여라.
   (3) 정수 $\dfrac{25!}{8!}$을 19로 나누었을 때 나머지를 구하여라.

5. 홀수인 소수 p에 대하여 다음을 증명하여라.
   (1) $1^2 \cdot 3^2 \cdot \cdots \cdot (p-4)^2 \cdot (p-2)^2 \equiv (-1)^{\frac{p+1}{2}} \bmod p$
   (2) $1^2 \cdot 3^2 \cdot \cdots \cdot (p-4)^2 \cdot (p-2)^2 \equiv 2^2 \cdot 4^2 \cdot \cdots \cdot (p-3)^2 \cdot (p-1)^2 \bmod p$
   (3) $2^2 \cdot 4^2 \cdot \cdots \cdot (p-3)^2 \cdot (p-1)^2 \equiv (-1)^{\frac{p+1}{2}} \bmod p$

6. 다음 연립일차합동식의 해를 구하여라.
   (1) $\begin{cases} x \equiv 5 \bmod 11 \\ x \equiv 7 \bmod 13 \end{cases}$
   (2) $\begin{cases} x+2y \equiv 3 \bmod 6 \\ 2x+3y \equiv 2 \bmod 6 \end{cases}$
   (3) $\begin{cases} x \equiv 5 \bmod 11 \\ x \equiv 5 \bmod 13 \\ x \equiv 7 \bmod 15 \end{cases}$
   (4) $\begin{cases} 2x \equiv 5 \bmod 11 \\ 3x \equiv 5 \bmod 13 \\ x \equiv 7 \bmod 15 \end{cases}$
   (5) $\begin{cases} x \equiv 5 \bmod 11 \\ x \equiv 5 \bmod 13 \\ 3x \equiv 7 \bmod 15 \end{cases}$
   (6) $\begin{cases} 2x \equiv 5 \bmod 11 \\ x \equiv 5 \bmod 13 \\ 3x \equiv 9 \bmod 15 \end{cases}$

6. 집합 $\overline{\mathbb{Z}}_m$과 $\overline{\mathbb{Z}}_m^*$

이 절에서는 $m \geq 2$일 때, 잉여류 전체의 집합 $\overline{\mathbb{Z}}_m$과 기약잉여류 전체의 집합 $\overline{\mathbb{Z}}_m^*$에서의 연산에 관한 성질을 살펴본다.

집합 $\overline{\mathbb{Z}}_m$과 집합 $\overline{\mathbb{Z}}_m^*$에 관해서는 2절에서 자세히 설명하였다. 즉,

$$\overline{\mathbb{Z}}_m = \{\overline{a} \mid a \in \mathbb{Z}\} = \{\overline{0},\ \overline{1},\ \cdots,\ \overline{m-1}\}$$
$$\overline{\mathbb{Z}}_m^* = \{\overline{a} \in \overline{\mathbb{Z}}_m \mid (a,\ m) = 1\}$$

집합 $\overline{\mathbb{Z}}_m$ 위에서 항등관계가

$$\overline{a} = \overline{b} \Leftrightarrow a \equiv b \bmod m \Leftrightarrow a - b = km \ (k\text{는 정수})$$

임은 앞에서 설명하였다. 이제, 집합 $\overline{\mathbb{Z}}_m$ 위에서 덧셈 +과 곱셈 ·을

$$\overline{a} + \overline{b} = \overline{a+b}, \quad \overline{a} \cdot \overline{b} = \overline{a \cdot b}$$

로 정의하면 다음 정리가 성립한다.

【정리 2.6.1】

정수 a, b, c, d에 대하여 $\overline{a} = \overline{b}$이고 $\overline{c} = \overline{d}$이면 다음이 성립한다.

(1) $\overline{a} + \overline{c} = \overline{b} + \overline{d}$　　　(2) $\overline{a} \cdot \overline{c} = \overline{b} \cdot \overline{d}$

즉, 집합 $\overline{\mathbb{Z}}_m$ 위에서 정의된 덧셈과 곱셈은 잘 정의된 연산이다.

증명 가정에 의하여 $a - b = k_1 m$과 $c - d = k_2 m$인 정수 k_1과 k_2가 존재한다. 한편,

$$(a+c) - (b+d) = (a-b) + (c-d) = k_1 m + k_2 m = (k_1 + k_2)m$$

이므로 $\overline{a+c} = \overline{b+d}$이다. 따라서 $\overline{a} + \overline{c} = \overline{a+c} = \overline{b+d} = \overline{b} + \overline{d}$이다.

같은 방법으로 $a \cdot c - b \cdot d = m(k_1 k_2 m + k_1 d + k_2 b)$이므로 $\overline{a} \cdot \overline{c} = \overline{b} \cdot \overline{d}$이다. ■

이를테면, 집합 $\overline{\mathbb{Z}}_3$ 위에서의 덧셈과 곱셈의 결과를 표로 만들면 다음과 같다.

+	$\overline{0}$	$\overline{1}$	$\overline{2}$
$\overline{0}$	$\overline{0}$	$\overline{1}$	$\overline{2}$
$\overline{1}$	$\overline{1}$	$\overline{2}$	$\overline{0}$
$\overline{2}$	$\overline{2}$	$\overline{0}$	$\overline{1}$

·	$\overline{0}$	$\overline{1}$	$\overline{2}$
$\overline{0}$	$\overline{0}$	$\overline{0}$	$\overline{0}$
$\overline{1}$	$\overline{0}$	$\overline{1}$	$\overline{2}$
$\overline{2}$	$\overline{0}$	$\overline{2}$	$\overline{1}$

[표 2.1] 집합 $\overline{\mathbb{Z}_3}$의 덧셈표와 곱셈표

$m \geq 2$일 때 집합 $\overline{\mathbb{Z}_m}$ 위에서 정의된 두 연산에 관하여 다음 성질을 만족한다.

【정리 2.6.2】

집합 $\overline{\mathbb{Z}_m}$의 원소 $\overline{a}$, $\overline{b}$, $\overline{c}$에 대하여 다음 성질을 만족한다. 이와 같은 관점에서 집합 $\overline{\mathbb{Z}_m}$은 **환**(ring)이라고 한다.

A.1 임의의 원소 $\overline{a}$, $\overline{b}$, $\overline{c}$에 대하여 $(\overline{a}+\overline{b})+\overline{c}=\overline{a}+(\overline{b}+\overline{c})$이다.

A.2 임의의 원소 $\overline{a}$, $\overline{b}$에 대하여 $\overline{a}+\overline{b}=\overline{b}+\overline{a}$

A.3 특정한 원소 $\overline{0}$이 존재하여 임의의 원소 $\overline{a}$에 대하여 $\overline{a}+\overline{0}=\overline{a}=\overline{0}+\overline{a}$이다.

A.4 각 원소 $\overline{a}$에 대하여 $\overline{a}+\overline{b}=\overline{0}=\overline{b}+\overline{a}$인 원소 $\overline{b}$가 존재한다. 이 원소를 $-\overline{a}$로 나타낸다. 즉, $-\overline{a}=\overline{-a}$이다.

M.1 임의의 원소 $\overline{a}$, $\overline{b}$, $\overline{c}$에 대하여 $(\overline{a}\cdot\overline{b})\cdot\overline{c}=\overline{a}\cdot(\overline{b}\cdot\overline{c})$이다.

M.2 임의의 원소 $\overline{a}$, $\overline{b}$에 대하여 $\overline{a}\cdot\overline{b}=\overline{b}\cdot\overline{a}$이다.

M.3 특정한 원소 $\overline{1}$이 존재하여 임의의 원소 $\overline{a}$에 대하여 $\overline{a}\cdot\overline{1}=\overline{a}=\overline{1}\cdot\overline{a}$이다.

M.4 $(a, m)=1$인 각 원소 $\overline{a}$에 대하여 $\overline{a}\cdot\overline{b}=\overline{1}=\overline{b}\cdot\overline{a}$인 원소 $\overline{b}$가 존재한다. 이 원소를 $\overline{a}^{-1}$로 나타낸다. 이때, $\overline{a}^{-1}$를 $\overline{a}$의 곱셈에 관한 **역원**(inverse)이라 한다.

M.4′ $(a, m)=1$인 각 원소 $\overline{a}$에 대하여 $\overline{a}\cdot\overline{b}=\overline{a}\cdot\overline{c}$이면 $\overline{b}=\overline{c}$이다.

D 임의의 원소 $\overline{a}$, $\overline{b}$, $\overline{c}$에 대하여

$$(\overline{a}+\overline{b})\cdot\overline{c}=\overline{a}\cdot\overline{c}+\overline{b}\cdot\overline{c},\quad \overline{c}\cdot(\overline{a}+\overline{b})=\overline{c}\cdot\overline{a}+\overline{c}\cdot\overline{b}$$

$m \geq 2$일 때 집합 $\overline{\mathbb{Z}}_m$의 원소 $\overline{a}$가 곱셈에 관한 역원 $\overline{a}^{-1}$이 존재할 때, 원소 $\overline{a}$를 $\overline{\mathbb{Z}}_m$의 **단원**(unit)이라고 한다. 집합 $\overline{\mathbb{Z}}_m$의 모든 원소가 단원은 아니다. 이를테면, 집합 $\overline{\mathbb{Z}}_8^*$에서 $\overline{3} \cdot \overline{3} = 1$이므로 $\overline{3}$은 단원이지만 $\overline{4}$는 단원이 아니다. 단원에 관하여 다음 정리가 성립한다.

【정리 2.6.3】

$m \geq 2$일 때 집합 $\overline{\mathbb{Z}}_m$의 원소 $\overline{a}$에 대하여 원소 $\overline{a}$가 단원일 필요충분조건은 $(a, m) = 1$이다. 즉, 원소 $\overline{a}$가 단원일 필요충분조건은 $\overline{a}$가 기약잉여류이다. 따라서 $\overline{\mathbb{Z}}_m$에서 단원전체의 집합은 $\overline{\mathbb{Z}}_m^*$이다.

증명 원소 $\overline{a}$가 단원이라면 $\overline{a} \cdot \overline{b} = \overline{1}$인 원소 $\overline{b}$가 존재한다. 따라서 $a \cdot b \equiv 1 \bmod m$이고 $(a \cdot b, m) = 1$이다. 그러므로 $(a, m) = 1$이다.

역으로, $(a, m) = 1$이면 정리 1.3.7에 의하여 적당한 정수 s와 t가 존재하여 $a \cdot s + m \cdot t = 1$이다. 즉, $\overline{a} \cdot \overline{s} = \overline{a \cdot s} = \overline{1}$이므로 원소 $\overline{a}$가 단원이다. ■

다음 정리는 쉽게 증명할 수 있다.

【정리 2.6.4】

$m \geq 2$일 때 집합 $\overline{\mathbb{Z}}_m^*$의 원소 $\overline{a}$, $\overline{b}$에 대하여 다음이 성립한다. 이러한 관점에서 $\overline{\mathbb{Z}}_m^*$는 곱셈에 관하여 **교환군**(commutative group)이라고 한다.

(1) 임의의 원소 $\overline{a}$, $\overline{b}$에 대하여 $\overline{a} \cdot \overline{b}$도 $\overline{\mathbb{Z}}_m^*$의 원소이다.

(2) 임의의 원소 $\overline{a}$, $\overline{b}$, $\overline{c}$에 대하여 $(\overline{a} \cdot \overline{b}) \cdot \overline{c} = \overline{a} \cdot (\overline{b} \cdot \overline{c})$이다.

(3) 임의의 원소 $\overline{a}$, $\overline{b}$에 대하여 $\overline{a} \cdot \overline{b} = \overline{b} \cdot \overline{a}$

(4) 특정한 원소 $\overline{1}$이 존재하여 임의의 원소 $\overline{a}$에 대하여 $\overline{a} \cdot \overline{1} = \overline{a} = \overline{1} \cdot \overline{a}$이다.

(5) 각 원소 $\overline{a}$에 대하여 $\overline{a} \cdot \overline{a}^{-1} = \overline{1} = \overline{a}^{-1} \cdot \overline{a}$인 원소 $\overline{a}^{-1}$가 존재한다.

예제 2.6.1 집합 $\overline{\mathbb{Z}}_{14}^*$의 원소를 나열하면, 14와 서로소인 기약잉여류로

$$\overline{1},\ \overline{3},\ \overline{5},\ \overline{9},\ \overline{11},\ \overline{13}$$

이다. 집합 $\overline{\mathbb{Z}}_{14}^*$의 원소들의 곱셈표를 만들면 다음과 같다.

$\cdot$	$\overline{1}$	$\overline{3}$	$\overline{5}$	$\overline{9}$	$\overline{11}$	$\overline{13}$
$\overline{1}$	$\overline{1}$	$\overline{3}$	$\overline{5}$	$\overline{9}$	$\overline{11}$	$\overline{13}$
$\overline{3}$	$\overline{3}$	$\overline{9}$	$\overline{1}$	$\overline{13}$	$\overline{5}$	$\overline{11}$
$\overline{5}$	$\overline{5}$	$\overline{1}$	$\overline{11}$	$\overline{3}$	$\overline{13}$	$\overline{9}$
$\overline{9}$	$\overline{9}$	$\overline{13}$	$\overline{3}$	$\overline{11}$	$\overline{1}$	$\overline{5}$
$\overline{11}$	$\overline{11}$	$\overline{5}$	$\overline{13}$	$\overline{1}$	$\overline{9}$	$\overline{3}$
$\overline{13}$	$\overline{13}$	$\overline{11}$	$\overline{9}$	$\overline{5}$	$\overline{3}$	$\overline{1}$

[표 2.2] 집합 $\overline{\mathbb{Z}}_{14}^*$의 곱셈표

따라서 $\overline{1}^{-1}=\overline{1}$, $\overline{3}^{-1}=\overline{5}$, $\overline{9}^{-1}=\overline{11}$, $\overline{13}^{-1}=\overline{13}$이다.

특히, 소수 p에 대하여 $\overline{\mathbb{Z}}_p=\{\overline{0},\ \overline{1},\ \cdots,\ \overline{p-1}\}$이고 $\overline{\mathbb{Z}}_p^*=\{\overline{1},\ \cdots,\ \overline{p-1}\}$이고 정리 2.6.2로부터 다음 정리를 얻는다.

【정리 2.6.5】

집합 $\overline{\mathbb{Z}}_p$의 원소 $\overline{a}$, $\overline{b}$, $\overline{c}$에 대하여 다음 성질을 만족한다. 이러한 관점에서 $\overline{\mathbb{Z}}_p$는 체(field)라고 한다.

A.1 임의의 원소 $\overline{a}$, $\overline{b}$, $\overline{c}$에 대하여 $(\overline{a}+\overline{b})+\overline{c}=\overline{a}+(\overline{b}+\overline{c})$이다.

A.2 임의의 원소 $\overline{a}$, $\overline{b}$에 대하여 $\overline{a}+\overline{b}=\overline{b}+\overline{a}$

A.3 특정한 원소 $\overline{0}$이 존재하여 임의의 원소 $\overline{a}$에 대하여 $\overline{a}+\overline{0}=\overline{a}=\overline{0}+\overline{a}$이다.

A.4 각 원소 $\overline{a}$에 대하여 $\overline{a}+\overline{b}=\overline{0}=\overline{b}+\overline{a}$인 원소 $\overline{0}$가 존재한다. 이 원소를 $-\overline{a}$로 나타낸다. 즉, $-\overline{a}=\overline{-a}$이다.

M.1 임의의 원소 $\overline{a}$, $\overline{b}$, $\overline{c}$에 대하여 $(\overline{a}\cdot\overline{b})\cdot\overline{c}=\overline{a}\cdot(\overline{b}\cdot\overline{c})$이다.

M.2 임의의 원소 $\overline{a}$, $\overline{b}$에 대하여 $\overline{a}\cdot\overline{b}=\overline{b}\cdot\overline{a}$

M.3 특정한 원소 $\overline{1}$이 존재하여 임의의 원소 $\overline{a}$에 대하여 $\overline{a}\cdot\overline{1}=\overline{a}=\overline{1}\cdot\overline{a}$이다.

M.4 각 원소 $\overline{a}\neq\overline{0}$에 대하여 $\overline{a}$의 곱셈에 관한 역원(inverse) $\overline{a}^{-1}$이 존재한다.

M.4′ 각 원소 $\overline{a}\neq\overline{0}$에 대하여 $\overline{a}\cdot\overline{b}=\overline{a}\cdot\overline{c}$이면 $\overline{b}=\overline{c}$이다.

D 임의의 원소 $\overline{a}$, $\overline{b}$, $\overline{c}$에 대하여

$$(\overline{a}+\overline{b})\cdot\overline{c}=\overline{a}\cdot\overline{c}+\overline{b}\cdot\overline{c},\quad \overline{c}\cdot(\overline{a}+\overline{b})=\overline{c}\cdot\overline{a}+\overline{c}\cdot\overline{b}$$

▶ 연습문제 2.6

1. 집합 $\mathbb{Z}_{15}$에서 $\overline{10}+\overline{7}$과 $\overline{10}\cdot\overline{7}$을 구하여라.

2. 집합 $\overline{\mathbb{Z}}_3$와 $\overline{\mathbb{Z}}_6$에서 덧셈표와 곱셈표를 만들어라.

3. 정리 2.6.2의 M.4를 증명하여라.

4. 집합 $\overline{\mathbb{Z}}_{15}$에서 $\overline{2}$, $\overline{4}$, $\overline{7}$의 역원을 구하여라.

5. 집합 $\overline{\mathbb{Z}}_m$의 원소 $\overline{a}$가 $\overline{a^2}=\overline{a}$일 때 $\overline{a}$를 **멱등원**(idempotent element)이라고 한다. 집합 $\overline{\mathbb{Z}}_{15}$에서 멱등원을 모두 구하여라.

6. 집합 $\overline{\mathbb{Z}}_m$의 원소 $\overline{a}\neq\overline{0}$에 대하여 $\overline{a}\cdot\overline{b}=\overline{0}$을 만족하는 $\overline{b}\neq\overline{0}$가 존재할 때, $\overline{a}$를 **영인자**(zero-divisor)라고 한다. 집합 $\overline{\mathbb{Z}}_{15}$에서 영인자를 모두 구하여라.

제 3 장

Euler 정리와 원시근

1. 기약잉여계와 Euler 함수

제2장에서 완전잉여계 $\{0,\ 1,\ \cdots,\ m-1\}$을 법 m에 관한 최소 양의 잉여계라 하고 기호 $\mathbb{Z}_m$으로 나타냈다. 또한, 집합 $\mathbb{Z}_m$의 원소 중 m과 서로소가 되는 원소들의 집합을 $\mathbb{Z}_m^*$로 나타냈다. 즉,

$$\mathbb{Z}_m^* = \{x \in \mathbb{Z}_m \mid (x,\ m) = 1\}$$

이다.

다음과 같이 정의된 함수

$$\varphi : \mathbb{N} \to \mathbb{N}, \quad \varphi(m) = |\mathbb{Z}_m^*|$$

를 Euler의 φ함수라고 한다. 즉, $\varphi(m)$은 양의 정수 m을 법으로 한 기약잉여계의 원소의 개수이다.

예제 3.1.1 m이 소수이면 $\mathbb{Z}_m^* = \{1,\ 2,\ \cdots,\ m-1\}$이고 $\varphi(m) = m-1$이다. 한편,

$$\mathbb{Z}_1^* = \{0\},\ \mathbb{Z}_4^* = \{1,\ 3\},\quad \mathbb{Z}_6^* = \{1,\ 5\},\quad \mathbb{Z}_8^* = \{1,\ 3,\ 5,\ 7\},$$
$$\mathbb{Z}_9^* = \{1,\ 2,\ 4,\ 5,\ 7,\ 8\},\quad \mathbb{Z}_{10}^* = \{1,\ 3,\ 7,\ 9\},$$
$$\mathbb{Z}_{12}^* = \{1,\ 5,\ 7,\ 11\},\quad \mathbb{Z}_{14}^* = \{1,\ 3,\ 5,\ 9,\ 11,\ 13\}$$

이므로 14 이하의 양의 정수 m에 대한 $\varphi(m)$은 [표 3.1]과 같다.

m	1	2	3	4	5	6	7	8	9	10	11	12	13	14
$\varphi(m)$	1	1	2	2	4	2	6	4	6	4	10	4	12	6

[표 3.1] 양의 정수 m에 대한 $\varphi(m)$

이제 특수한 경우에 Euler의 φ함수의 값을 구하여 보면 다음과 같다.

【정리 3.1.1】

소수 p에 대하여 $\varphi(p^k)=p^k-p^{k-1}=p^{k-1}(p-1)$이다.

증명 자연수 a에 대하여 $(p^k,\ a)=1$일 필요충분조건은 $(p,\ a)=1$이므로

$$\mathbb{Z}_{p^k}^*=\{a\in\mathbb{Z}_{p^k}\mid(a,\ p^k)=1\}=\{a\in\mathbb{Z}_{p^k}\mid(a,\ p)=1\}=\mathbb{Z}_{p^k}-\{a\in\mathbb{Z}_{p^k}\mid(a,\ p)=p\}$$

이다. 따라서 $\varphi(p^k)=|\mathbb{Z}_{p^k}|-|\{a\in\mathbb{Z}_{p^k}\mid(a,\ p)=p\}|=p^k-p^{k-1}$이다. ■

이를테면, $\varphi(3)=3-1=2$, $\varphi(3^2)=3(3-1)=6$, $\varphi(3^3)=3^2(3-1)=18$이다.

이제 Euler의 φ함수의 값이 특수한 경우에 관하여 살펴본다.

예제 3.1.2 자연수 m은 1과 자기 자신을 약수로 가지므로 $m\geq 2$ 이상인 경우에

$$\mathbb{Z}_m^*=\{x\in\mathbb{Z}_m\mid(x,\ m)=1\}\subseteq\mathbb{Z}_m-\{0\}$$

이므로 $\varphi(m)\leq m-1$이다. m이 합성수이면, 다음 조건

$$m=ab,\quad 2\leq a,\ b\leq m-1$$

을 만족하는 정수 a와 b가 존재한다. 따라서

$$a=b:\{1,\ m-1\}\subseteq\mathbb{Z}_m^*\subseteq\mathbb{Z}_m-\{0,\ a\}$$
$$a\neq b:\{1,\ m-1\}\subseteq\mathbb{Z}_m^*\subseteq\mathbb{Z}_m-\{0,\ a,\ b\}$$

이므로 $2\leq\varphi(m)\leq m-2$이다.

【정리 3.1.2】

Euler의 φ함수는 곱셈함수이다. 즉, 양의 정수 m, n에 대하여

$$\varphi(1)=1\text{이고 }(m,\ n)=1\text{이면 }\varphi(mn)=\varphi(m)\varphi(n)$$

증명 분명하게 $\varphi(1)=1$이므로 $(m, n)=1$이라고 가정하자.

집합 $\mathbb{Z}_{mn}=\{0, 1, 2, \cdots, mn-1\}$에 속하는 원소 a가 $\mathbb{Z}_{mn}^*$의 원소일 필요충분조건은 $(a, mn)=1$이다. 즉, $(a, m)=(a, n)=1$이다. 집합 $\mathbb{Z}_{mn}$의 원소 중에 m과 서로소인 원소를 알아보기 위하여 [그림 3.1]을 살펴보자.

0	m	$2m$	$\cdots$	$(n-1)m$	
1	$m+1$	$2m+1$	$\cdots$	$(n-1)m+1$	m과 서로소인 행
$\vdots$	$\vdots$	$\vdots$		$\vdots$	
r	$m+r$	$2m+r$	$\cdots$	$(n-1)m+r$	m과 서로소인 행
$\vdots$	$\vdots$	$\vdots$		$\vdots$	
$m-1$	$2m-1$	$3m-1$	$\cdots$	$(n)m-1$	m과 서로소인 행

[그림 3.1] 집합 $\mathbb{Z}_{mn}$의 원소 중에 m과 서로소인 원소

임의의 열은 연속된 m개의 정수이므로 정리 2.2.4에 의하여 완전잉여계이므로 임의의 열에는 m과 서로소인 원소가 $\varphi(m)$개 존재한다. 또한, 임의의 열에서 m과 서로소인 원소의 행의 위치는 첫 열에서 m과 서로소인 원소의 행의 위치와 같다. 따라서 m개의 행들 중에 $\varphi(m)$개의 행이 m과 서로소이다.

한편, 정리 2.2.5에 의하여 첫 행 $\{0, m, 2m, \cdots, (n-1)m\}$은 $(m, n)=1$이고 n개의 정수이므로 완전잉여계이다. 또한, 정리 2.2.5에 의하여 임의의 행은 첫째 행의 원소에 일정한 정수를 더한 수이므로 완전잉여계이다. 따라서 임의의 행에는 n과 서로소인 원소가 $\varphi(n)$개다.

따라서 집합 $\mathbb{Z}_{mn}$의 원소 중에 mn과 서로소인 원소는 $\varphi(m)$개의 열에 각각 $\varphi(n)$개의 원소가 있으므로 $\varphi(m)\varphi(n)$이다. 그러므로 $\varphi(mn)=\varphi(m)\varphi(n)$이다. ■

정리 3.1.1과 정리 3.1.2에 의하여 다음 정리를 얻는다.

【정리 3.1.3】

정수 $m\ (>1)$의 표준분해가 $m=p_1^{e_1}p_2^{e_2}\cdots p_r^{e_r}$일 때

$$\varphi(m)=m\left(1-\frac{1}{p_1}\right)\left(1-\frac{1}{p_2}\right)\cdots\left(1-\frac{1}{p_r}\right)$$

증명 함수 φ는 곱셈함수이다. 즉,

$$\begin{aligned}\varphi(m) &= \varphi(p_1^{e_1}p_2^{e_2}\cdots p_r^{e_r})\\ &= \varphi(p_1^{e_1})\varphi(p_2^{e_2})\cdots\varphi(p_r^{e_r})\\ &= (p_1^{e_1}-p_1^{e_1-1})(p_2^{e_2}-p_2^{e_2-1})\cdots(p_r^{e_r}-p_r^{e_r-1})\\ &= m\left(1-\frac{1}{p_1}\right)\left(1-\frac{1}{p_2}\right)\cdots\left(1-\frac{1}{p_r}\right)\end{aligned}$$ ■

정리 3.1.3에 의하여 200과 서로소인 200 이하 자연수의 개수는 다음과 같다.

$$|\mathbb{Z}_{200}^*| = \varphi(200) = 200\left(1-\frac{1}{2}\right)\left(1-\frac{1}{5}\right) = 80$$

【정리 3.1.4】

모든 자연수 m에 대하여 d를 m의 양의 약수라 할 때

$$\sum_{d|m}\varphi(d) = m$$

이다.

증명 먼저, $m=1$이면 m의 양의 약수는 1뿐이고 $\varphi(1)=1$이므로 성립한다. 이제, m이 2 이상의 수이고 그의 표준분해가 $m=p_1^{e_1}p_2^{e_2}\cdots p_r^{e_r}$일 때, m의 양의 약수는 모두 $d=p_1^{f_1}p_2^{f_2}\cdots p_r^{f_r}$ $(0\le f_i\le e_i)$의 꼴이다. 따라서

$$\varphi(d)=\varphi(p_1^{f_1}p_2^{f_2}\cdots p_r^{f_r})=\varphi(p_1^{f_1})\varphi(p_2^{f_2})\cdots\varphi(p_r^{f_r})$$

이고 각 i에 대하여

$$\begin{aligned}\sum_{f_i=0}^{e_i}\varphi(p_i^{f_i}) &= \varphi(p_i^0)+\varphi(p_i^1)+\varphi(p_i^2)+\cdots+\varphi(p_i^{e_i})\\ &= p_i^0+(p_i^1-p_i^0)+(p_i^2-p_i^1)+\cdots+(p_i^{e_i}-p_i^{e_{i-1}})\\ &= p_i^{e_i}\end{aligned}$$

이므로

$$\begin{aligned}\sum_{d|m}\varphi(d) &= \sum_{d|m}\varphi(p_1^{f_1})\varphi(p_2^{f_2})\cdots\varphi(p_r^{f_r}) \\ &= \sum_{f_1=0}^{e_1}\varphi(p_1^{f_1})\sum_{f_2=0}^{e_2}\varphi(p_2^{f_2})\cdots\sum_{f_r=0}^{e_r}\varphi(p_r^{f_r}) \\ &= p_1^{e_1}p_2^{e_2}\cdots p_r^{e_r} \\ &= m\end{aligned}$$

이다. ■

정수 a에 대하여 a를 m으로 나눈 나머지를 $[a]_m$으로 나타낼 때, 다음 정리가 성립하는 것을 알 수 있다.

【정리 3.1.5】

두 양의 정수 m과 n이 서로소일 때

(1) 다음과 같이 정의된 사상

$$f:\mathbb{Z}_{mn}\to\mathbb{Z}_m\times\mathbb{Z}_n,\quad f([a]_{mn})=([a]_m,\ [a]_n)$$

은 일대일 대응이다.

특히, $(a,\ mn)=1$이면 $([a]_{mn},\ mn)=1$이고 $([a]_m,\ m)=([a]_n,\ n)=1$이다.

(2) $|\mathbb{Z}_{mn}^*|=|\mathbb{Z}_m^*||\mathbb{Z}_n^*|$, 즉 $\varphi(mn)=\varphi(m)\varphi(n)$이다.

증명 (1) 각 정수 $a\in\mathbb{Z}_{mn}$에 대하여 $[a]_m\in\mathbb{Z}_m$이고 $[a]_n\in\mathbb{Z}_n$이므로 f는 잘 정의된 사상이다. 임의의 원소 $(a,\ b)\in\mathbb{Z}_m\times\mathbb{Z}_n$에 대하여 일차 연립합동식

$$\begin{cases}x\equiv a \bmod m\\ x\equiv b \bmod n\end{cases}$$

은 유일한 해 $x\equiv c \bmod mn$을 가진다. 즉, $f([c]_{mn})=([c]_m,\ [c]_n)=(a,\ b)$이다. 따라서 f는 일대일 대응이다. 특히, $(a,\ mn)=1$이면, $(a,\ m)=(a,\ n)=1$이므로 $([a]_{mn},\ mn)=1$이고 $([a]_m,\ m)=([a]_n,\ n)=1$이다.

(2) 정리 3.1.2에 의하여 $|\mathbb{Z}_{mn}^*|=\varphi(mn)=\varphi(m)\varphi(n)=|\mathbb{Z}_m^*||\mathbb{Z}_n^*|$이다. ■

▶ 연습문제 3.1

1. 다음 집합을 원소나열법으로 나타내어라.

   (1) $\mathbb{Z}_7^*$ (2) $\mathbb{Z}_{10}^*$

   (3) $\mathbb{Z}_{12}^*$ (4) $\mathbb{Z}_{21}^*$

2. 다음 자연수 m에 대하여 $\varphi(m)$을 구하여라.

   (1) $m=17$ (2) $m=2^5$

   (3) $m=288$ (4) $m=2^5 3^2 5$

3. Euler의 φ함수에 대하여 다음을 증명하여라.

   (1) $\varphi(m)=m \Leftrightarrow m=1$

   (2) $\varphi(m)=1 \Leftrightarrow m=1$ 또는 $m=2$

   (3) $\varphi(m)=2 \Leftrightarrow m=3$, $m=4$ 또는 $m=6$

   (4) $\varphi(m)=m-1 \Leftrightarrow m$은 소수

4. 정수 m이 3 이상의 수이면 $\varphi(m)$이 짝수임을 증명하여라.

5. 양의 정수 m에 대하여 $2\varphi(m)=m$일 필요충분조건은 $m=2^k$이다(k는 자연수).

6. 양의 정수 m에 대하여 다음을 증명하여라.

   (1) m이 홀수이면 $\varphi(2m)=\varphi(m)$이다.

   (2) m이 짝수이면 $\varphi(2m)=2\varphi(m)$이다.

   (3) m이 3의 배수일 필요충분조건은 $\varphi(3m)=3\varphi(m)$이다.

   (4) 임의의 양의 정수 k에 대하여 $\varphi(m^k)=m^{k-1}\varphi(m)$

7. 두 양의 정수 m과 n에 대하여 m이 n의 약수이면 $\varphi(m)$은 $\varphi(n)$의 약수임을 증명하여라.

2. 기약잉여계와 Euler 정리

정수 전체의 집합 $\mathbb{Z}$ 위에 정의된 잉여류 $\overline{a} \in \overline{\mathbb{Z}}_m$에 대하여 $(a, m)=1$일 때, $\overline{a}$를 법 m에 관한 기약잉여류(reduced residue class modulo m)라고 한다. 즉, 기약잉여류 전체의 집합은 $\overline{\mathbb{Z}}_m^*$이다.

정수의 부분집합 R에 대하여 $\overline{R}=\{\overline{r} \mid r \in R\}$를 약속할 때, 집합 R이 법 m에 관한 기약잉여계이면 $\overline{R}=\overline{\mathbb{Z}}_m^*$이다.

이를테면, 소수 p에 대하여 $\mathbb{Z}_p^*=\{1, 2, \cdots, p-1\}$는 법 p에 관한 기약잉여계이다. 또한, 집합 $S=\{s_0, s_1, \cdots, s_{m-1}\}$가 법 m에 관한 완전잉여계이면, 집합 $R=\{s_i \in S \mid (s_i, m)=1\}$은 법 m에 관한 기약잉여계이다.

【정리 3.2.1】

정수들의 집합 $R=\{r_1, r_2, \cdots, r_{\varphi(m)}\}$이 법 m에 관한 기약잉여계일 필요충분조건은 다음과 같다.

(i) $|R|=\varphi(m)$

(ii) 각 $r_i \in R$에 대하여 $(r_i, m)=1$

(iii) $r_i \neq r_j \Rightarrow r_i \not\equiv r_j \pmod{m}$

증명 집합 R이 법 m에 관한 기약잉여계이면 기약잉여계의 정의에 의하여 (i)과 (ii)가 만족한다. (iii)이 만족하지 않으면 $|\overline{R}|<\varphi(m)=|\mathbb{Z}_m^*|$이므로 집합 R이 m에 관한 기약잉여계라는 가정에 모순이다. 즉, (iii)이 만족한다.

역으로 세 조건 (i), (ii) 및 (iii)이 만족한다면, (ii)로부터 $\overline{R} \subseteq \overline{\mathbb{Z}}_m^*$이고 (i)과 (iii)으로부터 $|\overline{R}|=|\overline{\mathbb{Z}}_m^*|$이다. 따라서 $\overline{R}=\overline{\mathbb{Z}}_m^*$이므로 기약잉여계이다. ■

【정리 3.2.2】

집합 $R=\{r_1, r_2, \cdots, r_{\varphi(m)}\}$이 법 m에 관한 기약잉여계일 때, $(a, m)=1$인 정수 a에 대하여

$$T=\{ar_1, ar_2, \cdots, ar_{\varphi(m)}\}$$

는 법 m에 관한 기약잉여계이다.

증명 집합 T는 $|T|=\varphi(m)$이다. 한편, $(a, m)=1$이고 각 $r_i \in R$에 대하여 $(r_i, m)=1$이므로 $(ar_i, m)=1$이다. $ar_i \equiv ar_j \pmod m$이면 $(a, m)=1$이므로 $r_i \equiv r_j \pmod m$이다. 따라서 정리 3.2.1에 의하여 T는 기약잉여계이다. ■

정리 3.2.2로부터 Fermat의 정리와 Euler의 정리를 쉽게 얻을 수 있다.

【정리 3.2.3】 (Euler의 정리)

양의 정수 m과 $(a, m)=1$인 정수 a에 대하여

$$a^{\varphi(m)} \equiv 1 \bmod m$$

이다.

증명 집합 $R=\{r_1, r_2, \cdots, r_{\varphi(m)}\}$이 법 m에 관한 기약잉여계라고 하면, 정리 3.2.2에 의하여 집합 $T=\{ar_1, ar_2, \cdots, ar_{\varphi(m)}\}$는 법 m에 관한 기약잉여계이다. 즉, $\overline{R}=\overline{T}$이다. 따라서

$$\overline{r}_1 \cdot \overline{r}_2 \cdot \cdots \cdot \overline{r}_{\varphi(m)} = \overline{ar}_1 \cdot \overline{ar}_2 \cdot \cdots \cdot \overline{ar}_{\varphi(m)}$$
$$a^{\varphi(m)} r_1 r_2 \cdots r_{\varphi(m)} \equiv r_1 r_2 \cdots r_{\varphi(m)} \pmod m$$

이다. 각 $r_i \in R$에 대하여 $(r_i, m)=1$이므로 $(r_1 r_2 \cdots r_{\varphi(m)}, m)=1$이고

$$a^{\varphi(m)} \equiv 1 \pmod m$$

이다. ■

【정리 3.2.4】 (Fermat의 정리)

소수 p와 $(a, p)=1$인 정수 a에 대하여

$$a^{p-1} \equiv 1 \bmod p$$

이다.

증명 가정에서 $\varphi(p)=p-1$이므로 Euler의 정리에 의하여 $a^{p-1} \equiv 1 \bmod p$이다. ■

이를테면, $2^6 \equiv 1 \bmod 7$이고 $3^6 \equiv 1 \bmod 7$이다.

Fermat의 정리는 어떤 양의 정수가 소수인가를 판정하는데 이용된다.

예제 3.2.1 정수 2에 대하여

$$2^{20} = (((2^2)^2 \cdot 2)^2)^2 \equiv ((11)^2)^2 \equiv 16^2 \equiv 4 \pmod{21}$$

이므로 Fermat의 정리에 의하여 정수 21은 소수가 아니다.

【정리 3.2.5】

소수 p와 모든 정수 a에 대하여 $a^p \equiv a \bmod p$이다.

증명 모든 정수 a에 대하여 $(a, p)=1$ 또는 $(a, p)=p$이다.

먼저, $(a, p)=p$이면, $a \equiv 0 \bmod p$이므로 임의의 자연수 k에 대하여 $a^0 \equiv 0^k \equiv 0 \bmod p$이다. 따라서 $a^p \equiv a \bmod p$이다. 한편, $(a, p)=1$이면 Fermat의 정리에 의하여 $a^{p-1} \equiv 1 \bmod p$이다. 양변에 정수 a를 곱하면 $a^p \equiv a \bmod p$이다. ■

정수 $2^m - 1$ $(m \geq 1)$을 Mersenne의 수라 하고 M_m으로 나타낸다. 특히, M_m이 소수일 때 이 수를 Mersenne의 소수라고 한다.

이를테면, 1, 3, 7, 15, 31, 63, ⋯은 Mersenne의 수이고 3, 7, 31, ⋯은 Mersenne의 소수이다.

양의 정수 m이 합성수이면, M_m은 합성수이다. 따라서 M_m이 소수이면 m은 소수이어야 한다. 그러나 m이 소수라고 M_m이 항상 소수는 아니다. 이를테면,

$$M_{11}=2^{11}-1=2047=23\times 89,\ M_{23}=2^{23}-1=8388607=47\times 178481$$

이다. Mersenne의 소수는 큰 소수를 찾는 문제로 잘 알려져 있다. 현재까지 알려진 Mersenne의 소수는 모두 44개이고 가장 큰 Mersenne의 소수는 2006년에 발견된 $M_{32582657}$로 9808358자리의 수이며 현재까지 발견된 가장 큰 소수이다.

【정리 3.2.6】

소수 p가 홀수일 때, Mersenne의 수 $M_p=2^p-1$의 소인수는 모두 $2pk+1$ $(k\geq 1)$의 꼴이다.

증명 Mersenne의 수 $M_p=2^p-1$의 소인수를 q라면, Fermat의 정리에 의하여

$$2^{q-1}\equiv 1 \bmod q \text{ 즉 } q\,|\,(2^{q-1}-1)$$

이다. 한편, $q\,|\,(2^p-1)$이므로 $q\,|\,(2^{q-1}-1,\ 2^p-1)$이고 $q\,|\,(2^{(q-1,\ p)}-1)$이다. 따라서 $(p,\ q-1)\neq 1$이므로 $p\,|\,(q-1)$이다. 정수 $(q-1)$은 짝수이므로 $q-1=2pk$ (k는 정수)이다. 즉, $M_p=2^p-1$의 소인수는 모두 $2pk+1$ $(k\geq 1)$의 꼴이다. ■

예제 3.2.2 Mersenne의 수 $M_{13}=2^{13}-1=8191$이 소인수를 가지면 정리 3.2.6에 의하여 $26k+1$의 꼴이다. 또한, M_{13}이 소인수를 가지면 $\sqrt{M_{13}}$ 이하의 소인수 즉, 91 이하의 소인수를 가진다. 따라서 91 이하이고 $26k+1$의 꼴의 소수는 53과 79뿐이다. 한편, M_{13}는 53과 79를 약수로 가지지 않으므로 소수이다.

예제 3.2.3 Mersenne의 수 $M_{23}=2^{23}-1=8388607$이 소인수를 가지면 정리 3.2.6에 의하여 $46k+1$의 꼴이다. 또한, M_{23}이 소인수를 가지면 $\sqrt{M_{23}}$ 이하의 소인수를 반드시 가지므로 3000 이하의 소인수를 가진다. 실제로 M_{23}은 47을 약수로 가지므로 소수가 아니다.

▶ 연습문제 3.2

1. $m \geq 2$일 때, $\mathbb{Z}_m^* = \{r_1, r_2, \cdots, r_{\varphi(m)}\}$에 대하여,

$$r_1 + r_2 + \cdots + r_{\varphi(m)} = \frac{m\varphi(m)}{2}$$

을 증명하여라.

2. 다음 집합이 법 7에 관한 기약잉여계인지 판정하여라.
   (1) $\{-3, -2, -1, 1, 2, 3\}$ (2) $\{-4, -2, 2, 4, 6, 8\}$
   (3) $\{2, 2^2, 2^3, 2^4, 2^5, 2^6\}$ (4) $\{3, 3^2, 3^3, 3^4, 3^5, 3^6\}$

3. 소수 p가 홀수일 때, $(a, p) = 1$인 정수 a에 대하여

$$a^{\frac{p-1}{2}} \equiv -1 \bmod p \quad \text{또는} \quad a^{\frac{p-1}{2}} \equiv 1 \bmod p$$

임을 증명하여라.

4. 일차합동식

$$ax \equiv b \bmod m, \quad (a, m) = 1$$

은 단 하나의 해 $x \equiv a^{\varphi(m)-1} b \pmod{m}$를 가지는 것을 증명하여라.

5. 정리 3.2.6을 이용하여 다음 Mersenne의 수가 소수인지 판정하여라.
   (1) M_5 (2) M_{11} (3) M_{29}

6. 소수 p와 두 정수 a와 b에 대하여 다음을 증명하여라.
   (1) $(a+b)^p \equiv a+b \pmod{p}$, $(ab)^p \equiv ab \pmod{p}$
   (2) $(a-b)^p \equiv a-b \pmod{p}$
   (3) $a^p \equiv b^p \pmod{p} \Leftrightarrow a \equiv b \pmod{p}$

3. 위 수

자연수 $m \geq 2$과 $(a, m) = 1$이 주어졌을 때, Euler 정리에 의하여

$$a^{\varphi(m)} \equiv 1 \bmod m$$

이므로, 정수의 정렬성에 의하여 $a^n \equiv 1 \bmod m$인 가장 작은 양의 정수 n이 존재한다. 이 양의 정수 n을 법 m에 관한 a의 위수(order of a modulo m)라 하고 $\mathrm{ord}_m a$로 나타낸다.

예제 3.3.1 법 7에 관한 원소들의 위수를 구하면,

$1^1 \equiv 1 \bmod 7$ $\qquad \mathrm{ord}_7 1 = 1$

$2^2 \equiv 4 \quad 2^3 \equiv 1 \bmod 7$ $\qquad \mathrm{ord}_7 2 = 3$

$3^2 \equiv 2 \quad 3^3 \equiv 6 \quad 3^4 \equiv 4 \quad 3^5 \equiv 5 \quad 3^6 \equiv 1 \bmod 7$ $\qquad \mathrm{ord}_7 3 = 6$

$4^2 \equiv 2 \quad 4^3 \equiv 1 \bmod 7$ $\qquad \mathrm{ord}_7 4 = 3$

$5^2 \equiv 4 \quad 5^3 \equiv 6 \quad 5^4 \equiv 2 \quad 5^5 \equiv 3 \quad 5^6 \equiv 1 \bmod 7$ $\qquad \mathrm{ord}_7 5 = 6$

$6^2 \equiv 1 \bmod 7$ $\qquad \mathrm{ord}_7 6 = 2$

이다 따라서 다음 [표 3.2]를 얻을 수 있다.

원소(a)	1	2	3	4	5	6
위수($\mathrm{ord}_7 a$)	1	3	6	3	6	2

[표 3.2] 법 7에 관한 원소들의 위수

위수에 관하여 다음 성질이 성립한다.

【정리 3.3.1】

자연수 $m \geq 2$과 두 정수 a, b에 대하여 $a \equiv b \bmod m$이고 $(a, m) = 1$이면 $\mathrm{ord}_m a = \mathrm{ord}_m b$이다.

증명 먼저 $a \equiv b \bmod m$이고 $(a, m)=1$이면, 정리 2.1.1에 의하여 $(b, m)=1$이므로 $\mathrm{ord}_m b$가 정의된다. 또한, $a \equiv b \bmod m$이므로 모든 양의 정수 k에 대하여 $a^k \equiv b^k \bmod m$이므로

$$a^s \equiv 1 \bmod m \Leftrightarrow b^s \equiv 1 \bmod m$$

이고 위수의 정의에 의하여 $\mathrm{ord}_m a = \mathrm{ord}_m b$이다. ■

위수의 정의에 의하여 법 m에 관한 위수를 말할 때에는 기약잉여계의 원소만 생각하면 된다.

예제 3.3.2 법 9에 관한 기약잉여계 $\mathbb{Z}_9{}^* = \{1, 2, 4, 5, 7, 8\}$의 원소들의 위수를 예제 3.3.1과 같은 방법으로 구하면 [표 3.3]을 얻을 수 있다.

원소(a)	1	2	4	5	7	8
위수($\mathrm{ord}_m a$)	1	6	3	6	3	2

[표 3.3] 집합 $\mathbb{Z}_9{}^*$의 원소의 위수

【정리 3.3.2】

자연수 $m \geq 2$과 $(a, m)=1$인 정수 a에 대하여 $\mathrm{ord}_m a = n$이면 다음 성질이 성립한다.

(1) 음이 아닌 정수 k에 대하여 $a^k \equiv 1 \bmod m \Leftrightarrow n \mid k$이다.

(2) $n \mid \varphi(m)$

(3) 음이 아닌 정수 i, j에 대하여

$$a^i \equiv a^j \bmod m \Leftrightarrow n \mid (i-j) \Leftrightarrow i \equiv j \bmod n$$

(4) 집합 $\{a^0; a^1, a^2, \cdots, a^{n-1}\}$의 어느 두 원소도 법 m에 관하여 합동이 아니다.

증명 (1) 먼저 $a^k \equiv 1 \bmod m$이라고 가정하자. 나눗셈 정리에 의하여 $k = nq + r$인 q, r $(0 \leq r < n)$이 존재한다. 따라서 $a^r \equiv (a^n)^q a^r \equiv a^k \equiv 1 \bmod m$이므로 n의 최소

성에 의하여 $r=0$이므로 $n|k$이다.

역으로, $n|k$이라 가정하면 $k=qn$인 정수 q가 존재한다. 따라서

$$a^k \equiv (a^n)^q \equiv 1 \bmod m$$

이다.

(2) $a^{\varphi(m)} \equiv 1 \bmod m$이므로 (1)에 의하여 $n|\varphi(m)$이다.

(3) 정수 i, j에서 $0 \le j \le i$를 가정하면, $(a, m)=1$이므로 소약법칙에 의하여

$$a^i \equiv a^j \bmod m \Leftrightarrow a^{i-j} \equiv 1 \bmod m$$

이다. 따라서 (1)에 의하여 $a^{i-j} \equiv 1 \bmod m \Leftrightarrow n|(i-j) \Leftrightarrow i \equiv j \bmod n$

(4) (3)에 의하여 분명하다. ■

정리 3.3.2의 (2)에 의하여 법 m에 관한 a의 위수 n은 $\varphi(m)$의 약수이다. 이를테면, 법 16에 관한 3의 위수를 구하기 전에 3의 위수가 $\varphi(16)=8$의 약수임을 알면 편리하다. 즉, $3^2 \equiv 9 \pmod{16}$과 $3^4 \equiv 81 \equiv 1 \pmod{16}$으로부터 법 16에 관한 3의 위수가 4임을 쉽게 알 수 있다. 실제로 예제 3.3.1과 예제 3.3.2에서 $\varphi(m)=6$이었으며 모든 원소의 위수는 6의 약수이었다.

【정리 3.3.3】

자연수 $m \ge 2$과 $(a, m)=1$인 정수 a에 대하여 $\mathrm{ord}_m a=n$이면 다음 성질이 성립한다.

(1) 음이 아닌 정수 k에 대하여, $\mathrm{ord}_m a^k = \dfrac{n}{(n, k)}$이다.

(2) $k|n$이면, $\mathrm{ord}_m a^k = \dfrac{n}{k}$이다.

(3) 음이 아닌 정수 k에 대하여 $\mathrm{ord}_m a^k = n \Leftrightarrow (n, k)=1$

(4) 집합 $\{a^0, a^1, a^2, \cdots, a^{n-1}\}$에서 위수가 n인 원소의 개수는 $\varphi(n)$이다.

증명 (1) $\mathrm{ord}_m a^k = s$라 가정하고 $(n, k)=d$라 하자. 그러면 서로소인 두 정수 n_1, k_1이 존재하여 $n=n_1 d$이고 $k=k_1 d$이고 $\dfrac{n}{(n, k)}=n_1$이다.

먼저, $\mathrm{ord}_m a^k = s$이므로 $(a^k)^s \equiv 1 \bmod m$이다. 법 m에 관한 a의 위수의 정

의와 정리 3.3.2의 (1)에 의하여 $n|ks$이고 $n_1d|k_1ds$이므로 $n_1|k_1s$이다. 한편, $(n_1, k_1)=1$이므로 $n_1|s$이다.

또한, $(a^k)^{n_1} \equiv (a^{dk_1})^{n_1} \equiv (a^{dn_1})^{k_1} \equiv (a^n)^{k_1} \equiv 1 \bmod m$이므로 법 m에 관한 a^k의 위수의 정의와 정리 3.3.2의 (1)에 의하여 $s|n_1$이다.

따라서 $s = n_1 = \dfrac{n}{(n, k)}$이다.

(2) $k|n$이면 $(n, k)=k$이므로 (1)에 의하여 분명하다.

(3) 먼저, $(n, k)=1$이면 (1)에 의하여 분명하다. 역으로 $\mathrm{ord}_m a^k = n$이면 (1)에 의하여 $(n, k)=1$이다.

(4) (3)에 의하여 위수가 n인 원소의 개수는 집합 $\mathbb{Z}_n^*$의 원소의 개수와 같으므로 $\varphi(n)$이다. ■

이를테면, 예제 3.3.2에서 법 9에 관한 기약잉여계는

$$\overline{\mathbb{Z}}_9^* = \{1, 2, 4, 5, 7, 8\} = \{2^0, 2^1, 2^2, 2^3, 2^4, 2^5\} = \{5^0, 5^1, 5^2, 5^3, 5^4, 5^5\}$$

으로 위수 6인 원소가 2와 5 두 개로 $\varphi(6)$과 같다. 또한,

$$\mathrm{ord}_9 4 = \mathrm{ord}_9 2^2 = \frac{6}{(2, 6)} = 3$$

$$\mathrm{ord}_9 8 = \mathrm{ord}_9 2^3 = \frac{6}{(3, 6)} = 2$$

$$\mathrm{ord}_9 5 = \mathrm{ord}_9 2^5 = \frac{6}{(5, 6)} = 6$$

이다.

다음 정리는 법 m에 관한 a와 b의 위수가 r와 s로 주어졌을 때 ab의 위수를 설명해 준다.

【정리 3.3.4】

자연수 $m \geq 2$과 $(a, m)=(b, m)=1$인 정수 a, b에 대하여 $\mathrm{ord}_m a = r$, $\mathrm{ord}_m b = s$일 때, $(r, s)=1$이면 $\mathrm{ord}_m ab = rs$이다.

증명 이제, $\text{ord}_m ab = t$라고 하자. 이때,

$$(ab)^{rs} \equiv (a)^{rs}(b)^{rs} \equiv (a^r)^s(b^s)^r \equiv 1 \bmod m$$

이므로 ab의 위수의 정의에 의하여 $t|rs$이다. 한편,

$$1 \equiv (ab)^{tr} \equiv (a)^{rt}(b)^{rt} \equiv b^{rt} \bmod m \Rightarrow s|rt \Rightarrow s|t \quad (b\text{의 위수의 정의})$$
$$1 \equiv (ab)^{ts} \equiv (a)^{st}(b)^{st} \equiv a^{st} \bmod m \Rightarrow r|st \Rightarrow r|t \quad (a\text{의 위수의 정의})$$

이다. 가정 $(r, s) = 1$에 의하여 $rs|t$이다.
따라서 $\text{ord}_m ab = rs$이다. ■

다음 정리는 m에 관한 원소 a와 그의 역원의 위수가 같음을 설명한다.

【정리 3.3.5】

자연수 $m \geq 2$과 두 정수 a, b에 대하여 $ab \equiv 1 \bmod m$이면, $\text{ord}_m a = \text{ord}_m b$이다.

증명 가정 $ab \equiv 1 \bmod m$로부터 $(ab, m) = 1$이므로 $(a, m) = (b, m) = 1$이다.
이제, $\text{ord}_m a = r$와 $\text{ord}_m b = s$을 가정하면

$$1 \equiv (ab)^s \equiv a^s b^s \equiv a^s \bmod m \Rightarrow r|s \quad (a\text{의 위수의 정의})$$
$$1 \equiv (ab)^r \equiv a^r b^r \equiv b^r \bmod m \Rightarrow s|r \quad (b\text{의 위수의 정의})$$

이므로 $r = s$이다. ■

예제 3.3.3 법 11에 관한 2의 위수를 구하고 정리 3.3.4와 정리 3.3.5를 확인하여 보자. 먼저 2의 위수는 $\varphi(11) = 10$의 약수이므로 1, 2, 5 또는 10이다. 실제로 법 11에 관한 2의 위수를 구하면, $\text{ord}_{11}2 = 10$이다.

(1) $2^2 = 4$의 위수는 5이고 $2^5 = 10$의 위수는 2이다. 정리 3.3.4에 의하여 $4 \cdot 10 \equiv 7 \bmod 11$이고 7의 위수는 10이다. 한편, $7 \equiv 2^7 \bmod 11$이고 2^7의 위수는 정리 3.3.3에 의하여 10이다.

(2) $2 \cdot 6 \equiv 1 \bmod 11$이므로 정리 3.3.5에 의하여 $\text{ord}_{11}2 = 10 = \text{ord}_{11}6$이다. 또한, $3 \cdot 4 \equiv 1 \bmod 11$이고 $\text{ord}_{11}3 = 5 = \text{ord}_{11}4$이다.

【정리 3.3.6】

두 자연수 m, n이 서로소일 때, $(a, m)=(a, n)=1$인 정수 a에 대하여 $\mathrm{ord}_m a=r$, $\mathrm{ord}_n a=s$이면 $\mathrm{ord}_{mn} a=[r, s]$이다.

증명 먼저 $\mathrm{ord}_{mn} a=k$이라고 하자. 그러면 $a^k \equiv 1 \bmod mn$이므로

$$a^k \equiv 1 \bmod m \text{이고} \quad a^k \equiv 1 \bmod n$$

이다. 따라서 $r|k$이고 $s|k$이다. 그러므로 $[r, s]|k$이다.

역으로, $a^{[r,s]} \equiv 1 \bmod m$이고 $a^{[r,s]} \equiv 1 \bmod n$이다. 따라서 $a^{[r,s]} \equiv 1 \bmod mn$이므로 $k|[r, s]$이다.

따라서 $k=[r, s]$이다. ■

예제 3.3.4 서로 다른 세 소수 5, 7, 11에 대하여 다음이 성립한다.

$$\varphi(5)=4, \qquad \varphi(7)=6, \qquad \varphi(11)=10$$
$$\mathrm{ord}_5 3=4, \qquad \mathrm{ord}_7 3=6, \qquad \mathrm{ord}_{11} 3=5$$

따라서 $\mathrm{ord}_{35} 3=12$, $\mathrm{ord}_{55} 3=20$, $\mathrm{ord}_{77} 3=30$, $\mathrm{ord}_{385} 3=60$이다.

다음 예제는 위수를 이용하여 부정방정식의 해를 구한 예이다.

예제 3.3.5 부정방정식

$$3^x=2^y-1 \quad (\text{단, } x \ge 1,\ y \ge 1)$$

의 정수해를 살펴보자. 직관적으로 $x=1$, $y=2$가 하나의 해임을 알 수 있다. 이제, 이 방정식의 해가 $x=a\ge 2$, $y=b$를 가진다고 가정하면, 2^y-1은 $3^2=9$의 배수이다. 즉, $2^y \equiv 1 \bmod 9$이다. 한편, $\mathrm{ord}_9 2=6$이므로 y는 6의 배수이다. 즉, $b=6k$인 정수 k가 존재한다. 따라서 $2^b=2^{6k}=(2^3)^{2k}\equiv 1 \bmod 7$이고 2^b-1은 7의 배수이이다. 즉, $3^a=2^b-1$이 7의 배수이므로 모순이다. 따라서 이 방정식은 $x=a\ge 2$, $y=b$인 해를 가지지 않는다. 그러므로 구하는 정수해는 $x=1$, $y=2$뿐이다.

▶ 연습문제 3.3

1. 법 15에 관한 기약잉여계 $\mathbb{Z}_{15}^*$의 원소의 위수를 구하여라.

2. 법 23에 관한 5의 위수가 22이다. 이 사실을 이용하여 다음 원소의 위수를 구하여라.

   (1) 5^2 (2) 5^4 (3) 5^5

   (4) 5^{11} (5) 5^{12} (6) 5^{15}

3. 법 23에 관한 5의 위수가 22이다. 이 사실을 이용하여 $\mathbb{Z}_{23}^*$에서 위수가 22인 원소의 개수를 구하여라.

4. 부정방정식

$$2^x = 3^y - 1 \ (\text{단, } x \geq 1,\ y \geq 1)$$

   의 정수해는 $x=1$, $y=1$과 $x=3$, $y=2$뿐임을 증명하여라.

5. 법 493에 관한 3의 위수를 다음 과정을 통하여 구하여라.
   (1) 법 17에 관한 3의 위수를 구하여라.
   (2) 법 29에 관한 3의 위수를 구하여라.
   (3) 정리 3.3.6을 이용하여 법 493에 관한 위수를 구하여라.

6. $m=37$이고 $a=5$, $b=15$일 때, 다음을 구하여라.
   (1) 법 37에 관한 5의 위수를 구하여라.
   (2) 법 37에 관한 15의 위수를 구하여라.
   (3) 법 37에 관한 15의 위수를 구하기 위하여 정리 3.3.5를 이용하여라.

4. 원시근

자연수 $m \geq 2$과 $(a, m)=1$이 주어졌을 때, Euler 정리에 의하여

$$a^{\varphi(m)} \equiv 1 \bmod m$$

이고, 정리 3.3.2에 의하여 $\mathrm{ord}_m a$는 $\varphi(m)$의 약수이다. 또, 자연수 m의 값에 따라 법 m에 관하여 위수가 $\varphi(m)$인 원소가 존재할 수도 그렇지 않을 수도 있다.

이를테면, 집합 $\mathbb{Z}_8^* = \{1, 3, 5, 7\}$의 1을 제외한 모든 원소의 위수는 2이고 $\varphi(8)=4$이므로 법 8에 관하여 위수가 $\varphi(8)$인 원소가 존재하지 않는다. 반면에, 집합 $\mathbb{Z}_{10}^* = \{1, 3, 7, 9\}$에서 원소 3과 7의 위수는 4이고 $\varphi(10)=4$이므로 법 10에 관하여 위수가 $\varphi(10)$인 원소가 2개 존재한다.

자연수 $m \geq 2$에 대하여

$$(a, m)=1\text{이고 } \mathrm{ord}_m a = \varphi(m)$$

인 원소 a가 존재할 때, a를 **법 m에 관한 원시근**(primitive root modulo m)이라고 하고 이때, m은 **원시근을 가진다**고 한다.

이를테면, 8은 원시근을 가지지 않지만 10은 원시근을 가진다. 원소 3과 7은 법 10에 관한 원시근이다.

일반적으로 법 m에 관한 원시근의 존재성을 확인하려면, 법 m에 관한 기약잉여계에 속하는 원소 중에 원시근이 있는지 확인하여야 한다. 법 m에 관한 원시근이 존재하면, 법 m에 관한 원시근의 개수는 기약잉여계에 속하는 원시근의 개수와 같다.

예제 3.4.1 법 9에 관한 원시근의 존재성을 확인하기 위하여, 법 9에 관한 기약잉여계 $\mathbb{Z}_9^* = \{1, 2, 4, 5, 7, 8\}$에 속하는 원소의 위수를 구하면 [표 3.4]와 같다. 따라서 2와 5가 원시근이다.

a	1	2	4	5	7	8
$\mathrm{ord}_9 a$	1	6	3	6	3	2

[표 3.4] 집합 $\mathbb{Z}_9$*의 원소의 위수

정리 3.3.2와 원시근의 정의에 의하여 다음 성질이 만족된다.

【정리 3.4.1】

법 m에 관한 원시근 g가 존재할 때 다음이 성립한다.

(1) 음이 아닌 정수 k에 대하여, $g^k \equiv 1 \bmod m \Leftrightarrow \varphi(m) | k$이다.

(2) 음이 아닌 정수 i, j에 대하여,

$$g^i \equiv g^j \bmod m \Leftrightarrow \varphi(m) | (i-j) \Leftrightarrow i \equiv j \bmod \varphi(m)$$

(3) 집합 $\{g^0, g^1, g^2, \cdots, g^{\varphi(m)-1}\}$는 법 m에 관한 기약잉여계이다.

증명 (1)과 (2)는 정리 3.3.2에서 n 대신 $\varphi(m)$을 대입하면 얻을 수 있다.
또한, $\{g^0, g^1, \cdots, g^{\varphi(m)-1}\}$의 어느 두 원소도 법 m에 관하여 합동이 아니다.
법 m에 관한 기약잉여계는 $\varphi(m)$개의 원소를 가지므로 (3)이 성립한다. ■

정리 3.3.3과 원시근의 정의에 의하여 다음 성질이 만족된다.

【정리 3.4.2】

법 m에 관한 원시근 g가 존재할 때 다음이 성립한다.

(1) 음이 아닌 정수 k에 대하여, $\mathrm{ord}_m g^k = \dfrac{\varphi(m)}{(\varphi(m),\ k)}$이다.

(2) $k | \varphi(m)$이면, $\mathrm{ord}_m g^k = \dfrac{\varphi(m)}{k}$이다.

(3) 음이 아닌 정수 k에 대하여 $\mathrm{ord}_m g^k = \varphi(m) \Leftrightarrow (\varphi(m),\ k) = 1$

(4) 법 m에 관한 원시근의 개수는 $\varphi(\varphi(m))$이다.

(5) 집합 $\mathbb{Z}_m^*$의 모든 원소의 위수는 $\varphi(m)$의 약수이다.

증명 (1), (2)와 (3)은 정리 3.3.3에서 n 대신 $\varphi(m)$을 대입하면 얻을 수 있다. 또한, $(\varphi(m),\ k)=1$인 k는 모두 $\varphi(\varphi(m))$개이므로 (4)가 성립한다. 집합 $\mathbb{Z}_m^*$의 모든 원소는 음이 아닌 정수 k에 대하여 g^k으로 표현되며, g^k의 위수는 $\varphi(m)$의 약수이므로 (5)가 성립한다. ■

예제 3.4.2 법 13에 관한 원시근의 존재성을 확인하기 위하여 2의 위수를 구하여 보자. 모든 원소의 위수는 $\varphi(13)=12$의 약수이고,

$$2^1\equiv 2,\quad 2^2\equiv 4,\quad 2^3\equiv 8,\quad 2^4\equiv 3,\quad 2^6\equiv 12$$

이므로 $\mathrm{ord}_{13}2=12=\varphi(13)$이다. 따라서 2는 법 13에 관한 원시근이다. 또, 2의 멱을 구하여 보면,

k	0	1	2	3	4	5	6	7	8	9	10	11
2^k mod 13	1	2	4	8	3	6	12	11	9	5	10	7

으로 $\{2^0,\ 2^1,\ 2^2,\ \cdots,\ 2^{11}\}$는 법 13에 관한 기약잉여계이다. 정리 3.4.2에 의하여 원시근은 12와 서로소인 k에 대응하는 원소이므로, $k=1,\ 5,\ 7,\ 11$에 대응하는 $\mathbb{Z}_{13}^*$의 원소 2, 6, 11, 7이 법 13에 관한 원시근이다.

【정리 3.4.3】

홀수인 소수 p에 대하여 $p-1$의 각 양의 약수 d에 대하여 $\mathbb{Z}_p^*$에 속하는 정수 중에 법 p에 관한 위수가 d인 정수는 $\varphi(d)$개 존재한다. 특히, p에 관한 원시근은 꼭 $\varphi(p-1)$개 존재한다.

증명 정수 $p-1$의 각 양의 약수 d에 대하여 $\mathbb{Z}_p^*$에 속하는 정수 중에 법 p에 관한 위수가 d인 정수의 개수를 $\psi(d)$라고 하면, 정리 3.4.2의 (5)에 의하여 $\mathbb{Z}_p^*$의 모든 원소의 위수는 $p-1$의 양의 약수이므로

$$\sum_{d\mid(p-1)}\psi(d)=p-1,\ \ \psi(d)\geq 0$$

이다. 한편, 정리 3.1.4에 의하여

$$\sum_{d\mid(p-1)} \varphi(d) = p-1,\ \varphi(d) > 0$$

이므로 다음 식 (*)가 성립된다.

$$\sum_{d\mid(p-1)} \psi(d) = \sum_{d\mid(p-1)} \varphi(d) \tag{*}$$

이제 $p-1$의 적당한 약수 d에 대하여 $\psi(d)>0$이라고 가정하면, 위수가 d인 원소가 존재한다. 이때, 집합 $\mathbb{Z}_p^*$의 원소 중에 위수가 d인 원소를 a라고 하면, $1, a, a^2, \cdots, a^{d-1}$은 어느 쌍도 법 p에 관하여 합동이 아니고

$$(a^i)^d = (a^d)^i \equiv 1 \bmod p,\ (0 \le i \le d-1) \tag{**}$$

이다. 한편, 합동식 $x^d \equiv 1 \bmod p$의 해는 d개 이하(연습문제)이고 (**)에 의하여 꼭 d개이다. 그러므로 집합 $\mathbb{Z}_p^*$에서 위수가 d인 원소의 개수는 집합 $\{1, a, a^2, \cdots, a^{d-1}\}$에서 위수가 d인 원소의 개수와 같다. 따라서 정리 3.3.3에 의하여 집합 $\mathbb{Z}_p^*$에서 위수가 d인 원소의 개수는 $\varphi(d)$이다. 즉, $\psi(d)=\varphi(d)$이다.

한편, $\psi(d)=0$인 d가 존재한다면 $\varphi(d)>0$이므로 (*)가 성립하지 않는다. 따라서 임의의 약수 d에 대하여 $\psi(d)=\varphi(d)$이다. 특히, p에 관한 원시근은 꼭 $\varphi(p-1)$개 존재한다. ■

【정리 3.4.4】

홀수인 소수 p에 대하여, $(a, p)=1$인 정수 a에 대하여 다음 중 하나 그리고 꼭 하나만이 성립한다.

(i) $a^{\frac{p-1}{2}} \equiv 1 \bmod p$ (ii) $a^{\frac{p-1}{2}} \equiv -1 \bmod p$

특히, a가 법 p에 관한 원시근이면, $a^{\frac{p-1}{2}} \equiv -1 \bmod p$이다.

증명 Fermat의 정리에 의하여

$$\left(a^{\frac{p-1}{2}}\right)^2 \equiv a^{p-1} \equiv 1 \bmod p$$

이고 정리 2.5.2에 의하여

$$a^{\frac{p-1}{2}} \equiv 1 \bmod p \quad \text{또는} \quad a^{\frac{p-1}{2}} \equiv -1 \bmod p$$

또한 p는 3 이상이므로 $1 \not\equiv -1 \bmod p$이다. 따라서

$$a^{\frac{p-1}{2}} \equiv 1 \bmod p \text{과 } a^{\frac{p-1}{2}} \equiv -1 \bmod p$$

을 동시에 만족하는 정수는 없으므로 정리 3.4.4가 성립한다. 특히, 원시근의 정의에 의하여 a가 법 p에 관한 원시근이면, $a^{\frac{p-1}{2}} \equiv -1 \bmod p$이다. ■

이제 소수 p에 대하여 -1이 법 p에 관한 원시근이 되는지 알아보자.
먼저 $p=2$일 때 $-1 \equiv 1 \bmod 2$이고 -1의 위수는 1이고 $\varphi(2)=1$이므로 원시근이다. 소수 p가 $4k+1$꼴이면 $(-1)^{\frac{p-1}{2}} \equiv (-1)^{2k} \equiv 1 \bmod p$이므로 정리 3.4.4에 의하여 원시근이 아니다. 한편, p가 $4k+3$꼴이면 $(-1)^{\frac{p-1}{2}} \equiv (-1)^{2k+1} \equiv -1 \bmod p$이지만, (-1)의 위수는 2이므로 $k=0$일 때에 원시근이고 $k \geq 1$일 때에 원시근이 아니다.

다음 두 정리는 증명없이 서술한다. 자세한 증명은 참고문헌 [1]을 참조하기 바란다. 특히, 정리 3.4.6은 원시근을 가지는 양의 정수를 완전하게 분류해주는 성질이다.

【정리 3.4.5】

정수 k가 3 이상이면, 2^k은 원시근을 갖지 않는다.
실제로, 모든 홀수 a에 대하여 $\text{ord}_{2^k} a \mid 2^{k-2}$이고 $\text{ord}_{2^k} 5 = 2^{k-2} = \dfrac{\varphi(2^k)}{2}$이다.

【정리 3.4.6】

정수 m $(m \geq 2)$이 원시근을 가질 필요충분조건은 m이 다음과 같은 꼴이다.

$$2,\ 4,\ p^k,\ 2p^k \ (p\text{는 홀수인 소수})$$

▶ 연습문제 3.4

1. 다음을 구하여라.

(1) $\mathrm{ord}_7 3$　　(2) $\mathrm{ord}_{11} 3$

(3) $\mathrm{ord}_7 4$　　(4) $\mathrm{ord}_{11} 4$

2. 집합 $\mathbb{Z}_{23}^* = \{1,\ 2,\ \cdots,\ 22\}$의 원소에 대하여 다음을 구하여라.

(1) $\mathrm{ord}_{23} 5$　　(2) $\mathrm{ord}_{23} 5^2$

(3) $\mathrm{ord}_{23} 5^3$　　(4) $\mathrm{ord}_{23} 5^5$

3. 홀수인 소수 p에 대하여 집합 $\mathbb{Z}_p^* = \{1,\ 2,\ \cdots,\ p-1\}$에서 $x^n - 1 \equiv 0 \bmod p$는 n개 이하의 근을 가짐을 다음 과정을 통하여 증명하여라.

(1) $n=1$인 경우는 분명하다. $n=2$인 경우에 증명하여라.

(2) $k<n$인 k에 대하여 $x^k - 1 \equiv 0 \bmod p$가 k개 이하의 근을 가진다고 가정하고 수학적 귀납법에 의하여 $x^n - 1 \equiv 0 \bmod p$은 n개 이하의 근을 가짐을 증명하여라.

4. 자연수 n이 다음과 같이 주어졌을 때 원시근이 존재하는지 확인하고, 원시근이 존재할 때 원시근의 개수를 구하여라.

(1) $n=12$　　(2) $n=29$

(3) $n=50$　　(4) $n=7^5$

5. p가 홀수인 소수일 때, 법 p에 관한 두 원시근 g, h에 대하여 gh는 법 p에 관한 원시근이 아님을 증명하여라.

6. $p \equiv 1 \bmod 4$인 소수 p에 관한 원시근이 g이라면, $(-g)$도 p에 관한 원시근임을 증명하여라.

5. 지수와 합동식

앞 절의 마지막 정리에서 m이 원시근을 가지는 필요충분조건에 관하여 설명하였다. 이 절에서 m은 원시근을 가지는 경우 중

$$p^k\text{과 } 2p^k \ (p\text{는 홀수인 소수})$$

인 정수로 가정한다.

법 m에 관한 원시근을 g라고 하면 정리 3.4.1에 의하여 집합

$$\{g^0,\ g^1,\ g^2,\ \cdots,\ g^{\varphi(m)-1}\}$$

은 법 m에 관한 기약잉여계이다. 즉,

$$\mathbb{Z}_m^* = \{g^0,\ g^1,\ g^2,\ \cdots,\ g^{\varphi(m)-1}\}$$

이다. 다시 말하면, $\mathbb{Z}_m^*$의 임의의 원소 a에 대하여 적당한 정수 i가 존재하여

$$a \equiv g^i \bmod m,\ 0 \le i \le \varphi(m)-1$$

이다. 이때, 정수 i를 법 m에 관한 (g를 밑으로 가지는) a의 지수(index) 또는 이산로그(discrete logarithm)라 하고 $\mathrm{ind}_g a$로 나타낸다. 즉,

$$\mathrm{ind}_g a = i \ \Leftrightarrow \ a = g^i \bmod m,\ 0 \le i \le \varphi(m)-1$$

이를테면, $g^0 \equiv 1 \bmod m$이고 $g^1 \equiv g \bmod m$이므로 $\mathrm{ind}_g 1 = 0$이고 $\mathrm{ind}_g g = 1$이다.

이 책의 부록에 법 p^k (p는 홀수인 소수, $3 \le p^k \le 50$)에 대한 지수 표가 있다.

예제 3.5.1 예제 3.4.2에서 법 13에 관한 2의 위수는 $\mathrm{ord}_{13} 2 = 12 = \varphi(13)$이고 2의 멱을 구하여 다음 표를 얻었다.

k	0	1	2	3	4	5	6	7	8	9	10	11
$2^k \bmod 13$	1	2	4	8	3	6	12	11	9	5	10	7

따라서 법 13에 관한 2를 밑으로 가지는 지수 표는 다음과 같다.

k	1	2	3	4	5	6	7	8	9	10	11	12
$\mathrm{ind}_2 k$	0	1	4	2	9	5	11	3	8	10	7	6

예제 3.5.1에서 원시근에 대한 지수 표는 지수승의 표로부터 k 대신에 $\mathrm{ind}_2 k$를 그리고 $2^k \bmod 13$ 대신에 k를 대입하면 된다. 지수승 표의 2행을 숫자의 순서대로 다시 정리한 것이 지수 표이다.

법 m에 관한 원시근이 존재할 때, 원시근의 개수는 정리 3.4.2에 의하여 $\varphi(\varphi(m))$이다. 지수 표는 원시근에 따라 다르게 나타난다.

예제 3.5.2 예제 3.5.1에서 법 13에 관한 원시근 2에 대한 지수승 표

k	0	1	2	3	4	5	6	7	8	9	10	11
$2^k \bmod 13$	1	2	4	8	3	6	12	11	9	5	10	7

와 지수 표

k	1	2	3	4	5	6	7	8	9	10	11	12
$\mathrm{ind}_2 k$	0	1	4	2	9	5	11	3	8	10	7	6

를 얻었다. 실제로, 법 13에 관한 원시근의 개수는 $\varphi(\varphi(13)) = \varphi(12) = \varphi(2^2)\varphi(3) = 4$이고 정리 3.4.2와 지수승 표에 의하여 $2^1 = 2$, $2^5 = 6$, $2^7 = 11$, $2^{11} = 7$이 원시근이다.

따라서 법 13에 관한 원시근 6에 대한 지수승 표는

k	0	1	2	3	4	5	6	7	8	9	10	11
$6^k \bmod 13$	1	6	10	8	9	2	12	7	3	5	4	11

와 같고, 법 13에 관한 6을 밑으로 가지는 지수 표는 다음과 같다.

k	1	2	3	4	5	6	7	8	9	10	11	12
$\mathrm{ind}_6 k$	0	5	8	10	9	1	7	3	4	2	11	6

같은 방법으로 모든 원시근을 밑으로 하는 지수 표를 만들면 [표 3.5]와 같다.

k	1	2	3	4	5	6	7	8	9	10	11	12
$\text{ind}_2 k$	0	1	4	2	9	5	11	3	8	10	7	6
$\text{ind}_6 k$	0	5	8	10	9	1	7	3	4	2	11	6
$\text{ind}_7 k$	0	11	8	10	3	7	1	9	4	2	5	6
$\text{ind}_{11} k$	0	7	4	2	3	11	5	9	8	10	1	6

[표 3.5] 법 13에 관한 원시근에 따른 지수표

예제 3.5.2로부터 법 m에 관한 a의 지수는 원시근 g에 따라 다르다. 그러나 각 고정시킨 원시근에 대하여 다음 정리가 성립한다.

【정리 3.5.1】

법 m에 관한 원시근 g가 존재할 때, $(a, m)=(b, m)=1$인 정수 a, b에 대하여 다음이 성립한다.

(1) $\text{ind}_g 1=0$이고 $\text{ind}_g g=1$이다.

(2) $a \equiv b \bmod m \Leftrightarrow \text{ind}_g a \equiv \text{ind}_g b \bmod \varphi(m)$

(3) $\text{ind}_g ab \equiv \text{ind}_g a+\text{ind}_g b \pmod{\varphi(m)}$

(4) $\text{ind}_g a^n \equiv n\, \text{ind}_g a \bmod \varphi(m)$

증명 (1) 정의에 의하여 분명하다.

이제 $\text{ind}_g a=i$, $\text{ind}_g b=j$라 놓으면, $a \equiv g^i \bmod m$, $b \equiv g^j \bmod m$이다.

(2) 먼저 $a \equiv b \bmod m$이라면, $g^i \equiv a \equiv b \equiv g^j \bmod m$이므로 $i \equiv j \bmod \varphi(m)$이고 $\text{ind}_g a=i \equiv j=\text{ind}_g b \bmod \varphi(m)$이다.

역으로, $\text{ind}_g a \equiv \text{ind}_g b \bmod \varphi(m)$이면, $i \equiv j \bmod \varphi(m)$이고 $g^i \equiv g^j \bmod m$이므로 $a \equiv b \bmod m$이다.

(3) $ab \equiv g^{i+j} \bmod m$이므로 $\text{ind}_g ab \equiv i+j \equiv \text{ind}_g a+\text{ind}_g b \pmod{\varphi(m)}$이다.

(4) $\text{ind}_g a^n \equiv \text{ind}_g (g^i)^n \equiv \text{ind}_g g^{ni} \equiv ni \equiv n\, \text{ind}_g a \pmod{\varphi(m)}$ ■

예제 3.5.2에서

$$\mathrm{ind}_2 6 \equiv \mathrm{ind}_2 2\cdot 3 \equiv i+j \equiv \mathrm{ind}_2 2 + \mathrm{ind}_2 3 \equiv 1+4 \equiv 5 \pmod{\varphi(13)}$$

$$\mathrm{ind}_2 3^4 \equiv 4\mathrm{ind}_2 3 \equiv 4\cdot 4 \equiv 4 \pmod{\varphi(13)}$$

이다.

【정리 3.5.2】

법 m에 관한 원시근 g, h가 존재할 때, $(a, m)=1$인 정수 a에 대하여 다음이 성립한다.

(1) $\mathrm{ind}_g a \equiv \mathrm{ind}_g h \cdot \mathrm{ind}_h a \pmod{\varphi(m)}$, $\mathrm{ind}_g h \cdot \mathrm{ind}_h g \equiv 1 \pmod{\varphi(m)}$

(2) $gh \equiv 1 \bmod m$이고 $a \not\equiv 1 \bmod m$일 때, $\mathrm{ind}_g a + \mathrm{ind}_h a = \varphi(m)$이다.

증명 $\mathrm{ind}_g a = i$, $\mathrm{ind}_h a = j$, $\mathrm{ind}_g h = k$라고 하면,

$$a \equiv g^i \bmod m, \quad a \equiv h^j \bmod m, \quad h \equiv g^k \bmod m$$

이다.

(1) $g^i \equiv a \equiv h^j \equiv (g^k)^j \bmod m$으로부터 $i \equiv kj \bmod \varphi(m)$이다. 따라서

$$\mathrm{ind}_g a = i \equiv kj = \mathrm{ind}_g h \cdot \mathrm{ind}_h a \pmod{\varphi(m)}$$

이다. 특히, 이 식에 $a=g$를 대입하면, 다음 식을 얻는다.

$$\mathrm{ind}_g h \cdot \mathrm{ind}_h g \equiv \mathrm{ind}_g g \equiv 1 \pmod{\varphi(m)}$$

(2) $gh \equiv 1 \bmod m$이고 $h \equiv g^{\varphi(m)-1} \bmod m$이고

$$\mathrm{ind}_g h \equiv \varphi(m)-1 \equiv -1 \pmod{\varphi(m)}$$

이다. (1)에 의하여 $\mathrm{ind}_g a \equiv \mathrm{ind}_g h \cdot \mathrm{ind}_h a \equiv -\mathrm{ind}_h a \pmod{\varphi(m)}$이므로

$$\mathrm{ind}_g a + \mathrm{ind}_h a \equiv 0 \pmod{\varphi(m)}$$

이다. 한편, $a \not\equiv 1 \bmod m$이므로 $\mathrm{ind}_g a \not\equiv 0 \pmod{\varphi(m)}$이고 (2)가 성립한다. ■

이제, 법 m에 관한 원시근이 존재할 때 236쪽에 있는 지수 표를 이용하여 고차 합동식의 특수한 경우인 합동식

$$ax^n \equiv b \bmod m \text{과} \quad a^x \equiv b \bmod m$$

의 해를 살펴보자. 즉 이들 합동식을 풀 때, 보통 밑수를 생략하고 간단히 ind a로 나타낸다. 따라서 위의 2차합동식은

$$\text{ind } a + n \text{ ind } x \equiv \text{ind } b \bmod \varphi(m)$$

또는

$$x \text{ ind } a \equiv \text{ind } b \bmod \varphi(m)$$

로 된다.

예제 3.5.3 합동식 $3x^{23} \equiv 7 \bmod 19$의 해를 구하여 보자.

먼저 $\varphi(19) = 18$이고 $(3, 19) = 1$이므로, 이 합동식은

$$\text{ind } 3 + 23 \text{ ind } x \equiv \text{ind } 7 \bmod 18$$

과 동치이고 지수 표에 의하여

$$13 + 23 \text{ ind } x \equiv 6 \bmod 18 \quad \text{또는} \quad 5 \text{ ind } x \equiv -7 \equiv 11 \bmod 18$$

이다. 따라서 ind $x \equiv 13 \bmod 18$이다. 그러므로 지수 표에 의하여 $x \equiv 3 \bmod 19$이다.

예제 3.5.4 합동식 $12^x \equiv 7 \bmod 19$의 해를 구하여 보자.

먼저 $\varphi(19) = 18$이고 $(12, 19) = 1$이므로, 이 합동식은

$$x \text{ ind } 12 \equiv \text{ind } 7 \bmod 18$$

과 동치이고 지수 표에 의하여

$$15x \equiv 6 \bmod 18 \quad \text{또는} \quad 5x \equiv 2 \bmod 6$$

이다. 따라서 $x \equiv 4 \bmod 6$이다.

【정리 3.5.3】

법 m에 관한 원시근이 존재할 때, 합동식

$$x^n \equiv a \bmod m, \ (a, m) = 1$$

에서 $d = (n, \varphi(m))$이라고 하면, 이 n차 합동식이 해를 가질 필요충분조건은 $a^{\frac{\varphi(m)}{d}} \equiv 1 \bmod m$이다. 또, 이 합동식이 해를 가지면, 꼭 d개의 해를 가진다.

증명 위 합동식은 $n \text{ ind } x \equiv \text{ind } a \pmod{\varphi(m)}$과 동치이다. 정리 2.3.1에 의하여

$$\begin{aligned} & x^n \equiv a \bmod m \text{이 해를 가진다.} \\ \Leftrightarrow\ & n \text{ ind } x \equiv \text{ind } a \pmod{\varphi(m)} \text{이 해를 가진다.} \\ \Leftrightarrow\ & d \mid \text{ind } a \end{aligned}$$

이때, 꼭 d개의 해를 가진다. 따라서 $d \mid \text{ind } a \Leftrightarrow a^{\frac{\varphi(m)}{d}} \equiv 1 \bmod m$을 증명하면 된다. 이제 $\varphi(m) = de$라고 하자. 그러면

$$\begin{aligned} d \mid \text{ind } a & \Leftrightarrow de \mid e \text{ ind } a \\ & \Leftrightarrow \varphi(m) \mid e \text{ ind } a \\ & \Leftrightarrow e \text{ ind } a \equiv 0 \bmod \varphi(m) \\ & \Leftrightarrow \text{ind } a^e \equiv 0 \bmod \varphi(m) \\ & \Leftrightarrow a^e \equiv 1 \bmod m \\ & \Leftrightarrow a^{\frac{\varphi(m)}{d}} \equiv 1 \bmod m \end{aligned}$$

이다. ■

【따름정리 3.5.4】

법 m에 관한 원시근이 존재할 때, $\varphi(m)$의 양의 약수 d에 대하여 합동식

$$x^d \equiv a \bmod m, \ (a, m) = 1$$

이 해를 가질 필요충분조건은 $a^{\frac{\varphi(m)}{d}} \equiv 1 \bmod m$이다. 또, 이 합동식이 해를 가지면, 꼭 d개의 해를 가진다. 특히, $x^d \equiv 1 \bmod m$은 꼭 d개의 해를 가진다.

증명 정수 d가 $\varphi(m)$의 약수이므로 $(d, \varphi(m))=d$이고 정리 3.5.3에 의하여 합동식

$$x^d \equiv a \bmod m, \ (a, m)=1$$

이 해를 가질 필요충분조건은 $a^{\frac{\varphi(m)}{d}} \equiv 1 \bmod m$이다. 또, 이 합동식이 해를 가지면, 꼭 d개의 해를 가진다.

특히, $a=1$이면 $a^{\frac{\varphi(m)}{d}} \equiv 1 \bmod m$이므로 합동식 $x^d \equiv 1 \bmod m$은 꼭 d개의 해를 가진다. ■

【 따름정리 3.5.5 】

법m에 관한 원시근이 존재할 때, 이차합동식

$$x^2 \equiv a \bmod m, \ (a, m)=1$$

이 해를 가질 필요충분조건은 $a^{\frac{\varphi(m)}{2}} \equiv 1 \bmod m$이다. 또, 이 합동식이 해를 가지면, 꼭 두 개의 해를 가진다.

특히, 합동식 $x^2 \equiv 1 \bmod m$의 해는 $x \equiv 1 \bmod m$과 $x \equiv -1 \bmod m$ 뿐이다.

증명 정리 3.5.3에 $n=2$를 대입하면 증명된다. ■

다음 정리는 이차합동식의 해의 존재성을 확인하는 중요한 성질이다.

【 정리 3.5.6 】

법 m에 관한 원시근이 존재할 때, $(a, m)=1$인 정수 a에 대하여 다음 중 꼭 하나만 성립한다.

(i) $a^{\frac{\varphi(m)}{2}} \equiv 1 \bmod m$ (ii) $a^{\frac{\varphi(m)}{2}} \equiv -1 \bmod m$

특히, g가 법 m에 관한 원시근이면 $g^{\frac{\varphi(m)}{2}} \equiv -1 \bmod m$이다.

증명 Euler 정리에 의하여

$$\left(a^{\frac{\varphi(m)}{2}}\right)^2 \equiv a^{\varphi(m)} \equiv 1 \bmod m$$

이므로 (i)또는 (ii)가 성립한다. 한편, $1 \not\equiv -1 \bmod m$이므로 두 가지 중에 꼭 한 가지만 성립한다. 또, 원시근의 정의에 의하여 $g^{\frac{\varphi(m)}{2}} \not\equiv 1 \bmod m$이므로 $g^{\frac{\varphi(m)}{2}} \equiv -1 \bmod m$이다. ■

이제 m이 특수한 경우로 홀수인 소수 p일 때 앞에서 설명한 정리들을 정리하면 다음과 같다.

【정리 3.5.7】

홀수인 소수 p에 대하여 합동식

$$x^n \equiv a \bmod p,\ (a,\ p)=1$$

에서 $d=(n,\ p-1)$이라고 하면, 이 n차 합동식이 해를 가질 필요충분조건은 $a^{\frac{p-1}{d}} \equiv 1 \bmod p$이다. 또, 이 합동식이 해를 가지면, 꼭 d개의 해를 가진다.

증명 정리 3.5.3에 $m=p$를 대입하면 $\varphi(p)=p-1$이므로 정리 3.5.7을 얻는다. ■

【따름정리 3.5.8】

홀수인 소수 p에 대하여, $p-1$의 양의 약수 d에 대하여 합동식

$$x^d \equiv a \bmod p,\ (a,\ p)=1$$

이 해를 가질 필요충분조건은 $a^{\frac{p-1}{d}} \equiv 1 \bmod p$이다. 또, 이 합동식이 해를 가지면, 꼭 d개의 해를 가진다.

증명 정리 3.5.4에 $m=p$를 대입하면 $\varphi(p)=p-1$이므로 정리 3.5.8을 얻는다. ■

【정리 3.5.9】

홀수인 소수 p에 대하여, $p-1$의 양의 약수 d에 대하여 합동식 $x^d \equiv 1 \bmod p$는 꼭 d개의 해를 가진다. 특히, 두 합동식

$$x^{\frac{p-1}{2}} \equiv 1 \bmod p, \qquad x^{\frac{p-1}{2}} \equiv -1 \bmod p$$

는 각각 꼭 $\frac{p-1}{2}$개의 해를 가진다.

증명 따름정리 3.5.8에서 $a=1$이므로 $x^d \equiv 1 \bmod p$는 꼭 d개의 해를 가진다. 또한, 따름정리 3.5.8에서 $d=\frac{p-1}{2}$이고 $a=1$ 또는 $a=-1$인 경우이다. $a=1$인 경우는 분명히 성립하고 $a=-1$인 경우도 $\frac{p-1}{d}=2$이므로 성립한다. ■

【정리 3.5.10】 (Euler 규준)

홀수인 소수 p에 대하여, $(a, p)=1$인 정수 a에 대하여 다음이 성립한다.

(1) 이차합동식 $x^2 \equiv a \bmod p$이 해를 가질 필요충분조건은 $a^{\frac{p-1}{2}} \equiv 1 \bmod p$이다. 이때 이 합동식은 꼭 두 개의 해를 가진다.

(2) 이차합동식 $x^2 \equiv a \bmod p$이 해를 가지지 않을 필요충분조건은 $a^{\frac{p-1}{2}} \equiv -1 \bmod p$이다.

증명 정리 3.5.6에 $m=p$를 대입하면 $\varphi(p)=p-1$이므로 $(a, p)=1$인 정수 a에 대하여

$$a^{\frac{\varphi(m)}{2}} \equiv 1 \bmod m \quad \text{또는} \quad a^{\frac{\varphi(m)}{2}} \equiv -1 \bmod m$$

이다. 한편, 따름정리 3.5.8에서 $d=2$를 대입하면 (1)이 성립한다. (2)는 (1)에 의하여 분명하다. ■

▶ 연습문제 3.5

1. 법 17에 관한 원시근 3에 대한 지수승 표와 지수 표를 다음 지시에 따라 만들어라.
   (1) 3이 법 17에 관한 원시근인 것을 증명하여라.
   (2) 3에 관한 지수승 표를 만들어라.
   (3) (2)를 이용하여 지수 표를 만들어라.
   (4) 법 17에 관한 원시근을 모두 구하여라.
   (5) 법 17에 관한 각 원시근에 대한 지수 표를 만들어라.

2. 문제 1의 지수 표를 이용하여 합동식 $3x^{23} \equiv 7 \mod 17$의 해를 구하여라.

3. 문제 1의 지수 표를 이용하여 합동식 $12^x \equiv 7 \mod 17$의 해를 구하여라.

4. 다음 이차합동식이 해를 가지는지 판정하여라.
   (1) $x^2 \equiv 2 \mod 17$　　(2) $x^2 \equiv 2 \mod 19$
   (3) $x^2 \equiv 5 \mod 11$　　(4) $x^2 \equiv 7 \mod 11$

5. 문제 1의 지수 표를 이용하여 다음 합동식의 해를 구하여라.
   (1) $x^8 \equiv 1 \mod 17$　　(2) $x^4 \equiv 1 \mod 17$
   (3) $x^8 \equiv 4 \mod 17$

6. 법 m에 관한 원시근 g, h가 존재할 때 다음이 성립하는 것을 증명하여라.
   (1) $R=\{g, g^2, \cdots, g^{\varphi(m)}\}$는 법 m에 관한 기약잉여계이다.
   (2) gh는 법 m에 관한 원시근이 아니다.
   (3) $g \cdot g^2 \cdot \cdots \cdot g^{\varphi(m)} \equiv -1 \mod m$이다.
   (4) $S=\{a_1, a_2, \cdots, a_{\varphi(m)}\}$이 법 m에 관한 기약잉여계이면, $a_1 \cdot a_2 \cdot \cdots \cdot a_{\varphi(m)} \equiv -1 \mod m$이다.

6. 실수의 소수표현

이 절에서는 실수를 $b\,(>1)$진법으로 표현하는 방법에 대하여 살펴본다. 실제로 10진법의 정수를 b진법의 정수로 표현하는 방법과 b진법의 정수를 10진법의 정수로 표현하는 방법에 대해서는 제 1장에서 설명하였다. 이 절에서는 원소의 위수를 이용하여 0과 1 사이의 실수에 관한 b진법의 표현에 관하여 알아본다.

이를테면, 10진법의 수 0.24는

$$2\cdot10^{-1}+4\cdot10^{-2}$$

을 의미하는 것처럼 5진법의 수 $0.24_{(5)}$는

$$2\cdot5^{-1}+4\cdot5^{-2}$$

을 의미한다. 따라서, 5진법의 수 $0.24_{(5)}$를 10진법의 수로 변환하면

$$2\cdot5^{-1}+4\cdot5^{-2}=2\times0.2+4\times0.04=0.56$$

이다.

한편, 10진법의 수 0.24가 5진법의 수 $0.a_1a_2a_3\cdots{}_{(5)}$으로 변환되었다면,

$$0.24=a_1\times5^{-1}+a_2\times5^{-2}+a_3\times5^{-3}+\cdots,\ (0\le a_1,\ a_2,\ a_3,\ \cdots\le4)$$

이다. 식의 양변에 5를 곱하면,

$$1.2=a_1+a_2\times5^{-1}+a_3\times5^{-2}+\cdots,\ (0\le a_1,\ a_2,\ a_3,\ \cdots\le4)$$

으로부터 $a_1=1$이고 $0.2=a_2\times5^{-1}+a_3\times5^{-2}+\cdots,\ (0\le a_2,\ a_3,\ \cdots\le4)$이다. 같은 방법으로 이 식에 5를 곱하면,

$$1=a_2+a_3\times5^{-1}+\cdots,\ (0\le a_2,\ a_3,\ \cdots\le4)$$

으로부터 $a_2=1$이고 $a_3=a_4=\cdots=0$이다.

따라서, 10진법의 수 0.24는 5진법의 수 $0.11_{(5)}$로 변환된다.

이제, 0과 1 사이의 실수 ξ에 대한 b진법 표현에 관하여 알아본다.

【정리 3.6.1】

정수 b $(b\geq 2)$에 대하여, 0과 1 사이의 실수 ξ에 대하여

$$\xi_1=\xi, \qquad s_1=[b\xi_1]$$
$$\xi_{i+1}=b\xi_i-s_i, \quad s_{i+1}=[b\xi_{i+1}] \ (i\geq 1)$$

이라고 하면 다음이 성립한다.

$$\xi=\sum_1^{\infty}\frac{s_i}{b^i}=\frac{s_1}{b}+\frac{s_2}{b^2}+\cdots+\frac{s_n}{b^n}+\cdots, \ (0\leq s_i\leq b-1) \qquad (*)$$

이 식 $(*)$를 실수 ξ의 b진법에 관한 전개식이라 한다. 이때, 실수 ξ를

$$\xi=0.s_1s_2\cdots s_n\cdots_{(b)}$$

로 나타내고 $\xi=0.s_1s_2\cdots s_n\cdots_{(b)}$를 b진법에 관한 소수라고 한다.

증명 먼저 $0<\xi<1$이고 $\xi_1=\xi$이므로

$$0<\xi_1<1, \quad 0<b\xi_1<b\text{이므로} \quad 0\leq s_1\leq b-1$$

이다. 또 $i\geq 2$일 때, $\xi_i=b\xi_{i-1}-s_{i-1}=b\xi_{i-1}-[b\xi_{i-1}]$이므로 $0\leq\xi_i<1$이고 $0\leq s_i=[b\xi_i]\leq b-1$이다.

한편, 각 i $(i\geq 1)$에 대하여 $\xi_{i+1}=b\xi_i-s_i$이므로 다음이 성립한다.

$$\xi_i=\frac{s_i}{b}+\frac{\xi_{i+1}}{b}, \ 0\leq s_i\leq b-1, \ 0\leq\xi_{i+1}<1 \ (i\geq 1)$$

따라서

$$\begin{aligned}\xi&=\xi_1\\&=\frac{s_1}{b}+\frac{\xi_2}{b}\\&=\frac{s_1}{b}+\frac{1}{b}\left(\frac{s_2}{b}+\frac{\xi_3}{b}\right)\end{aligned}$$

$$= \frac{s_1}{b} + \frac{s_2}{b^2} + \frac{\xi_3}{b^2}$$
$$= \cdots$$

이므로 계속하면 다음 식

$$\xi = \sum_1^{\infty} \frac{s_i}{b^i} = \frac{s_1}{b} + \frac{s_2}{b^2} + \cdots + \frac{s_n}{b^n} + \cdots, \ (0 \le s_i \le b-1)$$

을 얻는다. ■

정리 3.6.1의 과정을 0과 1 사이의 실수 ξ에 시행하면, 다음 두 가지 형태의 소수 표현을 얻는다. 즉, 소수 $0.s_1 s_2 \cdots s_n \cdots_{(b)}$에서 적당한 정수 n이 존재하여 모든 i에 대하여 $s_i = 0 (i \ge n+1)$인 경우와 그렇지 않은 경우가 일어난다.

먼저, 소수 $0.s_1 s_2 \cdots s_n \cdots_{(b)}$에서 적당한 정수 n이 존재하여 모든 i에 대하여 $s_i = 0 \ (i \ge n+1)$인 경우일 때, $0.s_1 s_2 \cdots s_n \cdots_{(b)}$를 간단히 $0.s_1 s_2 \cdots s_{n_{(b)}}$이라고 나타내고 이를 ($b$진법에 관한) 유한소수라고 한다. 한편, 소수 $0.s_1 s_2 \cdots s_n \cdots_{(b)}$이 유한소수가 아닐 때 이를 ($b$진법에 관한) 무한소수라고 한다.

예제 3.6.1 유리수 $\frac{5}{16}$를 정리 3.6.1의 기호를 이용하여 6진법으로 나타내면,

$$\xi_1 = \frac{5}{16} \qquad s_1 = \left[6 \cdot \frac{5}{16}\right] = 1$$
$$\xi_2 = 6 \cdot \frac{5}{16} - 1 = \frac{14}{16} \qquad s_2 = \left[6 \cdot \frac{14}{16}\right] = 5$$
$$\xi_3 = 6 \cdot \frac{14}{16} - 5 = \frac{4}{16} \qquad s_3 = \left[6 \cdot \frac{4}{16}\right] = 1$$
$$\xi_4 = 6 \cdot \frac{4}{16} - 1 = \frac{8}{16} \qquad s_4 = \left[6 \cdot \frac{8}{16}\right] = 3$$
$$\xi_5 = 6 \cdot \frac{8}{16} - 3 = 0 \qquad s_5 = 0$$

이므로 유리수 $\frac{5}{16}$는 $0.1513_{(6)}$이다.

예제 3.6.2 유리수 $\frac{5}{7}$를 정리 3.6.1의 기호를 이용하여 6진법으로 나타내면,

$$\xi_1 = \frac{5}{7} \qquad s_1 = \left[6 \cdot \frac{5}{7}\right] = 4$$

$$\xi_2 = 6 \cdot \frac{5}{7} - 4 = \frac{2}{7} \qquad s_2 = \left[6 \cdot \frac{2}{7}\right] = 1$$

$$\xi_3 = 6 \cdot \frac{2}{7} - 1 = \frac{5}{7} \qquad s_3 = \left[6 \cdot \frac{5}{7}\right] = 4 = s_1$$

따라서 $s_5 = s_7 = \cdots = s_{2n+1} = 4$이고 $s_4 = s_6 = \cdots = s_{2n} = 1$이다.

그러므로 $\frac{5}{7} = 0.4141_{(6)} \cdots$이다.

【정리 3.6.2】

양의 정수 b의 표준분해가 $b = p_1^{e_1} p_2^{e_2} \cdots p_l^{e_l}$일 때, 실수 ξ $(0 < \xi < 1)$가 b진법에 관한 유한소수로 표현되기 위한 필요충분조건은 ξ가 다음과 같은 꼴의 유리수이다.

$$\xi = \frac{k}{p_1^{t_1} p_2^{t_2} \cdots p_l^{t_l}}, \ k\text{는 양의 정수이고 } t_i \geq 0 \ (1 \leq i \leq l)$$

증명 먼저 실수 ξ $(0 < \xi < 1)$가 b진법에 관한 유한소수로 표현된다면, 즉, $\xi = 0.s_1 s_2 \cdots s_{n(b)}$, $1 \leq s_n \leq b-1$이면,

$$\xi = \frac{s_1}{b} + \frac{s_2}{b^2} + \cdots + \frac{s_n}{b^n} = \frac{s_1 b^{n-1} + s_2 b^{n-2} + \cdots + s_n}{b^n}$$

$$b^n = p_1^{ne_1} p_2^{ne_2} \cdots p_l^{ne_l}$$

이므로 ξ가 다음과 같은 꼴의 유리수이다.

$$\xi = \frac{k}{p_1^{t_1} p_2^{t_2} \cdots p_l^{t_l}}, \ k\text{는 양의 정수이고 } t_i \geq 0 \ (1 \leq i \leq l)$$

역으로, ξ가

$$\xi = \frac{k}{p_1^{t_1} p_2^{t_2} \cdots p_l^{t_l}}, \ k\text{는 양의 정수이고 } t_i \geq 0 \ (1 \leq i \leq l)$$

로 표현된다면 이 때 $l = \max\{t_1, t_2, \cdots, t_l\}$이라고 하자. 분명히 b^l은 ξ의 분모의 배수이므로 $\xi = \frac{a}{b^l}$의 꼴로 고쳐 쓸 수 있다. 한편, $0 < a < b^l$이므로 a는

$$a = s_1 b^{l-1} + s_2 b^{l-2} + \cdots + s_{l-1} b + s_l$$

으로 나타낼 수 있고, 이때

$$a = \frac{s_1}{b} + \frac{s_2}{b^2} + \cdots + \frac{s_{l-1}}{b^{l-1}} + \frac{s_l}{b^l} = 0.s_1 s_2 \cdots s_{l-1} s_{l(b)}$$

이다. ■

기약분수 u를 정리 3.6.2를 이용하여 소수로 변환하면 다음과 같다.

예제 3.6.3 유리수 u가 10진법의 유한소수로 나타낼 수 있는 필요충분조건은 분모가 2와 5의 멱의 곱으로 표현된 경우이다. 이를테면,

(1) $\frac{3}{80}$은 정리 3.6.2에 의하여 $\frac{3}{80} = \frac{3}{2^4 5} = \frac{3 \cdot 5^3}{2^4 5^4} = \frac{375}{10000} = 0.0375$

(2) $\frac{3}{7}$은 부모가 2와 5를 제외한 수가 포함되어 있으므로 유한소수가 아니다. 정리 3.6.1을 이용하여 이를 소수로 고치면,

$$\xi_1 = \frac{3}{7} \qquad s_1 = \left[10 \cdot \frac{3}{7}\right] = 4$$

$$\xi_2 = 10 \cdot \frac{3}{7} - 4 = \frac{2}{7} \qquad s_2 = \left[10 \cdot \frac{2}{7}\right] = 2$$

$$\xi_3 = 10 \cdot \frac{2}{7} - 2 = \frac{6}{7} \qquad s_3 = \left[10 \cdot \frac{6}{7}\right] = 8$$

$$\xi_4 = 10 \cdot \frac{6}{7} - 8 = \frac{4}{7} \qquad s_4 = \left[10 \cdot \frac{4}{7}\right] = 5$$

$$\xi_5 = 10 \cdot \frac{4}{7} - 5 = \frac{5}{7} \qquad s_5 = \left[10 \cdot \frac{5}{7}\right] = 7$$

$$\xi_6 = 10\cdot\frac{5}{7} - 7 = \frac{1}{7} \qquad s_6 = \left[10\cdot\frac{1}{7}\right] = 1$$

$$\xi_7 = 10\cdot\frac{1}{7} - 1 = \frac{3}{7} = \xi_1 \qquad s_7 = \left[10\cdot\frac{3}{7}\right] = 4 = s_1$$

$$\vdots \qquad\qquad \vdots$$

이므로 0.428571428571 ⋯이다.

예제 3.6.4 유리수 u가 6진법의 유한소수로 나타낼 수 있는 필요충분조건은 분모가 2와 3의 멱의 곱으로 표현된 경우이다. 이를테면,

(1) $\frac{5}{48}$는 정리 3.6.2에 의하여 $\frac{5}{48} = \frac{5}{2^4 3} = \frac{5\cdot 3^3}{2^4 3^4} = \frac{3\cdot 6^2 + 4\cdot 6 + 3}{6^4} = 0.0343_{(6)}$

(2) $\frac{3}{7}$은 부모가 2와 3을 제외한 수가 포함되어 있으므로 유한소수가 아니다. 정리 3.6.1을 이용하여 이를 소수로 고치면,

$$\xi_1 = \frac{3}{7} \qquad s_1 = \left[6\cdot\frac{3}{7}\right] = 2$$

$$\xi_2 = 6\cdot\frac{3}{7} - 2 = \frac{4}{7} \qquad s_2 = \left[6\cdot\frac{4}{7}\right] = 3$$

$$\xi_3 = 6\cdot\frac{4}{7} - 3 = \frac{3}{7} = \xi_1 \qquad s_3 = \left[6\cdot\frac{3}{7}\right] = 2 = s_1$$

$$\vdots \qquad\qquad \vdots$$

이므로 $0.232323_{(6)}$ ⋯이다.

예제 3.6.3과 예제 3.6.4의 (2)에서 유리수를 소수로 변환했을 때 일정한 수들의 열이 계속되고 있는 무한소수임을 알 수 있다.

일반적으로 실수 $0.s_1 s_2 \cdots s_n \cdots_{(b)}$에서 적당한 t와 r에 대하여

$$s_{t+r+i} = s_{t+i} \ (i \geq 1)$$

일 때, $0.s_1 s_2 \cdots s_n \cdots_{(b)}$을

$$0.s_1 s_2 \cdots s_t \overline{s_{t+1} \cdots s_{t+r}}_{(b)} \qquad (*)$$

로 나타내고 (*)를 b진법에 관한 주기가 r인 순환(periodic)소수라고 한다. 특히, $0.\overline{s_1 \cdots s_r}_{(b)}$를 순순환(pure periodic)소수라고 한다.

이를테면, $\dfrac{3}{7}$을 10진법의 소수로 나타내면, $0.\overline{428571}$로 주기가 6인 순환소수이고 $\dfrac{3}{7}$을 6진법의 소수로 나타내면, $0.\overline{23}_{(6)}$으로 주기가 2인 순환소수이다.

【정리 3.6.3】

실수 ξ $(0<\xi<1)$가 b진법에 관한 유한소수 또는 순환소수로 나타내지면 ξ는 유리수이다.

증명 실수 ξ $(0<\xi<1)$가 b진법에 관한 유한소수이면 정리 3.6.2에 의하여 ξ는 유리수이다.

이제, 실수 ξ $(0<\xi<1)$가 b진법에 관한 순환소수

$$0.s_1 s_2 \cdots s_t \overline{s_{t+1} \cdots s_{t+r}}_{(b)}$$

로 나타내지면,

$$\begin{aligned}
\xi &= 0.s_1 s_2 \cdots s_t \overline{s_{t+1} \cdots s_{t+r}}_{(b)} \\
&= \frac{s_1}{b}+\frac{s_2}{b^2}+\cdots+\frac{s_t}{b^t}+\frac{1}{b^t}\left\{\frac{s_{t+1}}{b}+\cdots+\frac{s_{t+r}}{b^r}\right\}+\frac{1}{b^{t+r}}\left\{\frac{s_{t+1}}{b}+\cdots+\frac{s_{t+r}}{b^r}\right\}+\cdots \\
&= \frac{s_1}{b}+\frac{s_2}{b^2}+\cdots+\frac{s_t}{b^t}+\left\{\frac{s_{t+1}}{b}+\cdots+\frac{s_{t+r}}{b^r}\right\}\left\{\frac{1}{b^t}+\frac{1}{b^{t+r}}+\cdots\right\} \\
&= \frac{s_1}{b}+\frac{s_2}{b^2}+\cdots+\frac{s_t}{b^t}+\left\{\frac{s_{t+1}}{b}+\cdots+\frac{s_{t+r}}{b^r}\right\}\frac{1}{b^t}\left\{\frac{b^r}{b^r-1}\right\}
\end{aligned}$$

이므로 ξ는 유리수이다. ■

한편, 순환소수의 주기 r은 분모 q를 법으로 한 b의 위수와 관련되며, 다음 정리와 같다.

【정리 3.6.4】

양의 정수 b와 $(b,\ q)=1$, $1\le c<q$, $(c,\ q)=1$인 양의 정수 c, q에 대하여 다음이 성립한다.

(1) $\mathrm{ord}_q b=r$이면 $\dfrac{(b^r-1)c}{q}$는 정수이다.

(2) $\dfrac{(b^r-1)c}{q}=s_1s_2\cdots s_{r_{(b)}}$, $0\le s_i<b$이면, 유리수 $\dfrac{c}{q}$는

$$\frac{c}{q}=0.\overline{s_1s_2\cdots s_r}_{(b)}$$

와 같이 b진법에 관하여 주기 r인 순순환소수로 나타난다.

(3) 각 i $(0\le i\le r-1)$에 대하여 $b^ic\equiv b_i \bmod q$ $(1\le b_i<q)$라고 하면,

$$\frac{b_i}{q}=0.\overline{s_{i+1}\cdots s_rs_1\cdots s_i}_{(b)}$$

증명 (1) 법 q에 관한 양의 정수 b의 위수의 정의에 의하여

$$b^r\equiv 1 \bmod q \text{ 또는 } \frac{(b^r-1)}{q}\text{은 정수}$$

이므로 $\dfrac{(b^r-1)c}{q}$는 정수이다.

(2) 가정 $\dfrac{(b^r-1)c}{q}=s_1s_2\cdots s_{r_{(b)}}$, $0\le s_i<b$로부터 $\dfrac{c}{q}$를 구하면

$$\begin{aligned}\frac{c}{q}&=s_1s_2\cdots s_{r_{(b)}}\cdot\frac{1}{b^r-1}\\&=\frac{s_1s_2\cdots s_{r_{(b)}}}{b^r}\cdot\frac{1}{1-\dfrac{1}{b^r}}\\&=\left(\frac{s_1}{b}+\frac{s_2}{b^2}+\cdots+\frac{s_r}{b^r}\right)(1+b^{-r}+b^{-2r}+\cdots)\\&=0.\overline{s_1s_2\cdots s_r}_{(b)}\end{aligned}$$

이다. 이제, $0.\overline{s_1 s_2 \cdots s_r}_{(b)}$의 주기가 r임을 증명하기 위하여

$$\frac{c}{q} = 0.\overline{s_1 s_2 \cdots s_k}_{(b)}, \quad 1 \le k \le r$$

이라 가정하면,

$$\begin{aligned}
\frac{c}{q} &= 0.\overline{s_1 s_2 \cdots s_k}_{(b)} \\
&= \left(\frac{s_1}{b} + \frac{s_2}{b^2} + \cdots + \frac{s_k}{b^k}\right)(1 + b^{-k} + b^{-2k} + \cdots) \\
&= \left(\frac{s_1}{b} + \frac{s_2}{b^2} + \cdots + \frac{s_k}{b^k}\right)\frac{b^k}{b^k - 1} \\
&= (s_1 b^{k-1} + s_2 b^{k-2} + \cdots + s_k)\frac{b^k}{b^k - 1}
\end{aligned}$$

이므로 $c(b^k - 1) = q(s_1 b^{k-1} + s_2 b^{k-2} + \cdots + s_k) b^k$이다. 가정에서 $(c, q) = 1$이므로

$$q \mid (b^k - 1) \Leftrightarrow b^k \equiv 1 \bmod q$$

이다. 따라서 위수의 정의에 의하여 $r \mid k$이므로 $r = k$이다.

(3) 각 i $(0 \le i \le r-1)$에 대하여 $b^i c \equiv b_i \bmod q$, $1 \le b_i < q$라고 하면, $b^i c = qk + b_i$인 k가 존재하고 이때,

$$\begin{aligned}
k + \frac{b_i}{q} &= \frac{b^i c}{q} \\
&= b^i \left\{ \left(\frac{s_1}{b} + \frac{s_2}{b^2} + \cdots + \frac{s_r}{b^r}\right) + b^{-r}\left(\frac{s_1}{b} + \frac{s_2}{b^2} + \cdots + \frac{s_r}{b^r}\right) + \cdots \right\} \\
&= s_1 s_2 \cdots s_i . \overline{s_{i+1} \cdots s_r s_{i+1} \cdots s_{i+r}}_{(b)}
\end{aligned}$$

이므로

$$\frac{b_i}{q} = 0.\overline{s_{i+1} \cdots s_r s_{r+1} \cdots s_{r+i}}_{(b)} = 0.\overline{s_{i+1} \cdots s_r s_1 \cdots s_i}_{(b)}$$

이다. ■

정리 3.6.4를 예제 3.6.2와 예제 3.6.4의 (2)에 적용하면 다음과 같다.

예제 3.6.5 (1) $\mathrm{ord}_7 10 = \mathrm{ord}_7 3 = 6$이고 $3 \cdot \dfrac{10^6-1}{7} = 428571$이므로 $\dfrac{3}{7} = 0.\overline{428571}$이며 예제 3.6.3의 (2)와 같다.

(2) $\mathrm{ord}_7 6 = 2$이고 $3 \cdot \dfrac{6^2-1}{7} = 15 = 23_{(6)}$이므로 $\dfrac{3}{7} = 0.\overline{23}_{(6)}$이며 예제 3.6.4의 (2)와 같다.

다음 정리는 정리 3.6.4의 특수한 경우 즉, $c=1$인 경우이다.

【정리 3.6.5】

양의 정수 b와 $(b, q)=1$인 양의 정수 $q\ (>1)$에 대하여 다음이 성립한다.

(1) $\mathrm{ord}_q b = r$이면 $\dfrac{(b^r-1)}{q}$은 정수이다.

(2) $\dfrac{(b^r-1)}{q} = s_1 s_2 \cdots s_{r(b)}$, $0 \le s_i < b$이면, 유리수 $\dfrac{1}{q}$은

$$\frac{1}{q} = 0.\overline{s_1 s_2 \cdots s_r}_{(b)}$$

와 같이 b진법에 관하여 주기 r인 순순환소수로 나타난다.

(3) $b^n < q < b^{n+1}$이면, $0 \le n \le r-1$, $s_1 = \cdots = s_n = 0$이고 $s_{n+1} \ne 0$이다.

(4) 각 $i\ (0 \le i \le r-1)$에 대하여 $b^i \equiv b_i \bmod q$, $1 \le b_i < q$라고 하면,

$$\frac{b_i}{q} = 0.\overline{s_{i+1} \cdots s_r s_1 \cdots s_i}_{(b)}$$

증명 (1) 정리 3.6.4의 (1)에 $c=1$을 대입하면 된다.

(2) 정리 3.6.4의 (2)에 $c=1$을 대입하면 된다.

(3) $b^n < q < b^{n+1}$이면,

$$0.0\cdots 01_{(b)}=\frac{1}{b^{n+1}}<\frac{1}{q}=0.\overline{s_1s_2\cdots s_r}_{(b)}<\frac{1}{b^n}=0.0\cdots 01_{(b)}$$

이다. 따라서, $0\le n\le r-1$, $s_1=\cdots=s_n=0$이고 $s_{n+1}\ne 0$이다.

(4) 각 i $(0\le i\le r-1)$에 대하여 $b^i\equiv b_i \bmod q$, $1\le b_i<q$라고 하면, $b^i=qk+b_i$인 k가 존재하고 이때,

$$\begin{aligned}k+\frac{b_i}{q}&=\frac{b^i}{q}\\&=b^i\left\{\left(\frac{s_1}{b}+\frac{s_2}{b^2}+\cdots\frac{s_r}{b^r}\right)+b^{-r}\left(\frac{s_1}{b}+\frac{s_2}{b^2}+\cdots\frac{s_r}{b^r}\right)+\cdots\right\}\\&=s_1s_2\cdots s_i.\overline{s_{i+1}\cdots s_rs_{i+1}\cdots s_{i+r}}_{(b)}\end{aligned}$$

이므로

$$\frac{b_i}{q}=0.\overline{s_{i+1}\cdots s_rs_{r+1}\cdots s_{r+i}}_{(b)}=0.\overline{s_{i+1}\cdots s_rs_1\cdots s_i}_{(b)}$$

이다. ■

앞의 두 정리에서 $\mathrm{ord}_q b=r$이면, Euler 정리에 의하여 $r|\varphi(q)$이고 $\frac{c}{q}$꼴의 기약분수는 모두 $\varphi(q)$개다. 한편, $\frac{c}{q}$꼴의 기약분수 중에 하나가 b진법에 관한 주기가 r인 순환소수라면, 정리 3.6.4에 의하여 이 순환소수의 자리수를 적당히 옮긴 r개의 순환소수로 표현을 얻으며 이는 r개의 $\frac{c}{q}$꼴의 기약분수와 대응된다. 특히, $r=\varphi(q)$이면 $\frac{c}{q}$꼴의 모든 기약분수는 주기가 r인 순환소수의 자리수를 적당히 옮긴 꼴의 순환소수로 표현된다. 반면에, $r|\varphi(q)$이면, 주기가 r인 $\frac{\varphi(q)}{r}$개의 순환소수 중에 하나의 자리수를 적당히 옮긴 꼴이다.

다음 예제는 유리수를 b진법의 소수로 변환한 예들을 설명한다. 특히 $b=2$인 경우는 뒤에 설명될 스트림 암호의 키 수열로 자주 이용된다. 스트림 암호에서 사용되는 이진수열에서 0의 개수와 1의 개수는 거의 같다. 실제로 예제 3.6.6의 (1)과 3.6.7에서 0와 개수와 1의 개수는 같다.

예제 3.6.6 유리수 $\frac{1}{11}, \frac{2}{11}, \cdots, \frac{10}{11}$을 b진법의 소수로 변환해 보자. $\varphi(11)=10$이므로 각 원소의 위수는 10의 약수이다.

(1) $2^5 \equiv -1 \bmod 11$이므로 $\text{ord}_{11}2=10$이고 $\frac{2^{10}-1}{11}=93=2^6+2^4+2^3+2^2+1$이다. 따라서 $\frac{1}{11}=0.\overline{0001011101}_{(2)}$이므로 2를 거듭 곱하면

$$\frac{2}{11}=0.\overline{0010111010}_{(2)} \quad \frac{4}{11}=0.\overline{0101110100}_{(2)} \quad \frac{8}{11}=0.\overline{1011101000}_{(2)}$$
$$\frac{5}{11}=0.\overline{0111010001}_{(2)} \quad \frac{10}{11}=0.\overline{1110100010}_{(2)} \quad \frac{9}{11}=0.\overline{1101000101}_{(2)}$$
$$\frac{7}{11}=0.\overline{1010001011}_{(2)} \quad \frac{3}{11}=0.\overline{0100010111}_{(2)} \quad \frac{6}{11}=0.\overline{1000101110}_{(2)}$$

을 얻는다.

(2) $3^5 \equiv 1 \bmod 11$이므로 $\text{ord}_{11}3=5$이고 $\frac{3^5-1}{11}=22=2\cdot 3^2+1\cdot 3+1$이다. 따라서 $\frac{1}{11}=0.\overline{00211}_{(3)}$이므로 3을 거듭 곱하면

$$\frac{3}{11}=0.\overline{02110}_{(3)} \quad \frac{9}{11}=0.\overline{21100}_{(3)} \quad \frac{5}{11}=0.\overline{11002}_{(3)} \quad \frac{4}{11}=0.\overline{10021}_{(3)}$$

이다. 또한, $\frac{2}{11}=0.\overline{01122}_{(3)}$이므로 3을 거듭 곱하면 다음을 얻는다.

$$\frac{6}{11}=0.\overline{11220}_{(3)} \quad \frac{7}{11}=0.\overline{12201}_{(3)} \quad \frac{10}{11}=0.\overline{22011}_{(3)} \quad \frac{8}{11}=0.\overline{20112}_{(3)}$$

(3) $10^2 \equiv 1 \bmod 11$이고 $\frac{10^2-1}{11}=9$이므로 $\frac{1}{11}=0.\overline{09}$이다. 같은 방법으로

$$\frac{10}{11}=0.\overline{90} \quad \frac{2}{11}=0.\overline{18} \quad \frac{8}{11}=0.\overline{81} \quad \frac{3}{11}=0.\overline{27} \quad \frac{8}{11}=0.\overline{72}$$
$$\frac{4}{11}=0.\overline{36} \quad \frac{7}{11}=0.\overline{63} \quad \frac{5}{11}=0.\overline{45} \quad \frac{6}{11}=0.\overline{54}$$

이다.

【따름정리 3.6.6】

홀수인 소수 p가 원시근 b를 가질 때 다음이 성립한다.

(1) $\dfrac{(b^{p-1}-1)}{p} = s_1 s_2 \cdots s_{p-1_{(b)}}$이면, 유리수 $\dfrac{1}{p}$는

$$\frac{1}{p} = 0.\overline{s_1 s_2 \cdots s_{p-1}}_{(b)}$$

와 같이 b진법에 관하여 주기 $p-1$인 순순환소수로 나타난다.

(2) $b^n < p < b^{n+1}$이면, $0 \le n \le p-2$, $s_1 = \cdots = s_n = 0$이고 $s_{n+1} \ne 0$이다.

(3) 각 i $(0 \le i \le r-1)$에 대하여 $b^i \equiv b_i \bmod p$, $1 \le b_i < p$라고 하면,

$$\frac{b_i}{p} = 0.\overline{s_{i+1} \cdots s_r s_1 \cdots s_i}_{(b)}$$

증명 정수 b가 홀수인 소수 p에 관한 원시근이므로 $\mathrm{ord}_p b = p-1$이다. 정리 3.6.5의 증명에 q 대신 p를 r 대신 $p-1$을 대입하면 증명된다. ■

따름정리 3.6.6에서 $b=2$인 경우는 스트림 암호의 열쇠수열 생성에서 중요한 역할을 한다. 정수 2를 원시근으로 가지는 소수들은 3, 5, 11, 13, 19, 29, $\cdots$이다.

예제 3.6.7 소수 29는 2를 원시근으로 가지며

$$\frac{2^{28}-1}{29} = \frac{(2^{14}-1)(2^{14}+1)}{29}$$
$$= 2^{23}+2^{19}+2^{18}+2^{16}+2^{13}+2^{12}+2^{11}+2^{10}+2^8+2^7+2^6+2^3+2+1$$

이므로

$$\frac{1}{29} = 0.\overline{0000100011010011110111001011}_{(2)}$$

이다.

예제 3.6.7에서 얻은 순환부분에 해당되는 이진수열

$$000010001101001111011100101 1$$

이 평문을 암호문으로 만들 때 사용하는 열쇠의 한 예이다. 평문의 길이에 따라 필요한 길이의 이진수열은 원시근으로 2를 가지는 소수 p를 이용하여 얻을 수 있다. 실제로 암호에서 쓰이는 이진수열을 생성하는 방법은 여러 가지가 있으나 여기에서 다루지 않는다.

다음 정리는 정리 3.5.3의 역으로 증명 없이 서술한다.

【정리 3.6.7】

양의 정수 b에 대하여 유리수 u $(0<u<1)$는 b진법으로 유한소수 또는 순환소수로 표현된다.

실제로 b의 표준분해가 $b=p_1^{e_1}p_2^{e_2}\cdots p_l^{e_l}$일 때, 유리수 u의 기약분수 꼴

$$u=\frac{k}{m}$$

에 대하여 다음 경우 중에 한 가지가 성립한다.

(1) $m=p_1^{t_1}p_2^{t_2}\cdots p_l^{t_l}$ $(t_i \geq 0)$꼴이면, u는 유한소수이며 소수점 이하 $\max\{t_1, t_2, \cdots, t_l\}$자리까지 표현된다.

(2) m이 $p_1, p_2, \cdots, p_l$ 이외의 소수를 인수로 가지면, u는 순환소수이다.

예제 3.6.8 유리수 $\frac{1}{50}$을 10진법의 소수로 고치면, $50=2\times5^2$이므로

$$\frac{1}{50}=\frac{1}{2\times5^2}=\frac{2}{2^2\times5^2}=0.02$$

로 정리 3.6.7의 결과와 같이 소수점 이하 2자리까지 표현된다.

한편, 유리수 $\frac{1}{50}$을 6진법의 소수로 고치면, 정리 3.6.5에 의하여

$$s_1 = [6 \times \frac{1}{50}] = 0 \qquad s_2 = [6^2 \times \frac{1}{50}] = 0$$

$$s_3 = [6^3 \times \frac{1}{50}] = 4 \qquad s_4 = [6 \times \frac{16}{50}] = 1$$

$$s_5 = [6 \times \frac{46}{50}] = 5 \qquad s_6 = [6 \times \frac{26}{50}] = 3$$

$$s_7 = [6 \times \frac{6}{50}] = 0 = s_2 \qquad s_8 = [6 \times \frac{36}{50}] = 4 = s_3$$

$$\vdots \qquad \vdots$$

이므로 $0.0\overline{04153}_{(6)}$이다.

▶ 연습문제 3.6

1. 유리수 $\frac{3}{40}$을 10진법에 관한 소수로 표현하여라.

2. 유리수 $\frac{3}{40}$을 6진법에 관한 소수로 표현하여라.

3. 유리수 $\frac{5}{54}$를 6진법에 관한 소수로 표현하여라.

4. 유리수 $\frac{5}{54}$를 10진법에 관한 소수로 표현하여라.

5. 유리수 $\frac{1}{59}$을 2진법에 관한 소수로 표현하여라. 또, 이를 이용하여 $\frac{32}{59}$를 2진법에 관한 소수로 표현하여라.

제 4 장

공개키 암호

1. 서 론

제2장에서 고전암호에 대하여 살펴보았다. 이 절에서는 암호계를 분류하고 현대 암호의 출현 배경에 관하여 설명한다.

제2장에서 설명했던 평문들의 집합과 암호문의 집합을 포함한 암호 알고리즘을 **암호계**(crypto system 또는 cipher system)라 한다. 암호 알고리즘, 운영방식 및 개발된 시대에 따라 암호계는 다음과 같이 분류된다.

암호화키와 복호키가 같거나 암호화키로부터 복호키를 쉽게 얻을 수 있는 암호를 **대칭암호**(symmetric cipher)라 하고, 그렇지 않은 암호를 **비대칭암호**(asymmetric cipher)라 한다. 즉, 암호화 함수가 주어졌을 때, 암호화함수의 역함수인 복호함수가 쉽게 얻어지는 암호는 대칭암호이고 그렇지 않은 암호는 비대칭암호이다. 따라서 대칭암호계에서 암호화함수가 알려지면 암호화된 정보는 더 이상 보호될 수 없으므로 암호화함수(또는 암호키)는 비밀이 유지되어야 한다. 이러한 관점에서 대칭암호를 **비밀키암호**(secret key cipher)라 한다. 한편, 비대칭암호에서 암호화함수는 일반적으로 공개되어 있지만, 암호화함수를 이용하여 복호함수를 얻을 수 없으므로 공개된 암호화함수에 의하여 암호화된 정보는 안전하다. 이러한 관점에서 이 암호를 **공개키암호**(public key cipher)라 한다. 예를 들면, 제2장에서 다룬 모든 암호는 대칭암호이다. 현대암호들 중에 대칭암호의 예로 DES, AES, SEED 및 ARIA 등이 있으며 비대칭암호의 예로 RSA, Knapsack 암호, ElGamal 암호 등이 있다.

암호화하는 과정에서 블럭단위로 변환하는 암호를 **블럭암호**(block cipher)라 하고 무한 임의 이진수열(또는 무한난수)을 이용하여 이진수열로 변환된 평문을 비트 단위로 암호화하는 암호를 **스트림암호**(stream cipher)라 한다. 즉, 암호함수의 정의역에 속하는 단위가 유한인 암호는 블럭암호이고 유한이 아닌 암호는 스트림암호이다. 여기에서 암호키로 사용되는 무한난수는 평문의 길이보다 작지 않은 난수들의 열을 의미한다. 제3장 6절에서 이진수열을 생성하는 한 가지 방법을 설명하였다.

한편, 암호는 개발된 시대에 따라 고전암호, 근대암호 및 현대암호로 분류된다. 주로 제1차 세계대전 이전까지 사용된 암호로 전치, 대입, 치환의 원리를 이용한 수계산 또는 표를 사용하여 평문을 암호화하는 암호를 **고전암호**라 하며, 대표적인 암호로는 이미 설명된 Caesar 암호가 있다. 이와 비교하여 제1차 세계대전 말부터 개발되어 제2차 세계대전까지 주로 사용된 암호로 기계(rotor machine이라 불리는)를 이용하여 평문을 암호화한 암호를 **기계암호** 또는 **근대암호**라 한다. 예로는 제2차 세계대전에서 연합군이 사용했던 Hegelin(또는 M 209)과 독일군이 사용했던 Enigma 등이 있다. 근대암호는 고전암호와 비교하여 해독하는데 복잡하지만 컴퓨터의 등장과 더불어 쉽게 해독되었다. 한편, 제2차 세계대전 이후 컴퓨터의 발달과 더불어, 암호화와 복호에 과거의 암호들과는 달리 상당히 복잡한 계산량을 요구하여 컴퓨터를 이용하는 암호를 사용하였다. 이 암호를 **현대암호**라 하며 대표적인 예로는 DES, AES, SEED, ARIA, RSA, Knapsack 암호, ElGamal 암호 등이 있다.

비대칭암호 즉, 공개키암호에 관한 자세한 내용은 제2절 이후에 다루기로 하고 여기에서는 암호화키를 알면 복호키를 쉽게 알 수 있는 대칭암호로서 블럭암호와 스트림암호를 간략하게 설명한다.

제2차 세계대전 이전까지 암호는 군사 및 외교기밀 등에 주로 국가에서 사용하였다. 그러나 전쟁 이후에는 국가 간의 산업발전 및 무역이 활발해지면서 일반 기업에서 자신들의 정보를 보호하고 기업 사이에 안전한 거래를 위한 비밀통신이 필요하게 되었으며 또한 기업 자체의 비밀정보를 관리하여야 할 필요가 증가하였다. 따라서 암호를 필요로 하는 기업들이 늘어나기 시작하였으며, 이에 따라 국제사회에서 안전하게 사용할 수 있는 암호시스템이 필요하게 되었다. 이와 같은 추세에 맞추어 탄생하게 된 암호가 오늘날 사용하고 있는 대칭블럭암호이다.

이러한 상황에서 NBS(national bureau of standards)는 1977년 1월에 1975년 IBM의 연구원 W. Tuchman와 C. Meyer에 의하여 개발되고 제안된 암호를 NSA(national security agency)의 검토를 거쳐 미국표준암호알고리즘으로 채택하고 이를 DES(data encryption standard)라고 명명하였다.

블럭암호 시스템은 고정된 크기로 나누어진 입력비트 블럭을 정해진 크기의 출력비트 블럭으로 변형하는 암호 알고리즘에 의하여 암호화 및 복호가 수행되는 암호시스템이다. 실제로, DES는 64비트의 평문블럭을 56비트의 키를 이용하여 64비트의 암호문을 만드는 대칭블럭암호이다. 즉, 가능한 키는 모두 $2^{56}(\fallingdotseq 7.2 \times 10^{18})$개로 1990년대 중반까지는 세계적으로 안전하게 널리 사용되었다. 그러나 컴퓨터의 발전과 더불어 DES가 더 이상 안전하지 않게 됨에 따라 미국의 표준기술연구소(NIST)는 1998년 새로운 알고리즘 AES(advanced encryption standard)를 공모하였다.

이에 15개 국가에서 21개의 알고리즘을 출품하였으며 이들 중에 2000년 10월 벨기에의 수학자 J. Daemen과 V. Rijmen에 의하여 만들어진 블럭암호 Rijndael이 최종 AES로 선정되었다. 이 암호계는 블럭의 길이와 키의 길이로 128, 192 또는 256비트를 가변적으로 사용한다.

이와 같은 국제적인 흐름에 따라 국내에서도 국내 전자상거래에서 활용 가능한 암호알고리즘을 개발할 필요성이 커졌다. 이에 한국정보보호진흥원(KISA)이 이러한 목적으로 1998년 SEED 암호를 개발하고 공개검증과정을 거쳐 안전성과 성능이 개선된 최종 수정안을 1999년 2월 26일 발표하였다. 이 암호계는 한국통신기술협회(TTA)에 제안되어 표준으로 제정되었으며 2005년 국제표준으로 확정되었다. 한편, 국가보안기술연구소(NSRI)를 중심으로 경량환경 및 하드웨어 구현에 적합한 블럭암호 ARIA가 개발되어 2004년 한국산업규격 KS표준으로 제정되었다.

이들 블럭 암호의 일반적인 공통점은 유한확대체 위에서의 비선형함수를 포함하고 비트들의 위치를 바꾸는 적당한 치환을 포함한 연산을 1회전으로 구성하는 n회전 함수로 매 회전에서 같은 길이의 키를 사용하여 암호화 및 복호를 시행한다. 이들에 대한 자세한 설명을 위해서는 고급수학이 필요하여 여기에서는 생략한다.

블럭암호가 주로 128비트 단위로 암호화 되는 반면에 스트림암호는 평문의 길이에 해당하는 길이만큼의 키를 생성하여 평문과 비트별 XOR($\mathbb{Z}_2$ 위에서의 덧셈)하여 암호문을 얻고, 역으로 암호문과 키를 비트별 XOR하여 평문을 얻는다.

이를테면, 평문이 1011 1100 0011이고 암호키가 0110 1111 0001이라면, 암호문은

$$\begin{array}{ccc} 1\,0\,1\,1 & 1\,1\,0\,0 & 0\,0\,1\,1 \\ 0\,1\,1\,0 & 1\,1\,1\,1 & 0\,0\,0\,1 \end{array}$$

로부터 1101 0011 0010을 얻는다.

이 암호는 키의 생성과 관리에 어려움이 있지만 암호화와 복호화 속도가 빠르고 단순한 구조를 가지고 있음에도 수학적 안전성을 증명할 수 있는 암호이다. 제3장 6절에서 안전한 키 이진수열을 생성하는 한 가지 방법을 설명하였으나 자세한 내용은 이 책의 범위를 넘기 때문에 생략한다. 이 장에 관한 자세한 내용은 참고문헌 [5]를 보기 바란다.

2. 일방향함수

제2장 제4절과 제4장 제1절에서 설명된 모든 대칭암호는 암호화키와 암호화하는 과정(즉, 프로그램)을 알면, 암호화키로부터 쉽게 복호키를 구하여 암호문으로부터 평문을 얻을 수 있다.

이와 같은 대칭암호의 취약점은 다음과 같다.

1. 암호시스템을 사용하려는 두 사용자는 비밀통신을 하려면 암호화키를 설정하고 암호화키를 교환하여야 한다. 두 사용자가 멀리 떨어져 있는 경우에 그들은 서로 만나서 암호화키를 설정하거나 암호화키를 통신을 통하여 교환하여야 한다. 이와 같은 경우에 암호화키를 교환하려면 많은 비용 및 장시간이 필요하거나 암호화키가 노출될 위험에 직면할 수 있다.
2. 서로 신뢰할 수 없는 두 사용자 사이에서 암호계를 사용하다가 한 사용자가 악의로 키를 사용 또는 노출할 때 상대방이 어려움에 처할 수 있다.
3. 여러 단체 또는 사람들과 비밀통신을 해야 하는 경우에 많은 암호화키를 관리하여야 한다. 즉, n명의 회원이 있는 어떤 단체에서 각 회원은 $n-1$개의 암호키를 관리하여야 하고 그 단체는 $\frac{n(n-1)}{2}$개의 암호키를 관리하여야 하므로 많은 회원을 가진 개인이나 단체는 키를 관리하기 어렵다.

이와 같은 문제를 해결 즉, 만나지 않고 신뢰할 수 없는 사람과의 비밀통신을 할 수 있으며 적은 키를 관리하며 이용할 수 있는 암호 시스템을 개발하는 과정에서 암호화키로부터 복호키를 얻을 수 없는 시스템에 관한 연구가 시작되어 1976년 W. Diffie와 M. Hellman에 의하여 해결되기 시작하였다.

암호화 과정을 함수 f로 표현한다면 복호과정은 f^{-1}로 표현할 때, 평문 m에 대한 암호문을 $f(m)=c$라면 암호문 c에 대한 평문은 $f^{-1}(c)=m$이다. 함수 f가 공개되었을 때 평문 m에 대한 값 c는 구하기 쉽지만 암호문 c에 대한 평문 m을 구하기 어려운 함수 f가 대칭키 문제를 해결하는 아이디어이다. 이와 같이 함수 값은 구하기 쉽지만 역함수의 값은 구하기 어려운 조건을 만족하는 함수를 일방향함수(one way function)라고 한다.

이를테면, 명제 '접시를 던져서 깬다.'에서 깨는 행위를 함수라면, 역함수는 깨진

접시를 원상태로 돌리는 행위이나 이는 거의 불가능하므로 이 함수는 일방향함수라고 할 수 있다.

일방향함수를 이용하여 암호화함으로써 암호화함수(또는 암호화키)가 공개되어도 암호화된 정보가 노출되지 않는다. 따라서 비밀정보를 수신하기를 원하는 사용자는 이와 같은 암호화함수(또는 암호화키)를 공개하여 자신에게 비밀정보를 보내기를 원하는 사람이 사용할 수 있도록 할 수 있다. 이와 같이 암호화키를 공개하는 암호에서 암호화키를 **공개키**(public key)라 하고 이 암호를 **공개키암호**(public key cipher)라고 한다.

공개키 암호를 이용하여 어느 회원이 비밀 정보를 얻으려면, 그 회원은 자신의 공개된 암호화키를 이용하여 암호화하도록 하면, 모든 회원이 암호화는 할 수 있지만 복호는 할 수 없으므로 암호화키가 노출되어도 문제가 발생하지 않는다. 즉, 일방향함수를 이용한 공개키 암호에서 회원 본인이 복호하는 방법만 알 수 있도록 하면 된다. 따라서 일방향함수로서 본인만이 역함수를 구할 수 있는 어떤 장치가 필요하다. 이 장치를 가진 일방향함수를 **덧문일방향함수**(trapdoor one way function)라고 한다. 이들 덧문일방향함수를 이용한 암호가 바로 공개키 암호로 제3절 이후에서 자세하게 다룬다.

덧문일방향함수에 대한 예를 들면 다음과 같다.

예제 4.2.1 (1) [그림 4.1]과 같은 우체통에 편지를 넣는 일은 누구나 할 수 있지만 우체통에 있는 편지는 키를 가진 우체부 외에 누구도 꺼낼 수 없다. 이때 키가 덧문에 해당하는 장치이다.

(2) 사무실에는 일반적으로 [그림 4.2]와 같은 비대칭키와 보조키가 있다. [그림 4.2]의 보조키는 대칭키임을 알 수 있다.

[그림 4.1] 우체통

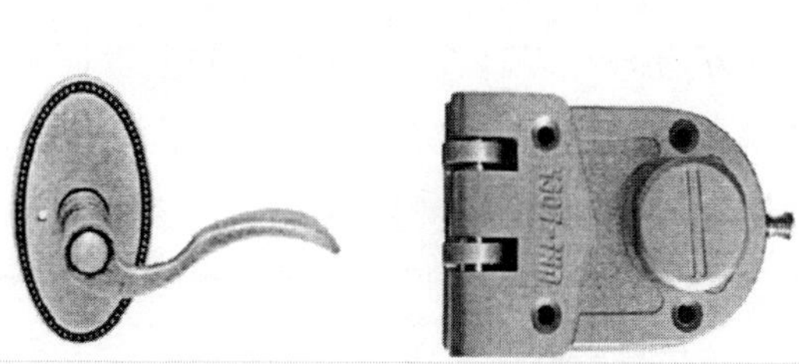

[그림 4.2] 비대칭키와 보조키

예제 4.2.1의 두 예는 구체적인 덧문 일방향함수이지만 암호에 이용할 수 없다. 이제, 암호계에 이용할 수 있는 덧문 일방향함수를 알아보자.

현재 자주 사용되고 있는 RSA암호는 소인수분해 문제의 어려움을 이용한 덧문 일방향함수의 개념을 응용하고 있다. 즉, 다음과 같은 문제

'두 소수의 곱셈 115979×135979를 구하는 문제와 15770708441을 소인수 분해하여 두 소수 115979와 135979를 찾는 문제는 어느 것이 쉬울까?'

는 특별한 경우를 제외하면 두 소수의 곱셈 115979×135979가 쉽다고 대답할 것이다. 일반적으로 두 소수를 곱하는 것은 두 소수의 곱인 정수를 소인수분해하는 것보다 쉬우며, 두 소수의 자리수가 커질수록 소인수분해는 곱셈보다 비교할 수 없을 만큼 어렵다. 따라서 100자리 이상의 소수들의 집합을 P라고 할 때, 함수 Φ

$$\Phi : P \times P \rightarrow \mathbb{N}, \quad \Phi(p, q) = p \cdot q$$

는 일방향함수임을 알 수 있다.

이 원리를 이용하여 소인수분해를 덧문으로 하는 덧문일방향함수를 설계할 수 있다. 즉, 소인수분해를 아는 사람만이 암호문을 복호할 수 있도록 하는 암호계를 설계할 수 있다.

한편, 다음과 같은 문제

집합 $S=\{1086, 708, 259, 589, 871, 1836, 82, 1746\}$에서
덧셈 $708+871+1836$의 합 3415를 구하는 문제와 3415가 S의 어떤 원소들의 합으로 이루어졌는지를 구하는 문제는 어느 것이 쉬울까?

는 특별한 경우를 제외하면 합을 구하는 것이 쉽다. 일반적으로, 양의 정수들의 집합 $S=\{x_1, \cdots, x_n\}$가 주어졌을 때, S의 임의의 부분집합의 원소들의 합을 구하는 문제는 어렵지 않지만, 이와 비교하여 임의의 정수를 S의 부분집합의 합으로 나타내는 문제는 어렵다. 주어진 정수 x에 대하여

$$x=\sum_{i=1}^{n} m_i x_i \ (m_i=0 \text{ 또는 } 1)\text{를 만족하는 이진벡터}(m_1, \cdots, m_n)$$

를 구하는 문제를 **배낭(knapsack) 문제**라고 한다. 실제로 이와 같은 이진벡터는 모두 2^n가지이므로 n이 적을 때에는 모든 부분집합의 합을 구하여 찾는 **전수조사**(exhaustive search)로 이 문제를 해결하기 쉬우나 n의 값이 커지면 불가능하다.

양의 정수들의 집합 $S^*=\{d_1, \cdots, d_n\}$가 임의의 $j>1$에 대하여 $d_j>\sum_{i=1}^{j-1} d_i$을 만족할 때, S^*를 **초증가수열**이라 한다. 이와 같은 초증가수열의 집합에 대한 knapsack 문제, 즉 $y=\sum_{i=1}^{n} m_i d_i$를 만족하는 벡터$(m_1, \cdots, m_n)$은 [표 4.1]에 있는 알고리즘에 의하여 완전히 해결된다.

1단계 : $j=n$이라 놓는다. 2단계 : y와 d_j를 비교하여, $y<d_j$이면 $m_j=0$과 $y=y$라 놓고 $y\geq d_j$이면 $m_j=1$과 $y=y-d_j$라 놓는다. 3단계 : $j=j-1$ 로 놓고, $y=0$이면 모든 $i\leq j$에 관하여 $m_i=0$이고, $y>0$이면 2단계로 간다.

[표 4.1] Knapsack 문제 해결 알고리즘

예제 4.2.2 초증가수열의 집합

$$S^*=\{d_1, d_2, \cdots, d_8\}=\{6, 15, 31, 55, 112, 243, 529, 1015\}$$

에서 $y=930$일 때, 즉 $y=\sum_{i=1}^{8} m_i d_i=930$을 만족하는 이진벡터 $(m_1, m_2, \cdots, m_8)$을 위의 알고리즘을 이용하여 구하면

(1) $j=8$이라 놓으면, $y=930<d_8=1015$이므로 2단계에 의하여 $m_8=0$이다.

(2) $j=8-1=7$이라 놓으면, $y=930\geq d_7=529$이므로 $m_7=1$이고 $y=930-529=401$이다.

(3) $j=6$이라 놓으면 $y=401\geq d_6=243$이므로 $m_6=1$이고 $y=401-243=158$이다.

(4) 같은 방법을 계속 시행하면 $m_5=1$, $m_4=0$, $m_3=1$, $m_2=1$이고 $m_1=0$을 얻는다. 즉, 이진벡터 (0, 1, 1, 0, 1, 1, 1, 0)를 얻는다.

따라서 $930=15+31+112+243+529$이다.

위의 예제와 같이 초증가수열을 단순하게 이용하여 평문을 암호화하는 시스템은 쉽게 공격당한다. 따라서 배낭문제를 암호에 이용할 때에는 초증가수열에 적당한 수를 곱한 뒤에 적당히 큰 수를 법으로 계산하여 상대방에게 초증가수열로 보이지 않도록 변환하여야 한다.

예제 4.2.3 예제 4.2.2에서 설명한 초증가수열집합 S^*

$$S^*=\{d_1, d_2, \cdots, d_8\}=\{6, 15, 31, 55, 112, 243, 529, 1015\}$$

에서 두 수 $p=2011$과 $n=850$으로 선택하고, 집합 S^*의 원소에 850을 곱하고 2011을 법으로 계산하여 집합 S를 얻는다.

이를테면, $6\times850\equiv1078 \bmod 2011$이고, 같은 방법으로 S를 구하면

$$S=\{1078, 684, 207, 497, 683, 1428, 1197, 31\}$$

을 얻으며, S는 초증가수열이 아니다.

제2장에서 집합 $\mathbb{Z}_n$에서의 덧셈과 곱셈에 관하여 간단히 다루었다. 이를테면, 집합 $\mathbb{Z}_{37}$에서 5^{17}을 계산하는 과정을 살펴보면,

$$5^{17}=(((5^2)^2)^2)^2\times5=((25^2)^2)^2\times5=((33^2)^2\times5=16^2\times5=34\times5=22$$

로 5번의 곱셈에 의하여 구해진다. 그러나 집합 $\mathbb{Z}_{37}$에서 $5^x=22$를 만족하는 x를 구하는 과정은 다소 복잡하다. 실제로 5의 지수승을 구하는 과정에서 x를 구하여야 하므로 x 대신에 정수값을 대입하여 17을 찾을 때까지 계속 계산을 하여야 한다. 자연수 n이 커질수록 집합 $\mathbb{Z}_n$에서 원소 a에 대하여 '$a^k=b$를 계산하는 것'과 비교하여 '$a^x=b$를 만족하는 $x=k$를 찾는 것'이 어렵다. 이와 같이 지수승을 계산하는 것은 어렵지 않지만 지수승의 역을 구하는 것은 어렵다. 이 문제를 **이산로그 문제**라고 하고, 이를 이용한 암호계로 ElGamal 암호, Massey-Omura 암호 등이 있고 Diffie-

Hellamn 키교환 방법이 있다.

또한 이들의 원리와 타원곡선의 성질을 이용한 타원곡선암호가 있다.

▶ 연습문제 4.2

1. 곱셈 115979×135979를 구하고 계산하는데 걸리는 시간을 확인하고 15770708441을 115979로 나누는데 걸리는 시간을 확인하여라. 또한, 15770708441을 인수분해 하는데 어느 정도의 시간이 걸린 것인지 토론하여 보아라. 단, 115979 이하의 소수는 적어도 9600개 이상이다.

2. 초증가수열의 집합 {6, 15, 31, 55, 112, 243, 529, 1015}에서 합이 954가 되는 부분집합을 구하여라.

3. n개의 자연수들의 집합 $\{m_1, m_2, \cdots, m_n\}$이 다음과 같이 정의될 때

   (1)
   $$m_1 \in [0,\ 2^{100}],\ m_2 \in [2^{100}+1,\ 2^{100+1}],\ \cdots,$$
   $$m_n \in [(2^{n-1}-1)2^{100}+1,\ 2^{n-1}2^{100}]$$

   초증가수열이 되는 것을 증명하여라.

   힌트 $m_1 = m_2 + \cdots + m_k < m_{k+1}$임을 증명하여라.

   (2) 초증가수열은 모두 몇 가지 얻을 수 있는가?

4. 법 47에 관한 집합 $\mathbb{Z}_{47}$에서 11^{30}을 계산하는 과정에서 곱셈연산이 최소로 시행되는 회수를 구하여 보아라.

   참고 임의의 자연수 m에 대하여 $a^m \bmod n$을 계산하는 최소의 곱셈연산 회수를 구하는 알고리즘은 알려져 있지 않다. 이 문제에 관한 자세한 내용은 제6절에서 다룬다.

3. RSA 암호

이 절에서는 제2절에서 설명한 소인수분해의 어려움을 이용한 공개키 암호에 관하여 설명한다.

소인수분해 문제를 이용한 공개키 암호로 잘 알려진 RSA 암호는 1978년 세 명의 수학자 Rivest, Shamir, Adleman이 개발하여 현재까지 가장 널리 사용되고 있다.

이 암호는 Euler의 정리를 이용하여 얻은 다음 정리를 기반으로 설계된다.

【정리 4.3.1】

자연수 n이 서로 다른 두 소수 p와 q의 곱 즉, $n=pq$일 때 $\mathbb{Z}_n$의 임의의 원소 m에 대하여

$$m^{k(p-1)(q-1)+1}=m \ (k\text{는 임의의 정수})$$

이다. 따라서, 정수 $\varphi(n)=(p-1)(q-1)$과 서로소인 임의의 정수 e에 대하여 $ed\equiv 1 \bmod \varphi(n)$인 원소 d를 구할 수 있으며 이때, $m^{ed}=m$이다.

증명 원소 m이 n과 서로소이면 Euler의 정리에 의하여

$$m^{\varphi(n)}\equiv 1 \bmod n \text{ 또는 } m^{\varphi(n)}=1 \ (\text{집합 } \mathbb{Z}_n\text{에서})$$

이고 $\varphi(n)=(p-1)(q-1)$이므로

$$m^{(p-1)(q-1)}=1 \text{ 또는 } m^{k(p-1)(q-1)+1}=m^{k(p-1)(q-1)}m=m$$

이다. 이제 $(m,\ n)\neq 1$일 때 증명해보자. 먼저 $(m,\ n)=n$이면,

$$m^{k(p-1)(q-1)+1}=0=m$$

이므로 성립한다. 한편, $(m,\ n)\neq m$이면, $(m,\ n)=p$ 또는 $(m,\ n)=q$이므로 $(m,\ n)=p$인 경우에만 증명하면 된다.

$(m,\ n)=p$이면 $(m,\ p)=p$이고 $(m,\ q)=1$이다. Fermat 정리에 의하여 $(m,\ q)=1$이므로 $m^{q-1}\equiv 1 \bmod q$이고 $m^{(q-1)(p-1)}\equiv 1 \bmod q$이다. 따라서

$$m^{k(p-1)(q-1)+1} = m^{k(p-1)(q-1)} m \equiv m \bmod q$$

이다. 또한, $(m,\ p) = p$이므로 $m^{k(p-1)(q-1)+1} \equiv 0 \equiv m \bmod p$이다. 한편, $(p,\ q) = 1$이므로 $m^{k(p-1)(q-1)+1} \equiv m \bmod n$이다. 따라서 첫 명제가 성립한다.

또한, $\varphi(n)$과 서로소인 임의의 원소 e에 대하여 유클리드 호제법에 의하여 $ed \equiv 1 \bmod \varphi(n)$인 원소 d가 존재하므로 $ed = k\varphi(n) + 1$이므로 첫 명제에 의하여 $m^{ed} = m$이다. ■

이 정리를 이용하여 [표 4.2]와 같은 RSA 공개키 암호를 설계한다. 즉, 비밀정보를 받기를 원하는 수신자는 본인만이 알고 있는 큰 두 소수 p와 q는 공개하지 않고 그들의 곱 n과 적당한 정수 e만을 공개한다. 비밀전문을 전송하려는 송신자는 수치화 된 평문 m을 [표 4.2]의 암호화 알고리즘을 이용하여 암호화하여 전송하고 수신자는 [표 4.2]의 복호알고리즘을 이용하여 평문을 얻는다.

준비사항 : $n = pq$(p와 q는 서로 다른 두 소수) $m \in \mathbb{Z}_n$ $(e,\ \varphi(n)) = 1,\quad ed \equiv 1 \bmod \varphi(n)$
암호화 알고리즘 : 함수 $E : \mathbb{Z}_n \to \mathbb{Z}_n,\quad c = E(m) = m^e$
복호 알고리즘 : 함수 $D : \mathbb{Z}_n \to \mathbb{Z}_n,\quad m = D(c) = c^d$

[표 4.2] RSA 공개키 암호

이때, e를 암호화키라 하고 d를 복호키라고 하며, e는 모든 사람에게 공개하므로 공개키(public key)라고 하고 d는 수신자만이 비밀리에 가지고 있어야 하므로 비밀키(secret key) 또는 개인키(private key)라고 한다. 여기에서 암호알고리즘 E 즉, 암호화키 e 및 n은 공개되어 있으며, 자연수 n이 서로 다른 두 소수 p와 q의 곱임은 공개되지 않아야 한다. 즉, n의 소인수분해가 $n = pq$임을 알면, $\varphi(n)$을 구할 수 있고 따라서 암호화키 e로부터 복호키 d를 구할 수 있지만, 소인수분해를 모르면, $\varphi(n)$을 모르므로 d를 구하기 어렵다.

따라서 비밀전문을 수신하기 원하는 A는 [그림 4.3]에서처럼 모든 사람에게 자신이 선택한 두 소수 p와 q의 곱과 e를 공개하고 n이 두 소수의 곱임을 이용하여 d를 구하고 본인만 알고 비밀리에 보관한다.

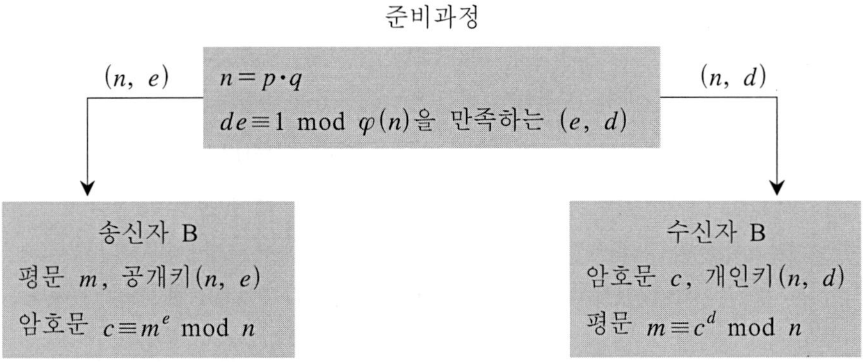

[그림 4.3] RSA 암호를 통한 비밀통신

이 과정을 통하여 아래와 같은 정보의 전송과정을 생각하면, 송신자 B가 공개키 e를 이용하여 정보 m을 암호화하기 위하여 $m^e\equiv c \bmod n$을 구하여 c를 A에게 전송하면, A는 자신의 개인키 d를 이용하여 $c^d\equiv m \bmod n$을 구하여 정보 m을 얻는다. 이와 같은 과정으로 송신자 B는 A에게 정보를 안전하게 전달할 수 있다.

한편, A가 자신의 개인키 d를 이용하여 어떤 정보 m을 $m^d\equiv c \bmod n$을 구하여 B에게 전송하였다면 B는 공개키 e를 이용하여 m을 얻고 이 m으로부터 c를 만들 수 있는 사람은 개인키 d를 가진 A뿐이므로 이 정보는 A가 전송하였다고 확신할 수 있다. 이와 같은 과정은 정보를 보낸 사람을 확인하는 정보 전송자의 **서명**(signature)으로 이용된다.

현재 인터넷뱅킹 등에서 일반적으로 사용되는 RSA 암호는 적어도 150자리 이상인 두 소수의 곱인 1024비트 크기의 자연수 n을 이용하고 있으며 중요한 문서는 2048비트 크기의 수를 이용하나, 여기서는 간단한 수를 사용한 예를 소개한다.

예제 4.3.1 사용자 A가 $p=41$과 $q=53$을 선택하여 $n=41\times 53=2173$을 구하고, $e=29$를 선택하여 (2173이 41과 53의 곱임을 이용하여) $d=789$를 구하고, $n=2173$과 $e=29$를 공개한다. 한편, 전문을 ASC Ⅱ코드로 변환하고 블럭으로 나누어 암호화하기 위하여 2173보다 적은 2의 가장 큰 멱을 구하면 11이다. 11자리의 2진수는 2173을 법으로 유일한 표현을 가지며 암호화는 다음과 같은 과정에 의하여 수행된다.

평문	ATTACK ENEMY
ASC Ⅱ	41 54 54 41 43 4B 45 4E 45 4D 59
(Binary)	01000001 01010100 01010100 01000001 01000011 01001011 01000101 01001110 01000101 01001101 01011001
11Block	01000001010 10100010101 00010000010 10000110100 10110100010 10100111001 00010101001 10101011001
10진수	522 1301 130 1076 1442 1337 169 1369
암호문	$522^{29}=1201$ $1301^{29}=1652$ $130^{29}=1422$ $1076^{29}=1923$ $1442^{29}=1914$ $1337^{29}=392$ $169^{29}=1689$ $1369^{29}=2027$ 을 이진법으로 고친 다음 88비트이다.
(Binary)	10010110001 11001110100 10110001110 11110000011 11101111110 00110000000 11010011001 11111101011

복호과정은 이 과정의 역과정으로 비트의 열로부터 1201, 1652, … 등으로 변환하고 각 수의 789제곱을 구하여 522, 1301 … 등을 구한 뒤에 11비트 블럭으로 변환하고 8비트 단위로 만들면 평문이 된다.

참고 (1) 예제 4.3.1에서 법 2173에 관한 지수승 계산은 소프트웨어로 주어진 공학용계산기를 사용하면 어렵지 않게 할 수 있다. 이를테면, PC의 Window 프로그램에서 보조프로그램에 있는 공학용계산기로 계산할 수 있다.

(2) 예제 4.3.1에서 사용한 ASCII 코드는 A부터 Z까지의 알파벳을 16진수의 꼴로 [표 4.3]과 같이 나타낸 것으로 약속한다.

알파벳	A	B	C	D	E	F	G	H	I	J	K	L	M
ASCII 코드	41	42	43	44	45	46	47	48	49	4A	4B	4C	4D
알파벳	N	O	P	Q	R	S	T	U	V	W	X	Y	Z
ASCII 코드	4E	4F	50	51	52	53	54	55	56	57	58	59	5A

[표 4.3] ASCII 코드

이 암호가 안전한 암호라는 근거는 명제 '자연수 n이 p와 q의 곱임을 아는 문제'와 명제 'e로부터 d를 구하는 문제'는 동치라는 사실 때문이다. 즉, 다음 정리가 성립한다.

【정리 4.3.2】

정수 n이 소수 p와 q의 곱일 때, p와 q가 주어지는 것은 $\varphi(n)$이 주어지는 것과 동치이다.

증명 정수 n이 소수 p와 q의 곱 $n=pq$이면

$$\varphi(n)=(p-1)(q-1)=n+1-(p+q)$$

이다. 따라서 p와 q가 주어지면 $\varphi(n)$이 쉽게 구하여진다.

역으로, $\varphi(n)$이 주어지면

$$p+q=n+1-\varphi(n) \text{이고} \quad pq=n$$

이므로 p와 q는 이차방정식

$$t^2-[n+1-\varphi(n)]t+n=0$$

의 근이다. 따라서 p와 q를 쉽게 구할 수 있다. ■

실제, $n=3233$이고 $\varphi(n)=3120$이면 $pq=3233$이고 $(p-1)(q-1)=3120$이므로 $p+q=pq+1-3120=114$이다. 따라서 p와 q는 이차방정식 $t^2-114t+3233=0$의 근이므로 p와 q는 53 또는 61이다.

따라서 RSA를 해독하는 것과 n을 소인수분해하는 것은 동치이므로 비도가 높은 암호계가 되려면 n이 p와 q로 소인수분해하기 어려운 수가 되어야 한다.

RSA 암호를 해독하는 일은 RSA에서 사용하는 합성수 n을 소인수분해 하는 일이다. 실제로, 1994년 RSA에서 사용한 129자리의 합성수를 소인수분해하였으며, 2005년 200자리의 합성수를 1년반 정도 걸려 소인수분해하는데 성공하였다고 한다.

연습문제 4.3

1. 합성수 n이 두 소수 p와 q의 곱일 때 다음 문제를 지시대로 하여라.

(1) 소수 p가 소수 q보다 클 때, $t=\frac{p+q}{2}$이고 $s=\frac{p-q}{2}$이라면 $t^2-s^2=n$임을 증명하여라.

(2) (1)에서 주어진 두 소수 p와 q가 $p=t+s$이고 $q=t-s$임을 증명하여라.

(3) 합성수 437에 대하여 t를 $\sqrt{n}$보다 큰 자연수를 선택하여 $t^2-n=s^2$을 이용하여 p와 q를 구하기 위하여 다음을 구하여라. 즉, $[\sqrt{437}]+1=t$라고 할 때 t를 구하고 t^2-n을 구하고 n을 소인수분해 하여라.

참고 소수 p가 소수 q와 거의 같으면, $p-\sqrt{n}$은 0보다 약간 큰 수이고 $t-\sqrt{n}$도 0보다 약간 큰 수이다. 이와 같은 경우에 $[\sqrt{n}]+k=t$ (k는 작은 자연수)라고 할 때, t^2-n이 완전제곱수가 되는 t를 구하여 소인수분해하는 방법을 Fermat의 **소인수분해법**이라 한다.

(4) 합성수 6887을 소인수분해 하여라.

2. 두 사용자 A와 B가 RSA 암호를 이용하여 비밀통신을 하려고 한다. 각각의 공개키와 개인키는 [표 4.4]와 같다.
사용자 A가 비밀전문 m을 B에게 보내기 위하여 다음과정을 시행한다.

사용자	공개키	개인키
A	$(n_A,\ e_A)$	d_A
B	$(n_B,\ e_B)$	d_B

[표 4.4] A와 B의 공개키와 개인키

(1) 사용자 A는 비밀전문 m을 어떻게 암호화하는지 설명하여라.

(2) 사용자 A가 B에게 A가 보낸 것임을 확인하기 위하여 A의 서명 s를 어떻게 변환하여야 하는가?

(3) 사용자 B는 A로부터 받은 암호문과 서명을 보고 평문을 구하고 A가 보낸 것을 확인하는 방법을 설명하여라.

4. Knapsack 문제를 이용한 공개키암호

제3절에서 일반적인 Knapsack 문제는 풀기 어렵지만, 초증가수열로 이루어진 Knapsack 문제는 쉽게 해결되는 것을 설명하였다. 지금부터 초증가수열에 적당한 이론을 추가함으로써 공개된 수열은 초증가수열이 아닌 것처럼 보이게 함으로써 다소 복잡하게 만든 수열을 이용한 암호에 관하여 알아본다. 실제로 Merkle-Hellman 암호계에서 공개키로 이용하는 집합 $S=\{e_1, \cdots, e_k\}$는 초증가수열이 아니다.

이와 같은 배낭문제를 이용한 암호는 1978년 Merkle과 Hellman에 의하여 먼저 제시되었으며, 이 암호계의 키 생성, 암호화 및 복호 과정은 다음과 같다.

키생성 과정 :

(i) 양의 정수들의 초증가수열의 집합 S^I를 선택한다.

$$S^I=\{d_1, \cdots, d_k\}$$

(ii) 소수 p를 $\sum_{i=1}^{k} d_i$보다 크게 선택하고 $1<n<p$를 만족하는 n을 선택한다.

(iii) p를 법으로 한 n의 역원 n^{-1}를 구한다.

(iv) 각 d_i에 대하여 $e_i \equiv nd_i \pmod p$를 계산하여 초증가수열이 아닌 집합 $S=\{e_1, \cdots, e_k\}$를 구한다.

이 과정에서 얻은 집합 S를 공개하고 자연수 p, n 및 그 역원 n^{-1} 그리고 집합 S^I는 공개하지 않는다. 즉, S는 공개키로 (p, n, n^{-1}, S^I)은 공개하지 않는 개인키로 이용한다.

암호화 과정 :

(i) 평문을 이진벡터 $(m_1, \cdots, m_k)$로 표현한다.

(ii) 키집합 $S=\{e_1, \cdots, e_k\}$를 이용하여 $C=\sum_{i=1}^{k} m_i e_i$를 계산하여 암호문 C를 얻는다.

복호화과정 :

(i) n^{-1}를 이용하여 $D \equiv n^{-1}C \bmod p$를 계산한다. 즉,

$$D \equiv n^{-1}C \bmod p = \sum_{i=1}^{k} m_i n^{-1} e_i = \sum_{i=1}^{k} m_i d_i$$

(ii) 초증가수열의 집합 $S^I = \{d_1, \cdots, d_k\}$을 이용하여 이진벡터 $(m_1, m_2, \cdots, m_k)$를 얻으므로 복호된다.

Knapsack을 이용한 암호계에서 키생성 과정, 암호화 과정 및 복호 과정에 관한 구체적인 예를 살펴보면 다음과 같다.

예제 4.4.1 사용자 A는 집합 S_A^I, p_A와 n_A를 각각

$$S_A^I = \{d_1, d_2, \cdots, d_8\} = \{6, 15, 31, 55, 112, 243, 529, 1015\}$$

$p_A = 2011$과 $n_A = 850$

으로 선택하고

(i) Euclid 호제법을 이용하여 $n_A^{-1} = 1914$를 얻고,

(ii) 집합 S_A^I의 원소에 850을 곱하여 집합 S_A를 얻는다.

이를테면, $6 \times 850 \equiv 1078 \bmod 2011$이고, 같은 방법으로 S_A를 구하면

$$S_A = \{1078, 684, 207, 497, 683, 1428, 1197, 31\}$$

을 얻고, A는 자신의 공개키 S_A를 등록한다.

이와 같은 암호계를 이용하여 사용자 B는 A에게 암호문을 보내기 위하여 평문을 이진벡터 (0, 1, 1, 0, 1, 1, 1, 0)로 표현하고 이진벡터에서 대응되는 S_A의 원소들의 합인 암호문

$$C = \sum_{i=1}^{k} m_i e_i = 684 + 207 + 683 + 1428 + 1197 = 4199$$

를 계산하여 암호문 4199를 A에게 보낸다. 수신자 A는 자신의 비밀키(p, n, n^{-1}, S^I)를 이용해

$$D \equiv n^{-1}C \equiv 1914 \times 4199 \equiv 8036886 \equiv 930 \mod 2011$$

을 계산하고 S_A^I을 이용하여 이진벡터 (0, 1, 1, 0, 1, 1, 1, 0)을 얻는다.

실제로 이론과는 달리 이와 같은 방법에 의하여 만들어진 암호는 안전하지 않은 것으로 알려져 있다. 이러한 암호계는 정수가 아닌 유한 확대체로 확장함으로써 비도를 높일 수 있으나 여기에서는 생략한다.

▶ 연습문제 4.4

1. 공비가 2 이상인 양의 정수로 이루어진 등비수열은 초증가수열임을 보여라.

2. 양의 정수로 이루어진 초증가수열 $S=\{s_i : i=1, 2, \cdots, n\}$와 $T=\{t_i : i=1, 2, \cdots, n\}$에 대하여 k가 자연수일 때,

(1) 집합 $kS=\{ks_i : i=1, 2, \cdots, n\}$는 초증가수열임을 보여라.

(2) 집합 $S+T=\{s_i+t_i : i=1, 2, \cdots, n\}$는 초증가수열임을 보여라.

(3) 집합 $S^k=\{s_i^k : i=1, 2, \cdots, n\}$은 초증가수열임을 보여라.

(4) 집합 $ST=\{s_it_i : i=1, 2, \cdots, n\}$는 초증가수열임을 보여라.

3. 집합 $S=\{1, 3, 7, 15, 35, 71, 151, 311\}$에 대하여 다음 물음에 답하여라.

(1) 집합 S는 초증가수열임을 증명하여라.

(2) 집합 S를 이용하여 정보 10011011에 대응하는 정수를 구하여라.

(3) 정수 267에 대응하는 이진수열을 찾아라.

(4) 소수 $p=601$을 선택하고 $n=37$을 사용하여 집합 $S^I=\{ns_i \mod 601 | s_i \in S\}$을 구하여라.

(5) 법 601에 대하여 37의 역원을 구하여라.

(6) 집합 S^I를 이용하여 정보 10011011에 대응하는 정수를 구하여라.

(7) (6)에서 구한 정수로부터 이진정보를 구하여라.

5. 이산대수 문제를 이용한 공개키암호

이 절에서는 이산대수의 어려움을 이용한 키교환 방법과 암호계에 관하여 설명한다.

1) Diffie-Hellman 키교환 방법

대칭키 시스템에서 비밀통신을 원하는 사람들은 먼저 사용할 암호시스템을 결정하고 암호키를 설정하여 공유하여야 한다. 이때, 암호시스템을 결정하는 과정은 노출되어 암호시스템이 알려져도 큰 문제가 없으나 암호키가 노출되지 않아야 한다. 서로 만나서 암호키를 교환할 수 없는 환경, 즉 도청될지 모르는 상황에서 통신을 이용하여 암호키를 교환하거나 암호키를 결정하는 것은 중요한 일이다. Diffie와 Hellman은 이산로그 문제를 이용하여 이러한 상황에서 안전하게 암호키를 설정하고 배분하는 일을 해결하였다. 즉, 매우 큰 소수 n과 원시근 g가 주어졌을 때, a가 주어질 때, $\mathbb{Z}_n$에서 $g^a = n_A$를 계산하는 것은 어렵지 않지만 n_A를 이용하여 a를 구하는 것이 어렵다는 사실로부터 다음을 생각할 수 있다.

두 사람 A와 B는 매우 큰 소수 n과 원시근 g를 공동으로 선택하고, 각각 a, b를 선택하여 비밀 보관하고 $\mathbb{Z}_n$ 위에서 g^a, g^b을 계산하여 공개한다. 그러면 A와 B는 A는 자신이 선택한 a를 이용하여 $(g^b)^a$을 계산하고 B는 자신이 선택한 b를 이용하여 $(g^a)^b$을 계산함으로써 각각 비밀키 g^{ab}을 구할 수 있다. 이때 제삼자 O는 단지 g^a, g^b만을 알고 a, b를 알 수 없으므로 g^{ab}을 얻을 수 없다. 즉, 두 사람은 만나지 않고도 비밀키를 교환할 수 있다.

Diffie-Hellman에 의하여 제안된 실제 예는 100자리 이상의 매우 큰 수 n에 대하여 컴퓨터에 의하여 계산하지만 이해를 돕기 위하여 작은 n에서 설명한다.

예제 4.5.1 세 사람 A, B, C가 암호시스템을 통신을 통하여 결정하고 암호키를 교환하기 위하여 다음과 같은 과정을 시행한다.

(1) 세 사람 A, B, C는 $n=37$과 5를 결정하여 공개하고, 각각 11, 7, 15를 선택하여 본인만이 알고 비밀을 유지하고 $5^{11} \equiv 2 \bmod 37$, $5^7 \equiv 18 \bmod 37$, $5^{15} \equiv 29 \bmod 37$을 계산한 뒤에 2, 18, 29를 공개한다.

(2) A와 B가 공유할 암호키를 구하기 위하여 A는 B가 공개한 수 18을 이용하여 $18^{11} \equiv 17 \bmod 37$을 구할 수 있고 B는 A가 공개한 수 2를 이용하여 $2^7 \equiv 17 \bmod 37$을 구할 수 있음으로 A와 B는 그들의 암호키를 17로 설정한다. 같은 방법으로 A는 C가 공개한 수 29를 이용하여 $29^{11} \equiv 23 \bmod 37$을 구할 수 있고 C는 A가 공개한 수 2를 이용하여 $2^{15} \equiv 23 \bmod 37$을 구할 수 있음으로 A와 C는 그들의 암호키를 23으로 설정한다. 같은 방법으로 B와 C도 그들의 암호키를 설정할 수 있다.

예제 4.5.1로부터 어느 모임에 회원 k명이 서로 비밀키를 생성하여 사용하는 환경을 생각해 보자. 그 모임은 매우 큰 소수 n과 원시근 g를 공동으로 선택하고 회원 A_i에게 비밀키 a_i를 생각하여 기억하게 하고 집합 $\mathbb{Z}_n$ 위에서 g^{a_i}를 계산하여 [표 4.5]와 같이 공개하도록 한다. 회원 A_i와 회원 A_j가 비밀통신을 하기 위하여 비밀키를 생성할 때, 회원 A_i는 [표 4.5]에서 A_j의 공개사항에서 n_j를 선택하여 자신의 비밀키 a_i를 이용하여 $n_j^{a_i}(=g^{a_j a_i})$를 계산하여 암호계의 키로 결정하고 회원 A_j는 [표 4.5]에서 A_i의 공개사항에서 n_i를 선택하여 자신의 비밀키 a_j를 이용하여 $n_i^{a_j}(=g^{a_i a_j})$를 계산하여 암호계의 키로 결정하여 상호간에 비밀통신을 할 수 있다.

회원	비밀키	공개사항(공개키)
A_1	a_1	$g^{a_1} = n_1$
A_2	a_2	$g^{a_2} = n_2$
A_3	a_3	$g^{a_3} = n_3$
⋮	⋮	⋮
A_k	a_k	$g^{a_k} = n_k$

[표 4.5] 회원 k명의 비밀키와 공개키

2) Massey-Omura 암호계

1983년 Massey와 Omura에 의하여 개발된 암호계로 단지 집합 $\mathbb{Z}_q$만 공개되고 각 사용자 X는 임의의 수 e_X를 $(e_X,\ q-1)=1$이 되도록 선택하여 $d_X e_X \equiv 1 \pmod{q-1}$

이 되는 d_X를 구하고, (e_X, d_X)를 공개하지 않는다. 사용자 A가 사용자 B에게 비밀 전문 P를 보낼 때 A와 B의 개인키 (e_A, d_A)와 (e_B, d_B)를 이용하여 다음 알고리즘에 의하여 전문을 전달한다.

1단계 : A는 전문 P에 대한 P^{e_A} mod q를 계산하고 이를 B에게 보낸다.

2단계 : B는 P^{e_A} mod q를 수신한 뒤 $P^{e_A e_B}$ mod q를 계산하여 A에게 보낸다.

3단계 : A는 $P^{e_A e_B}$ mod q를 수신한 뒤 비밀키 d_A를 이용하여 $P^{e_A e_B d_A} \equiv P^{e_B}$ mod q를 계산하고 이를 B에게 보낸다.

4단계 : B는 P^{e_B} mod q를 수신한 뒤 자신의 비밀키 d_B를 이용하여 $P^{e_B d_B} \equiv P$ mod q를 계산해서 전문 P를 얻는다.

Massey-Omura 암호계의 원리는 다음과 같은 [그림 4.4]를 생각하면 쉽게 이해할 수 있다.

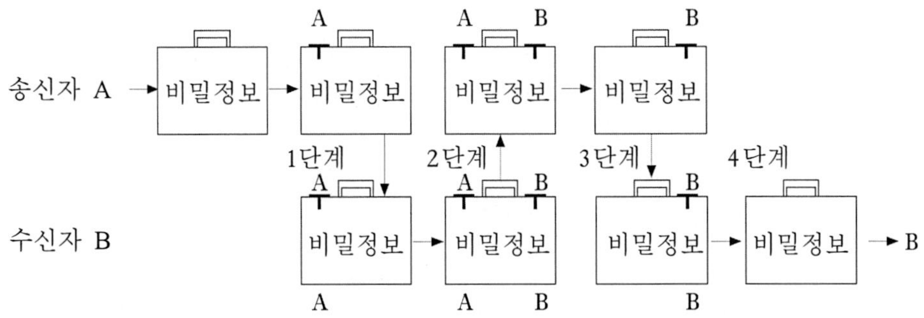

제1단계 : A는 정보를 가방에 넣고 자신의 자물쇠로 잠궈 B에게 보낸다.
제2단계 : B는 A의 자물쇠로 잠긴 가방에 자신의 자물쇠를 잠궈서 A에게 보낸다.
제3단계 : A는 A와 B의 자물쇠로 잠긴 가방을 자신의 열쇠를 이용하여 자물쇠를 제거하여 B에게 보낸다.
제4단계 : B는 자신의 자물쇠로 잠긴 가방을 자신의 열쇠를 이용하여 자물쇠를 제거하여 정보를 얻는다.
단, A는 A의 자물쇠이고 B는 B의 자물쇠이다.

[그림 4.4] Massey-Omura 암호계의 원리

예를 들면 다음과 같다.

예제 4.5.2 집합 $\mathbb{Z}_{197}$ 위에서 A는 자신의 암호키 $E_A=19$를 선택하고 $19d_A \equiv 1 \bmod 196$인 $d_A=31$을 구하여 (19, 31)을 비밀리에 보관한다. 한편, B는 자신의 암호키 $E_B=23$을 선택하고 $23d_B \equiv 1 \bmod 196$인 $d_B=179$를 구하여 (23, 179)를 비밀리에 보관한다. 사용자 A가 사용자 B에게 정보 25를 보내는 과정은 $\mathbb{Z}_{197}$에서 다음과 같다.

단계	정보의 전송과 수신
1	A는 암호키 19를 이용 $25^{19}=169$를 구하고 B에게 169를 전송한다.
2	B는 암호키 23을 이용 $169^{23}=144$를 구하여 A에게 전송한다.
3	A는 복호키 31을 이용 $144^{31}=137$을 구하고 B에게 137을 전송한다.
4	B는 복호키 179를 이용 $137^{179}=25$를 구하여 정보를 얻는다.

3) ElGamal 암호계

1985년 ElGamal은 집합 $\mathbb{Z}_q$의 큰 위수를 가지는 임의의 원소 g를 공개하고 각 사용자 A는 자신이 임의의 수 a를 $0<a<q-1$이 되도록 선택하고 $g^a \bmod q$를 계산하여, a는 공개하지 않고 g^a을 공개한다. 사용자 B는 사용자 A에게 정보 P를 전달하기 위하여 [표 4.6]과 같은 과정을 시행한다.

1단계 : 사용자 B는 임의의 k를 선택하여 $Pg^{ak} \bmod q$를 계산하고 (g^k, Pg^{ak})를 사용자 A에게 보낸다. 2단계 : 사용자 A는 자신의 비밀키 a와 g^k을 이용하여 $(g^k)^a=g^{ak} \bmod q$를 계산한 뒤에, Pg^{ak}을 g^{ak}로 나누어 전문 P를 구한다.

[표 4.6] ElGamal 암호알고리즘

예제 4.5.3 집합 $\mathbb{Z}_{197}$의 큰 위수를 가지는 임의의 원소 25를 공개하고 사용자 A는 자신이 임의의 수 19를 선택하고 $25^{19}=169$를 계산하고, 19는 공개하지 않고 169를 공개한다. 사용자 B는 사용자 A에게 정보 100을 전달하기 위하여 다음과 같은 과정을 시행한다. 즉,

1단계 : 사용자 B는 23을 선택하여 $25^{23}=137$과 $100 \cdot 169^{23}=19$를 계산하고 (137, 19)를 사용자 A에게 보낸다.

2단계 : 사용자 A는 자신의 비밀키 19와 137을 이용하여 $137^{19}=144$를 계산하고 $19 \cdot 144^{-1}=100$을 구하여 정보 100을 얻는다.

▶ 연습문제 4.5

1. 예제 4.5.1에서 B와 C가 설정한 암호키를 구하여라.

2. 두 사람 A, B는 $n=47$과 5를 결정하여 공개하고, 각각 9, 16을 선택하고 본인만이 알고 비밀을 유지하고 각각 40, 17을 공개하였다. Diffie-Hellman 키 교환 방법에 의하여 비밀키를 교환하였다고 할 때 비밀키를 구하여라.

3. 정수 13을 법으로 하고 원소 $g=2$를 선택한 ElGamal 암호에서, 수신자 A는 자신이 비밀키로 9를 보관하고 공개키로 5를 공개하였다고 한다. 이때, B가 암호문 (8, 9)을 A에게 송신하였다. 수신자 A가 복호한 올바른 평문을 구하여라.

4. 집합 $\mathbb{Z}_{2011}$ 위에서 A는 자신의 암호키로 $e_A=109$를 선택하고 B는 자신의 암호키로 $e_B=203$을 선택하였다고 할 때 다음 물음에 답하여라.
   (1) $109d_A \equiv 1 \bmod 2010$인 d_A와 $203d_B \equiv 1 \bmod 2010$인 d_B를 구하여라.
   (2) Massey-Omura 암호계를 이용하여 사용자가 A가 사용자 B에게 정보 25를 보내는 과정을 설명하여라.

6. 지수승 계산

제3절에서 다룬 RSA 암호 및 제5절 이산대수 암호의 암호화과정과 복호과정에는 주어진 수를 법으로 한 어떤 수의 거듭제곱을 계속 시행하여 왔다. 이를 **지수승 계산**이라 한다. 지수승 계산을 고속으로 수행하는 일은 이들 암호계의 암호변환에서 매우 중요하며, 이를 시행하려면 n을 법으로 하는 곱셈을 빠르게 수행하는 알고리즘과 지수승 연산의 회수를 감소시키는 알고리즘이 필요하다.

이를테면, $a^m \bmod n$을 계산할 때 a를 m회 거듭 곱한 다음에 n을 법으로 계산하면 많은 시간이 걸린다. 이 절에서는 지수승 연산의 회수를 감소시키는 알고리즘에 관하여 설명한다.

먼저 예제를 들어 설명하면 다음과 같다.

예제 4.6.1 정수 n을 법으로 한 $a^{45} \bmod n$을 계산하는 과정을 생각하여 보자

(1) $a^2 \bmod n$, $a^3 \bmod n$, $a^4 \bmod n$, $\cdots$, $a^{45} \bmod n$의 순서대로 구하면 44회의 연산을 수행하여 구한다.

(2) $a^2 \bmod n$, $a^4 \bmod n$, $a^8 \bmod n$, $a^{16} \bmod n$, $a^{32} \bmod n$의 순서대로 5회의 연산을 한 후 3회의 연산 $a^{45} \equiv a \cdot a^4 \cdot a^8 \cdot a^{32} \bmod n$을 수행하여 구한다. 즉, 총 8회의 연산으로 $a^{45} \bmod n$을 구한다.

(3) $a^5 \equiv a \cdot (a^2)^2 \bmod n$에서 3회의 연산을 수행하고, 4회의 연산 $a^{45} \equiv a^5 \cdot (((a^5)^2)^2)^2 \bmod n$을 수행한다. 즉, 총 7회의 연산으로 $a^{45} \bmod n$을 구한다.

위 예제에서 설명한 것처럼 연산의 순서에 따라 연산의 회수가 달라진다.

지수승 연산 $a^e \bmod n$을 구할 때 보통 이용하는 방법으로 e의 이진법의 수를 얻은 뒤에 제곱과 곱을 계산하여 구하는 방법으로 SX 방법, 내림차순 방법과 올림차순 방법 등이 일반적이며 인수분해방법 윈도우 방법 등이 있다.

SX 이진방법을 이용한 알고리즘은 다음 [표 4.7]과 같다.

1단계 : e를 이진수열로 표현한다.
2단계 : 이진수열에서 각 자리수가 1이면 SX로 0이면 S로 교체한다.
3단계 : 이진수열이 시작되는 자리수는 무시한다.
4단계 : S는 중간결과 x에 대한 제곱연산으로, X는 x에 a를 곱하는 연산으로 각각 해석하여 $a^e \bmod n$ 연산을 수행한다.

[표 4.7] SX 이진 알고리즘

예제 4.6.2 $a^{23} \bmod n$을 구하기 위하여 SX 이진 알고리즘을 이용하면,

1단계 : 23을 이진수열로 표현하여 (10111)을 얻는다.

2단계 : 이진수열(10111)로부터 (SX, S, SX, SX, SX)를 얻는다.

3단계 : 수열의 왼편의 'SX'를 소거하여 (S, S, X, S, X, S, X)를 얻는다.

4단계 : $a^2 \bmod n$, $a^4 \bmod n$, $a^5 \bmod n$, $a^{10} \bmod n$, $a^{11} \bmod n$, $a^{22} \bmod n$, $a^{23} \bmod n$의 순서로 계산한다.

따라서 $a^{23} \bmod n$을 계산하기 위해 요구되는 곱셈 연산의 횟수는 7회가 된다.

한편, 올림차순 이진방법은 SX 이진방법과 달리 역의 과정을 거치며 $a^e \bmod n$을 구하는 알고리즘으로 다음 [표 4.8]과 같다.

1단계 : (초기화 단계) $M \leftarrow e$, $Y \leftarrow 1$, $Z \leftarrow a$로 초기값을 부여한다.
2단계 : M이 홀수이면 3단계를 수행하고 M이 짝수이면 6단계를 수행한다.
3단계 : Y에 Z를 곱한 후, 이 결과를 Y에 일시적으로 저장한다. $Y \leftarrow Y \times Z \bmod n$
4단계 : $M \leftarrow \left[\frac{M}{2}\right]$
5단계 : M이 0이면 알고리즘을 종료하고, 그렇지 않으면 7단계를 수행한다.
6단계 : $M \leftarrow \left[\frac{M}{2}\right]$
7단계 : Z를 제곱하여 Z에 일시 저장한 후, 2단계를 수행한다. $Z \leftarrow Z \times Z \bmod n$

[표 4.8] 올림차순 이진 알고리즘

a^{23} mod n을 올림차순 알고리즘을 이용하여 구하면 [표 4.9]와 같이 된다. 이때, 곱셈 연산은 8회 수행된다. 일반적으로 이 알고리즘을 이용했을 때 소용되는 모듈러 곱셈의 횟수는 $[\log_2 e]+v(e)$이다. 여기서, $v(e)$은 e의 이진수열 표현에서의 1의 개수와 같다.

루프 수	2단계에서의 M	2단계에서의 Y	4, 6단계에서의 M	7단계에서의 Z
1	23	a mod n	11	a^2 mod n
2	11	a^3 mod n	5	a^4 mod n
3	5	a^7 mod n	2	a^8 mod n
4	2		1	a^{16} mod n
5	1	a^{23} mod n	0	

[표 4.9] 올림차순 알고리즘을 이용한 a^{23} mod n

올림차순 알고리즘과 달리 내림차순 알고리즘은 다음 [표 4.10]과 같다.

1단계 : e를 다음과 같은 이진수열로 표시한다.
$e=(e[k-1],\ e[k-2],\ \cdots,\ e[1],\ e[0])$,
$k=[\log 2e]$, 변수 $Y \leftarrow a$, $j \leftarrow k-2$로 초기화한다.
2단계 : $e[i]$가 1이면 3단계를 수행하고, 0이면 5단계를 수행한다.
3단계 : $Y \leftarrow Y \times Y$ mod n
4단계 : Y에 a를 곱하여 Y에 일시 저장한 후, 6단계를 수행한다.
$Y \leftarrow Y \times a$ mod n
5단계 : 다음과 같이 Y를 제곱하여 Y에 일시 저장한다.
$Y \leftarrow Y \times Y$ mod n
6단계 : i가 0보다 작으면 종료하고, 그렇지 않으면, $i=i-1$을 대입한 후 2단계로 되돌아간다.

[표 4.10] 내림차순 알고리즘

a^{23} mod n를 계산하기 위하여 내림차순 이진방법을 이용한 연산은 [표 4.11]과 같다.

e의 이진수열	i	Y
1	4	$a \bmod n$
0	3	$a^2 \bmod n$
1	2	$a^5 \bmod n$
1	1	$a^{11} \bmod n$
1	0	$a^{23} \bmod n$

[표 4.11] 내림차순 알고리즘을 이용한 $a^{23} \bmod n$

▶ 연습문제 4.6

1. 지수승 $a^{54} \bmod n$을 구하기 위하여 다음 알고리즘을 이용하여 구하는 과정을 설명하고 연산회수를 구하여라.
   (1) SX 이진 알고리즘
   (2) 올림차순 알고리즘
   (3) 내림차순 알고리즘

2. 지수승 $a^{54} \bmod n$을 구하기 위하여 $a^{45} = (a^5)^9$을 이용하여 연산회수를 줄이는 방법을 알아보아라.

3 지수승 $a^{55} \bmod n$을 구하기 위하여 다음 알고리즘을 이용하여 구하는 과정을 설명하고 연산회수를 구하여라.
   (1) SX 이진 알고리즘
   (2) 올림차순 알고리즘
   (3) 내림차순 알고리즘
   (4) 또 다른 방법을 찾아서 연산 회수를 최소화할 수 있는지 알아보아라.

7. 타원곡선암호

타원곡선 이론은 약 150년 전부터 수학적으로 광범위하게 연구되어 왔고, 최근 Andrew Wiles의 Fermat's Last Theorem 증명에서 중요하게 사용되었다. 여기에서 다루는 타원곡선은 실수의 집합 $\mathbb{R}$ 또는 소수 p를 법으로 한 잉여류의 집합 $\mathbb{Z}_p$ $(p \geq 5)$로 제한한다.

실수의 집합 $\mathbb{R}$ 위에서의 방정식

$$E : y^2 + a_1xy + a_3y = x^3 + a_2x^2 + a_4x + a_6, \quad a_i \in \mathbb{R} \tag{$*$}$$

를 만족하는 모든 점 (x, y)들과 **무한원점**(point of infinity)이라 불리는 **이상점**(ideal point) O의 집합을 집합 $\mathbb{R}$ 위에서의 **타원곡선**(elliptic curve)이라 하고 $E(\mathbb{R})$로 나타낸다. 즉,

$$E(\mathbb{R}) = \left\{(x, y) \mid y^2 + a_1xy + a_3y = x^3 + a_2x^2 + a_4x + a_6,\ a_i \in \mathbb{R}\right\} \cup \{O\}$$

이다. 혼돈의 우려가 없을 때에는 간단히 E로 타원곡선을 나타낸다.

식 ($*$)의 타원곡선은 적당한 회전이동과 평행이동에 의하여 다음과 같이 표현된다.

$$y^2 = x^3 + bx + c \tag{$**$}$$

일반적으로 암호학에서는 중근을 갖지 않는 타원곡선을 이용한다.

집합 $\mathbb{R}$ 위에서의 타원곡선 E의 임의의 점 P와 Q에 대하여 다음과 같이 덧셈을 정의한다.

(1) $P = (x_1,\ y_1) \neq O$이면 $-P = (x_1,\ -y_1)$이다.

(2) $P \neq O$, $Q \neq O$, $Q \neq -P$일 때, $P \neq Q$이면 선분 $\overline{PQ}$와 그 곡선 E와의 교점을 R이라 할 때 $P+Q = -R$로, $P = Q$이면 P에서 곡선의 접선과 그 곡선 E와의 교점을 R이라 할 때 $P+Q = -R$로 정의한다.

(3) 실제로 $Q = -P$일 때 (2)의 방법으로 정의할 수 없으므로 평면위에 존재하지 않는 이상점을 택한다. 이에 대한 정의는 아래와 같다.

$$P+Q=O,\ P+O=O+P=P,\ -O=O$$

위 정의에서 일반적인 경우인 (2)를 그림으로 나타내면 [그림 4.5]와 같다. 한편, 타원곡선 위에서 덧셈을 위와 같이 정의하면 타원곡선은 덧셈에 관하여 군(group)을 이룬다. 즉,

(1) 덧셈에 관하여 교환법칙이 성립한다.
(2) 덧셈에 관하여 결합법칙이 성립한다.
(3) 임의의 점 P에 대하여 이상점 O가 존재하여

$$P+O=O+P=P$$

이다.

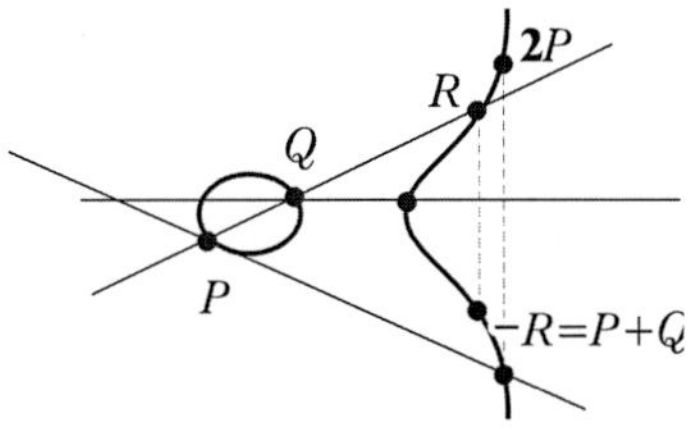

[그림 4.5] 타원곡선 $E(\mathbb{R})$에서의 덧셈

(4) 임의의 점 P에 대하여 점 Q가 존재하여

$$P+Q=O$$

이다.

타원곡선 위의 덧셈이 위와 같이 정의될 때, 두 점의 좌표가 $P(x_1,\ y_1)$와 $Q(x_2,\ y_2)$로 주어지면 $P+Q$는 다음과 같다.

【정리 4.7.1】

집합 $\mathbb{R}$에서의 타원곡선 $y^2=x^3+ax+b$의 점 P, Q 및 $P+Q$의 좌표를 각각 $(x_1,\ y_1)$, $(x_2,\ y_2)$ 및 $(x_3,\ y_3)$라 할 때, x_3와 y_3는 다음과 같다.

(1) $x_1 \neq x_2$일 때 : $x_3=\left(\dfrac{y_2-y_1}{x_2-x_1}\right)^2-x_1-x_2,\ y_3=-y_1+\left(\dfrac{y_2-y_1}{x_2-x_1}\right)(x_1-x_3)$

(2) $P=Q$일 때 : $x_3=\left(\dfrac{3x_1^2+a}{2y_1}\right)^2-2x_1,\ y_3=-y_1+\left(\dfrac{3x_1^2+a}{2y_1}\right)(x_1-x_3)$

(3) $P=-Q$일 때 : $P+Q=O$

증명 점 P와 Q를 지나는 직선을 $y=\alpha x+\beta$라면

$$\alpha=\frac{y_2-y_1}{x_2-x_1} \quad \text{이고} \quad \beta=y_1-\alpha x_1$$

이다. 직선 $\overline{PQ}$ 위에 점 $(x,\ \alpha x+\beta)$이 타원곡선 위에 있을 조건은

$$(\alpha x+\beta)^2=x^3+ax+b$$

이다. 따라서 세 점 P, Q, $P+Q$의 x좌표는 3차 방정식

$$x^3-\alpha^2x^2+(-2\alpha\beta+a)x+b-\beta^2=0$$

의 근이다. 따라서 $x_1+x_2+x_3=\alpha^2$이다. 그러므로

$$x_3=\alpha^2-x_1-x_2=\left(\frac{y_2-y_1}{x_2-x_1}\right)^2-x_1-x_2, \quad y_3=-y_1+\left(\frac{y_2-y_1}{x_2-x_1}\right)(x_1-x_3)$$

이다. 특히 $P=Q$이면 $\alpha=\left.\frac{dy}{dx}\right]_{(x_1,\ y_1)}=\frac{3x_1^2+a}{2y_1}$이므로

$$x_3=\left(\frac{3x_1^2+a}{2y_1}\right)^2-2x_1, \quad y_3=-y_1+\left(\frac{3x_1^2+a}{2y_1}\right)(x_1-x_3)$$

이다. 한편, $P=-Q$인 경우는 정의로부터 분명하다. ■

예제 4.7.1 곡선 $y^2=x^3-36x$에서 점 P와 Q의 좌표를 각각 $(-3,\ 9)$와 $(-2,\ 8)$이라 하면 점 P 와 Q를 지나는 직선은

$$y=-x+6$$

이고, 직선과 곡선의 교점은

$$(-x+6)^2=x^3-36x$$

을 풀면 $x=-3,\ -2$ 또는 6이다. 따라서 R의 좌표는 $(6,\ 0)$이고 $P+Q$의 좌표 $-R$은 $(6,\ 0)$이다.

한편, $2P$의 좌표를 구하기 위하여 타원곡선의 식을 미분하여 기울기를 구하

면, $2yy'=3x^2-36$으로부터 $m=y'=-\frac{1}{2}$이다. 따라서 직선의 식은 $y=-\frac{x}{2}+\frac{15}{2}$이다. 직선과 곡선의 교점은

$$\left\{\frac{-x+15}{2}\right\}^2=x^3-36x$$

으로부터 $x=-3$ 또는 $x=25/4$이다. 따라서 $2P$의 좌표는 $(25/4, -35/8)$이다.

한편, x^3+ax+b가 하나의 실근만 가지거나 중근을 갖는다면 [그림 4.6]에서와 같이 점 P와 점 Q를 잡고 $P+Q$를 생각하면 제3의 점과 만나지 않으므로 정의되지 않는다.

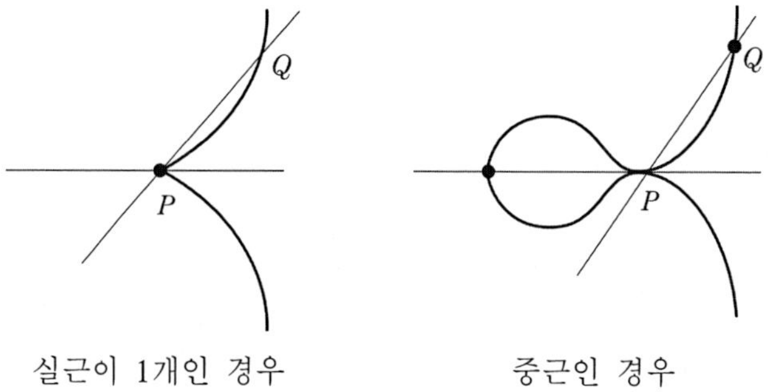

[그림 4.6] 서로 다른 세 실근이 아닌 경우

참고 실수체 위에서 방정식 $x^3+ax+b=0$이 중근을 갖지 않을 필요충분조건은 $4a^3+27b^2<0$이므로, 실제로 실수체 위에서의 타원곡선을 정의할 때에 조건 $4a^3+27b^2<0$이 필요하다.

예를 들면 타원곡선 $y^2=x^3-3x+2$ 위의 점 $P(1, 0)$, $Q(2, 2)$와 $Q'(2, -2)$에 대하여 $P+Q=P+Q'=P$이므로 Q와 Q'은 점 P의 덧셈에 대한 항등원이 되고 군의 성질인 항등원의 유일성에 위배가 된다.

집합 $\mathbb{Z}_p(p\geq 5)$에서의 타원곡선은 실수에서와 같이 정의된다. 그러나 실수에서의 타원곡선과는 달리 집합 $\mathbb{Z}_p$에서의 타원곡선은 유한개의 원소들로 이루어지며, 연산의 결과가 실수에서 정의된 타원곡선과는 달리 표현이 간단한 장점이 있다.

예제 4.7.2 집합 $\mathbb{Z}_{11}$ 위에서 방정식 $y^2=x^3+x+6$에 의하여 정의되는 타원곡선 군을 구하여 보자. 먼저, $x=1$이면 $y^2=1+1+6=8$이 되고 $\mathbb{Z}_{11}$에서 해가 없으므로 $x=1$인 점은 E에 속하지 않는다. 또 $x=2$를 대입하면 $y^2=8+2+6=5$이고 이때 y를 구하면 $y=4$ 또는 $y=7$이다. 따라서 $(2, 4)$와 $(2, 7)$은 E의 점이다. 같은 방법을 계속 시행하면 다음과 같은 타원곡선을 얻을 수 있다.

$$E(\mathbb{Z}_{11})=\{O\}\cup\{(2, 4), (2, 7), (3, 5), (3, 6), (5, 2), (5, 9), (7, 2), (7, 9), (8, 3), (8, 8), (10, 2), (10, 9)\}$$

정리 4.7.1을 이용하면, 점 $P=(2, 4)$와 $Q=(3, 5)$에 대하여 $P+Q=(7, 2)$이고 $2P=(5, 9)$이다. 실제로 $P+Q=(7, 2)$의 x 좌표는

$$x_3=\left(\frac{5-4}{3-2}\right)^2-2-3=-4\equiv 7 \bmod 11$$

으로 계산되며, 나머지도 같은 방법으로 구할 수 있다.

실제로 $\mathbb{Z}_p$ 위의 타원곡선의 원소들을 구하려면 $\mathbb{Z}_p$ 위에서 이차합동식의 해를 구하여야 한다. p가 작은 수 일 때는 예제 4.7.2에서와 같이 직접 대입하여 구하지만 p가 큰 수 일 때에는 쉽지 않다. 이차합동식의 풀이에 관한 내용은 제5장에서 자세하게 설명된다.

타원곡선 E 위의 점 P에 대하여 $nP=O$인 최소의 양의 정수 n을 점 P의 위수(order)라고 한다.

예제 4.7.3 타원곡선 $y^2=x^3+1$ 위의 점 $P=(2, 3)$의 위수를 구해보자.
먼저, P에서의 접선의 식이 $y=2x-1$이므로 교점을 구하고 $2P$를 구하면 $2P=(0, 1)$이다. 같은 방법으로 구하면 $4P=(0, -1)$이다.
따라서 $4P=(0, -1)=-(0, 1)=-2P$이고 $6P=O$이다. 한편, $3P\neq O$이므로 P의 위수는 6이다.

타원곡선 암호는 잉여류 집합 $\mathbb{Z}_p$ 위에서 정의된 암호로서 다음의 장점을 가진다. 첫째, 군(g roup)을 제공할 수 있는 다양한 타원곡선을 활용할 수 있다. 즉, 다양한 암호시스템 설계가 용이하다. 둘째, 특수한 몇 가지 타원곡선을 피하면 안전한 암호

시스템을 설계하는 것이 용이하다. 셋째, 타원곡선 암호시스템은 존재하는 다른 공개키 암호시스템과 같은 안전도를 제공하는 데에 더 작은 키 길이를 가지고 가능하다(예, RSA 1024비트 키와 ECC 160비트 키를 갖는 암호시스템은 같은 안전도를 갖는다). 넷째, 타원곡선에서의 더하기 연산은 H/W와 S/W로 구현하기가 용이하다. 더욱이 이 군에서의 이산대수 문제는 특히, 같은 크기의 집합 위에서의 이산대수 문제보다 훨씬 어렵다고 알려져 있다.

집합 $\mathbb{Z}_q$ 위에 타원곡선의 집합이 군을 이루는 것에 대하여 앞에서 설명하였다. 또한 타원곡선위에 한 점 P의 위수를 n이라면 집합 $H=\{P, 2P, \cdots, nP\}$, $nP=O$는 군 $E(\mathbb{Z}_q)$의 순환부분군이다. 즉, 군 H의 임의의 원소 Q에 대하여 적당한 자연수 x가 존재하여 $Q=xP$이다. 한편, x와 P를 알면 Q를 구하는 것은 어렵지 않지만, n이 충분히 클 경우에 점 P와 점 Q가 주어질 때, x를 구하는 것은 쉽지 않다. 이 문제를 **타원곡선 이산대수문제**(elliptic curve discrete logarithm problem)라 한다. 이를 이용한 암호계는 제5절에서 설명한 이산대수 암호계와 유사하다. 또한 이산대수문제를 공격하는 모든 방법들은 유한 덧셈군에 달려 있으며 이 방법들이 타원곡선군에 응용된다.

다음 [표 4.12]는 이산대수 암호계와 타원곡선 암호계의 원리를 비교한 표이다.

	$\mathbb{Z}_p^*$	$E(\mathbb{Z}_p)$
원소	정수 $\{1, 2, \cdots, p-1\}$	E의 원소 $P(x, y)$와 O
연산	모듈러 p에서의 곱셈 g^a	원소들의 덧셈 aP
이산대수 문제	주어진 $g \in \mathbb{Z}_p^*$에 대하여 $h \equiv g^a \bmod p$일 때, a를 찾는 문제	주어진 $P \in E(\mathbb{Z}_p)$에 대하여 $Q=aP$일 때, a를 찾는 문제

[표 4.12] 이산대수문제와 타원곡선의 이산대수문제 비교

지금부터 타원곡선을 이용한 몇 가지 암호에 관하여 설명한다.

제5절에서 설명한 Diffie-Hellman 공개열쇠 교환시스템은 두 개인 사이 또는 두 시스템 사이에 공통된 비밀열쇠를 공유하기 위하여 사용된다. Diffie-Hellman 공개열쇠 교환시스템은 타원곡선 공개열쇠 암호시스템도 이와 유사하게 사용된다.

사용자 A와 B는 우선 자기 자신의 개인열쇠와 공개열쇠를 만들기 위해 집합 $\mathbb{Z}_q$와 그 위에서 정의되는 타원곡선 E를 정하여 공개하고 반드시 생성원일 필요는 없지만 위수가 충분히 큰 E위의 원소 Q를 선택하여 공개한다. 또한, 사용자 A와 B는 각각 임의의 정수 a, b를 선택하여 자신의 개인열쇠로 보관하고, aQ와 bQ를 계산하여 서로 공개한다. 그리고 공통 비밀열쇠로써 $P=abQ$를 사용한다. 즉, 사용자 A는 B의 공개열쇠 bQ에 자신의 개인열쇠를 a를 곱하여 P를 알 수 있고, 사용자 B도 같은 방법으로 공통 비밀열쇠 P를 알 수 있다.

한편, 공격자가 Q와 aQ 또는 bQ로부터 a 또는 b를 계산해 낸다면 이 암호시스템은 깨어지겠지만 이 문제는 이산대수문제를 풀어야 하는 것이므로 불가능한 것으로 알려져 있다.

타원곡선 위에서 Massey-Omura 암호계는 유한체 위에서의 Massey-Omura 암호계와 유사하다.

집합 $\mathbb{Z}_q$와 그 위에서 정의된 타원곡선 E를 공개하고, E의 점의 개수 N이 알려져 있다고 하자. 또한, 전달 메시지 구성단위 m이 E위의 점 P에 내포되어 있다고 가정하자. 사용자들은 각각 $(e, N)=1$인 임의의 정수 e $(1<e<N-1)$를 선택한다. 그리고 유클리드 알고리즘을 이용하여 $d\equiv e^{-1} \bmod N$을 계산하여 개인열쇠로 보관한다.

만약 사용자 A가 B에게 메시지 P를 전달하기를 원한다면, 먼저 A는 e_AP를 계산한 후 B에게 보낸다. 이것은 B에게 아무런 의미도 전달되지 않는다. B는 e_AP 에 e_B를 곱한 e_Be_AP를 다시 A에게 보낸다.

이때 A는 받은 값에 자신의 개인열쇠 d_A를 곱한 $d_A(e_Be_AP)=(e_BP)$를 다시 B에게 보낸다. 그러면, B는 자신의 개인열쇠 d_B를 이 점에 곱해서 A가 보낸 메시지 P를 알 수 있다. 이 과정을 요약하면 [표 4.13]과 같다.

타원곡선 위에서의 ElGamal 암호계도 유사하게 적용된다.

먼저, E 위의 점 Q를 선택하고 사용자들은 각각 임의의 정수 e를 선택하고 개인열쇠로 보관하고 eQ를 계산하여 공개한다. 이를테면, B는 e_B를 선택하여 비밀키로 하고 $e_B \cdot Q$를 공개한다.

만약 A가 B에게 메시지 P를 보내려 한다면 A는 임의로 정수 k를 선택하여 점들의 순서쌍 $(kQ, P+k(e_BQ))$를 보낸다. B는 kQ에 e_B를 곱하여 e_BkQ를 구하고 이를 이용하여 메시지 $P+ke_BQ-e_BkQ=P$를 얻는다. 이 과정을 요약하면 [표 4.14]와 같다.

공개사항 : $\mathbb{Z}_q$, E, P, N을 정한다.
1단계 : 사용자 A와 사용자 B는 각각 e_A와 e_B를 선택하여 공개하고 각각 $d_A=e_A^{-1} \bmod N$ 과 $d_B=e_B^{-1} \bmod N$을 계산하여 비밀키로 한다.
2단계 : 사용자 A는 e_AP를 계산하여 사용자 B에게 보낸다.
3단계 : 사용자 B는 $e_B(e_AP)$를 계산하여 사용자 A에게 보낸다.
4단계 : 사용자 A는 $d_A(e_Be_AP)=e_BP$를 계산하여 사용자 B에게 보낸다.
5단계 : 사용자 B는 $d_B(e_BP)=P$를 계산하여 사용자 A에게 보낸다.

[표 4.13] 타원곡선을 이용한 Massey-Omura 암호계

공개사항 : $\mathbb{Z}_q$, E, Q를 정한다.
1단계 : 사용자 A와 사용자 B는 각각 $a_A\in\mathbb{Z}$와 $a_B\in\mathbb{Z}$를 선택하여 개인열쇠로 하고 a_AQ와 a_BQ를 계산하여 공개한다.
2단계 : A는 $k\in\mathbb{Z}$를 선택하고 $(kQ,\ P+k(a_BQ))$를 계산하여 B에게 보낸다.
3단계 : B는 $a_B(kQ)=a_BkQ$를 계산하고 $P+ka_BQ-a_BkQ=P$를 계산한다. 공격자가 kQ와 ka_BQ를 도청했다 하더라도 a_B를 계산해야 이 암호시스템은 깨어질 것이다. 이 문제 역시 이산대수문제이다.

[표 4.14] 타원곡선을 이용한 ElGamal 암호계

지금까지 설명한 타원곡선암호 또한 일반적인 유한체로 확장되어 많은 응용을 가진다. 더 자세한 내용은 이 책의 범위를 넘기 때문에 생략한다. 자세한 내용은 문헌 [5.13]을 참조하기 바란다.

제 5 장

이차잉여와 소인수분해

1. 이차잉여와 Legendre 기호
2. 이차합동식과 그 응용
3. 영지식증명과 Rabin 암호
4. 이차잉여와 Jacobi 기호

1. 이차잉여와 Legendre 기호

이 절에서는 자연수 m을 법으로 하는 이차합동식 $x^2 \equiv a \bmod m$의 해에 관하여 살펴본다.

자연수 m과 서로소인 정수 a에 대하여 이차합동식 $x^2 \equiv a \bmod m$이 해를 가질 때 a를 m을 법으로 한 **이차잉여**(quadratic residue modulo m)라 하고, 해를 가지지 않을 때 a를 m을 법으로 한 **이차비잉여**(quadratic nonresidue modulo m)라 한다.

이를테면, $m=7$이라 할 때,

$$1^2 \equiv 1 \bmod 7 \qquad 2^2 \equiv 4 \bmod 7 \qquad 3^2 \equiv 2 \bmod 7$$
$$4^2 \equiv 2 \bmod 7 \qquad 5^2 \equiv 4 \bmod 7 \qquad 6^2 \equiv 1 \bmod 7$$

이므로 1, 2 및 4는 이차잉여이고 3, 5 및 6은 이차비잉여이다.

정의로부터 법 m에 관한 정수 a의 이차잉여와 이차비잉여를 판정할 때 a는 기약잉여계 $\mathbb{Z}_m^*$의 원소인 경우만 생각한다.

이제, 특수한 경우로 m이 홀수인 소수 p인 경우에 관하여 살펴본다.

먼저, 정리 3.5.10으로부터 다음 Euler의 규준을 얻는다.

【정리 5.1.1】 (Euler 규준)

홀수인 소수 p에 대하여, $(a, p)=1$인 정수 a에 대하여 다음이 성립한다.

(1) 정수 a가 이차잉여일 필요충분조건은 $a^{\frac{p-1}{2}} \equiv 1 \bmod p$이다. 이때 이 합동식은 꼭 두 개의 해를 가진다.

(2) 정수 a가 이차비잉여일 필요충분조건은 $a^{\frac{p-1}{2}} \equiv -1 \bmod p$이다. 이때 이 합동식은 해를 갖지 않는다.

이를테면, $p=7$이라 할 때, $4^3 \equiv 1 \bmod 7$이므로 4는 이차잉여이지만 $3^3 \equiv -1 \bmod 7$이므로 3은 이차비잉여이다. 실제로 $p=7$인 경우에 이차잉여와 이차비잉여는 각각 3개씩이다. 일반적으로 홀수인 소수 p에 대하여 다음 정리가 성립한다.

【정리 5.1.2】

홀수인 소수 p에 대하여, 기약잉여계 $\mathbb{Z}_p^* = \{1, 2, \cdots, p-1\}$에는 $\dfrac{p-1}{2}$개의 이차잉여와 $\dfrac{p-1}{2}$개의 이차비잉여가 각각 존재한다.

증명 정리 3.4.5에 의하여 p는 원시근을 가지므로 적당한 원시근 g가 존재하여

$$\mathbb{Z}_p^* = \{1, 2, \cdots, p-1\} = \{1 = g^0, g^1, g^2, \cdots, g^{p-2}\}$$

이다. 정리 5.1.1에 의하여 g의 짝수 멱인 원소는 이차잉여이고 g의 홀수 멱인 원소는 이차비잉여이다. 기약잉여계 $\mathbb{Z}_p^*$에는 $\dfrac{p-1}{2}$개의 이차잉여와 $\dfrac{p-1}{2}$개의 이차비잉여가 각각 존재한다. ■

특히, p가 홀수인 소수일 때, 이차합동식의 해의 존재성을 쉽게 판정하기 위하여 Legendre가 도입한 기호가 이용된다. 즉, $(p, a)=1$인 정수 a에 대하여 $\left(\dfrac{a}{p}\right)$를

$$\left(\frac{a}{p}\right) = \begin{cases} 1 : a\text{가 } p\text{에 관한 이차잉여일 때} \\ -1 : a\text{가 } p\text{에 관한 이차비잉여일 때} \end{cases}$$

와 같이 정의하고, 이 기호를 Legendre 기호라 한다.

이를테면, $x^2 \equiv a \bmod 7$의 해의 존재성으로부터 Legendre 기호로 나타내면,

$$\left(\frac{1}{7}\right) = \left(\frac{2}{7}\right) = \left(\frac{4}{7}\right) = 1$$

$$\left(\frac{3}{7}\right) = \left(\frac{5}{7}\right) = \left(\frac{6}{7}\right) = -1$$

이다.

한편, 다음 정리는 Legendre 기호 $\left(\frac{a}{p}\right)$에 관한 성질을 증명하는데 유용하게 이용된다.

【정리 5.1.3】

p가 홀수인 소수일 때,

$$\left(\frac{a}{p}\right) \equiv a^{\frac{p-1}{2}} \bmod p$$

이다.

증명 $(p,\ a)=1$인 정수 a에 대하여 다음이 성립하므로 정리가 증명된다.

a가 이차잉여이다. $\Leftrightarrow$ $x^2 \equiv a \bmod p$가 근을 가진다.

$\Leftrightarrow$ $a^{\frac{p-1}{2}} \equiv 1 \bmod p$이다.(정리 5.1.1)

a가 이차비잉여이다. $\Leftrightarrow$ $x^2 \equiv a \bmod p$가 근을 갖지 않는다.

$\Leftrightarrow$ $a^{\frac{p-1}{2}} \equiv -1 \bmod p$이다.(정리 5.1.1) ■

위 정리와 Legendre 기호의 정의를 이용하면 Legendre 기호에 관한 성질들을 얻을 수 있다.

이를테면, $\left(\frac{3}{11}\right) \equiv 3^5 \equiv 1 \bmod 11$이다. 그러나 p와 a의 값이 클 때에는 많은 계산이 필요하므로 다음과 같은 성질들을 이용한다.

【정리 5.1.4】

p가 홀수인 소수일 때,

(1) $\left(\frac{1}{p}\right)=1,\ \left(\frac{a^2}{p}\right)=1$ (2) $\left(\frac{-1}{p}\right)=(-1)^{\frac{p-1}{2}}$

(3) $\left(\frac{ab}{p}\right)=\left(\frac{a}{p}\right)\left(\frac{b}{p}\right)$ (4) $\left(\frac{a^2b}{p}\right)=\left(\frac{b}{p}\right)$

증명 (1) Legendre 기호의 정의로부터 분명하다.

(2) 정리 5.1.3의 식에 $a=-1$을 대입하면 얻을 수 있다.

(3) 정리 5.1.3의 식에 의하여

$$\left(\frac{ab}{p}\right)\equiv(ab)^{\frac{p-1}{2}}=a^{\frac{p-1}{2}}b^{\frac{p-1}{2}}\equiv\left(\frac{a}{p}\right)\left(\frac{b}{p}\right)\text{mod } p$$

(4) $\left(\frac{a^2b}{p}\right)=\left(\frac{a^2}{p}\right)\left(\frac{b}{p}\right)=\left(\frac{b}{p}\right)$ ■

예제 5.1.1 이차합동식 $x^2\equiv 35 \text{ mod } 47$의 해의 존재성을 확인하면,

$$\left(\frac{35}{47}\right)=\left(\frac{-12}{47}\right)=\left(\frac{2^2}{47}\right)\left(\frac{3}{47}\right)\left(\frac{-1}{47}\right)=3^{23}(-1)^{23}=-3^{23}\equiv-1 \pmod{47}$$

이므로 이차합동식은 해를 갖지 않는다.

【따름정리 5.1.5】

p가 홀수인 소수일 때

(1) $\left(\frac{-1}{p}\right)=1 \Leftrightarrow p\equiv 1 \text{ mod } 4$

(2) $\left(\frac{-1}{p}\right)=-1 \Leftrightarrow p\equiv 3 \text{ mod } 4$

(3) $x^2\equiv-1 \text{ mod } p$가 해를 가질 필요충분조건은 $p\equiv 1 \text{ mod } 4$이다.

증명 정리 5.1.4의 (2)로부터 분명하다. 즉,

$$\left(\frac{-1}{p}\right)=(-1)^{\frac{p-1}{2}}=1 \Leftrightarrow \frac{p-1}{2}\text{이 짝수} \Leftrightarrow p\equiv 1 \text{ mod } 4$$

이다. 같은 방법으로 (2)가 성립한다. (3)은 정의로부터 분명하다. ■

이를테면, $\left(\frac{-1}{11}\right)=-1$, $\left(\frac{-1}{13}\right)=1$, $\left(\frac{-1}{17}\right)=1$이고 $\left(\frac{-1}{19}\right)=-1$이다.

다음 정리의 증명은 다소 복잡하므로 여기에서 생략한다.

【정리 5.1.6】

p가 홀수인 소수일 때

$$\left(\frac{2}{p}\right)=(-1)^{\frac{p^2-1}{8}}$$

【따름정리 5.1.7】

p가 홀수인 소수일 때

$$\left(\frac{2}{p}\right)=1 \Leftrightarrow p\equiv 1 \bmod 8 \text{ 또는 } p\equiv -1 \bmod 8$$

$$\left(\frac{2}{p}\right)=-1 \Leftrightarrow p\equiv 3 \bmod 8 \text{ 또는 } p\equiv -3 \bmod 8$$

증명 p가 홀수인 소수일 때, 정리 5.1.6에 의하여

$$\begin{aligned}\left(\frac{2}{p}\right)=1 &\Leftrightarrow (-1)^{\frac{p^2-1}{8}}=1 \\ &\Leftrightarrow p\equiv 1 \bmod 8 \text{ 또는 } p\equiv -1 \bmod 8\end{aligned}$$ ■

이를테면, $\left(\frac{2}{11}\right)=-1$, $\left(\frac{2}{13}\right)=-1$, $\left(\frac{2}{17}\right)=1$이고 $\left(\frac{2}{19}\right)=-1$이다.

다음 정리 또한 증명이 다소 복잡하므로 여기에서 생략한다.

【정리 5.1.8】

p와 q가 홀수인 서로 다른 소수일 때

$$\left(\frac{q}{p}\right)=(-1)^{\frac{p-1}{2}\frac{q-1}{2}}\left(\frac{p}{q}\right)$$

이다.

정리 5.1.8로부터 다음 성질을 쉽게 증명할 수 있다.

【따름정리 5.1.9】

p와 q가 홀수인 서로 다른 소수일 때

$$\left(\frac{q}{p}\right)=\left(\frac{p}{q}\right) \Leftrightarrow p\equiv 1 \bmod 4 \text{ 또는 } q\equiv 1 \bmod 4$$

$$\left(\frac{q}{p}\right)=-\left(\frac{p}{q}\right) \Leftrightarrow p\equiv 3 \bmod 4\text{이고 } q\equiv 3 \bmod 4$$

이다.

예제 5.1.2 소수 $p=19$인 경우에 대하여 살펴보면,

$$\left(\frac{1}{19}\right)=1,\quad \left(\frac{2}{19}\right)=-1,\quad \left(\frac{3}{19}\right)=-\left(\frac{19}{3}\right)=-\left(\frac{1}{3}\right)=-1,\quad \left(\frac{4}{19}\right)=\left(\frac{2^2}{19}\right)=1,$$

$$\left(\frac{5}{19}\right)=\left(\frac{19}{5}\right)=\left(\frac{4}{5}\right)=\left(\frac{2^2}{5}\right)=1,\quad \left(\frac{6}{19}\right)=\left(\frac{2}{19}\right)\left(\frac{3}{19}\right)=1$$

$$\left(\frac{7}{19}\right)=\left(\frac{-12}{19}\right)=\left(\frac{-1}{19}\right)\left(\frac{2^2}{19}\right)\left(\frac{3}{19}\right)=1,\quad \left(\frac{8}{19}\right)=\left(\frac{2^3}{19}\right)=-1$$

$$\left(\frac{9}{19}\right)=\left(\frac{3^2}{19}\right)=1,\quad \left(\frac{10}{19}\right)=\left(\frac{2}{19}\right)\left(\frac{5}{19}\right)=-1,\quad \left(\frac{11}{19}\right)=\left(\frac{-10}{19}\right)=1$$

$$\left(\frac{12}{19}\right)=\left(\frac{-7}{19}\right)=-1,\ \cdots,\ \left(\frac{17}{19}\right)=\left(\frac{-2}{19}\right)=1\quad \left(\frac{18}{19}\right)=\left(\frac{-1}{19}\right)=-1$$

로 9개의 이차잉여인 원소와 9개의 이차비잉여인 원소가 존재한다.

예제 5.1.2로부터 $p=19$인 경우에

$$\left(\frac{1}{19}\right)+\left(\frac{2}{19}\right)+\cdots+\left(\frac{18}{19}\right)=0$$

이다. 이 사실의 일반화는 정리 5.1.2로부터 얻는다. 즉, p가 홀수인 소수일 때 다음 성질을 쉽게 얻는다.

$$\left(\frac{1}{p}\right)+\left(\frac{2}{p}\right)+\cdots+\left(\frac{p-1}{p}\right)=0$$

예제 5.1.3 이차합동식 $x^2\equiv 189 \bmod 313$의 해의 존재성을 확인하기 위하여 $\left(\frac{189}{313}\right)=\left(\frac{3^3}{313}\right)\left(\frac{7}{313}\right)$을 구하여 보면,

$$\left(\frac{3}{313}\right)=\left(\frac{313}{3}\right)=\left(\frac{1}{3}\right)=1,\quad \left(\frac{7}{313}\right)=\left(\frac{313}{7}\right)=\left(\frac{5}{7}\right)=\left(\frac{7}{5}\right)\equiv\left(\frac{2}{5}\right)=-1$$

이므로 $\left(\frac{189}{313}\right)=-1$이고 $x^2\equiv 189 \bmod 313$은 해를 갖지 않는다.

이제, Legendre 기호의 성질을 이용하여 소수가 무한히 많음을 증명해보자.

예제 5.1.4 $4n+1$꼴의 소수는 무한히 많음을 보이기 위하여 $4n+1$꼴의 소수가 유한개만 존재한다고 가정하고 이러한 소수를 $q_1, q_2, \cdots, q_t$라고 하자. 이때,

$$N=(2q_1q_2\cdots q_t)^2+1$$

이라고 놓으면 N은 $4n+1$꼴의 수이고 임의의 $i\ (1\le i\le t)$에 대하여 $N\ne q_i$이므로 합성수이다. 따라서 N은 소인수 p를 가진다. 즉,

$$\begin{aligned} p\mid N &\Leftrightarrow (2q_1q_2\cdots q_t)^2+1\equiv 0 \bmod p \\ &\Leftrightarrow x^2\equiv -1 \bmod p \text{는 해 } x\equiv 2q_1q_2\cdots q_t \bmod p\text{를 가진다.} \\ &\Leftrightarrow \left(\frac{-1}{p}\right)=1 \\ &\Leftrightarrow p\text{는 } 4n+1\text{꼴의 소수이다.} \end{aligned}$$

따라서 p는 $q_1, q_2, \cdots, q_t$ 중 어느 하나이다.

그러므로 $p\mid N$이고 $p\mid(2q_1q_2\cdots q_t)^2$이어서 $p\mid 1$이 되어 모순이다.

따라서 $4n+1$꼴의 소수는 무한히 많다.

예제 5.1.5 $8n-1$꼴의 소수가 무한히 많은 것을 증명하기 위하여 $8n-1$꼴의 소수가 유한개만 존재한다고 가정하고 이러한 소수를 $q_1, q_2, \cdots, q_t$라고 하자. 이때,

$$N=(4q_1q_2\cdots q_t)^2-2$$

이라 놓으면 N은 합성수이다. 이제 p를 N의 홀수인 소인수라고 하자. 그러면

$$\begin{aligned} & p\mid N \\ \Leftrightarrow\ & (4q_1q_2\cdots q_t)^2-2\equiv 0 \bmod p \\ \Leftrightarrow\ & \text{이차합동식 } x^2\equiv 2 \bmod p\text{는 해를 가진다.} \\ \Leftrightarrow\ & \left(\frac{2}{p}\right)=1 \\ \Leftrightarrow\ & p\equiv \pm 1 \bmod 8 \ (\text{따름정리 5.1.7}) \end{aligned}$$

이다. 즉, N의 홀수인 소인수는 모두 $8n+1$ 또는 $8n-1$꼴이다.

한편, $N=(4q_1q_2\cdots q_t)^2-2=2\{8(q_1q_2\cdots q_t)^2-1\}$이므로 N의 홀수인 소인수가 모두 $8n+1$꼴이면 $8(q_1q_2\cdots q_t)^2-1$은 $8n+1$꼴이고 $N\equiv 2 \bmod 8$이므로 $N\equiv -2 \bmod 8$에 모순이다. 따라서 N의 홀수인 소인수 중에는 $8n-1$꼴이 적어도 하나 존재한다. 이러한 소수를 q라고 하면 q는 $q_1, q_2, \cdots, q_t$ 중에 하나이다. 그러므로 $q\mid N$, $q\mid(4q_1q_2\cdots q_t)^2$이므로 $q\mid 2$이어서 모순이다. 따라서 $8n-1$꼴의 소수가 무한히 많다.

예제 5.1.6 $x\equiv 1 \bmod m$이면 $x=km+1$꼴이다. 여기에서 k가 짝수인 경우와 홀수인 경우로 나누면 $x=2lm+1$ 또는 $x=2lm+m+1$이다. 따라서 $x\equiv 1 \bmod 2m$ 또는 $x\equiv 1+m \bmod 2m$이다. 역으로, $x\equiv 1 \bmod 2m$ 또는 $x\equiv 1+m \bmod 2m$이면 $x\equiv 1 \bmod m$이다. 따라서

$$x\equiv 1 \bmod m \Leftrightarrow x\equiv 1 \bmod 2m \text{ 또는 } x\equiv 1+m \bmod 2m$$

연습문제 5.1

1. p가 홀수인 소수일 때, 다음 성질을 증명하여라.

$$\left(\frac{1}{p}\right)+\left(\frac{2}{p}\right)+\cdots+\left(\frac{p-1}{p}\right)=0$$

2. 다음을 계산하여라.

(1) $\left(\frac{2}{61}\right)$　　(2) $\left(\frac{-1}{23}\right)$　　(3) $\left(\frac{3}{173}\right)$

3. p가 7 이상인 소수일 때, 다음 성질을 증명하여라.

(1) 2, 3, 6중에 적어도 하나는 법 p에 관한 이차잉여이다.

(2) 4, 9는 이차잉여이다.

4. 다음을 계산하여라.

(1) $\left(\frac{7}{61}\right)$　　(2) $\left(\frac{11}{23}\right)$　　(3) $\left(\frac{23}{173}\right)$

5. 다음 이차합동식이 해를 가지는지 판정하여라.

(1) $x^2 \equiv 189 \bmod 317$　　(2) $x^2 \equiv 217 \bmod 997$

6. p가 홀수인 소수일 때, 다음 성질을 증명하여라.

$$p \equiv 1 \bmod 8 \text{ 또는 } p \equiv 3 \bmod 8 \Leftrightarrow \left(\frac{-2}{p}\right)=1$$

7. p가 5 이상인 소수일 때, 다음 성질을 증명하여라.

(1) $p \equiv \pm 1 \bmod 12 \Leftrightarrow \left(\frac{3}{p}\right)=1$

(2) $p \equiv 1 \bmod 6 \Leftrightarrow \left(\frac{-3}{p}\right)=1$

2. 이차합동식과 그 응용

이 절에서는 서로 다른 홀수인 두 소수 p, q와 $(pq,\ a)=1$인 정수 a에 대하여 이차합동식 $x^2 \equiv a \bmod pq$의 풀이와 이를 이용한 응용에 관하여 다룬다.

【정리 5.2.1】

서로 다른 홀수인 두 소수 p, q와 $(pq,\ a)=1$인 정수 a에 대하여 이차합동식 $x^2 \equiv a \bmod pq$이 해를 가질 필요충분조건은 $\left(\frac{a}{p}\right)=\left(\frac{a}{q}\right)=1$이다. 다시 말하면, a가 법 pq에 관한 이차잉여일 필요충분조건은 a가 법 p에 관한 이차잉여이고 a가 법 q에 관한 이차잉여이다. 더욱이, 이차합동식 $x^2 \equiv a \bmod pq$이 해를 가지면 꼭 4개의 해를 가진다.

증명 이차합동식 $x^2 \equiv a \bmod pq$은 연립합동식 $\begin{cases} x^2 \equiv a \bmod p \\ x^2 \equiv a \bmod q \end{cases}$ 과 동치이다.

따라서 이차합동식 $x^2 \equiv a \bmod pq$은 두 이차합동식

$$x^2 \equiv a \bmod p, \quad x^2 \equiv a \bmod q$$

이 모두 해를 가질 때에만 해를 가진다. 즉, 이차합동식 $x^2 \equiv a \bmod pq$이 해를 가질 필요충분조건은 $\left(\frac{a}{p}\right)=\left(\frac{a}{q}\right)=1$이다.

또, 두 이차합동식

$$x^2 \equiv a \bmod p, \quad x^2 \equiv a \bmod q$$

이 해를 가지면, 각각 두 개의 해

$$x \equiv \pm b \bmod p, \quad x \equiv \pm c \bmod q$$

를 가진다. 따라서, 이차합동식 $x^2 \equiv a \bmod pq$의 해는 4개의 연립합동식

$$\begin{cases} x \equiv b \bmod p \\ x \equiv c \bmod q \end{cases} \quad \begin{cases} x \equiv -b \bmod p \\ x \equiv c \bmod q \end{cases} \quad \begin{cases} x \equiv b \bmod p \\ x \equiv -c \bmod q \end{cases} \quad \begin{cases} x \equiv -b \bmod p \\ x \equiv -c \bmod q \end{cases}$$

의 해이므로 $x^2 \equiv a \bmod pq$가 해를 가지면 꼭 4개의 해를 가진다. ■

【정리 5.2.2】

서로 다른 홀수인 두 소수 p, q와 $(pq, a)=1$인 정수 a에 대하여 이차합동식 $x^2 \equiv a \bmod pq$가 해를 가지면, 이들 서로 다른 4개의 해는

$$x \equiv x_0 \bmod pq, \qquad x \equiv y_0 \bmod pq$$
$$x \equiv -x_0 \equiv pq - x_0 \pmod{pq}, \quad x \equiv -y_0 \equiv pq - y_0 \pmod{pq}$$

이고 (x_0+y_0, pq)과 (x_0-y_0, pq) 중에 하나는 p이고 다른 하나는 q이다.

증명 이차합동식 $x^2 \equiv a \bmod pq$가 해를 가지면 정리 5.2.1에 의하여

$$x^2 \equiv a \bmod p, \quad x^2 \equiv a \bmod q$$

가 해를 가진다. 두 이차합동식 $x^2 \equiv a \bmod p$, $x^2 \equiv a \bmod q$의 두 개의 해를 각각

$$x \equiv \pm b \bmod p, \quad x \equiv \pm c \bmod q$$

이라면, 이차합동식 $x^2 \equiv a \bmod pq$의 해는 4개의 연립합동식

$$\begin{cases} x \equiv b \bmod p \\ x \equiv c \bmod q \end{cases} \quad \begin{cases} x \equiv -b \bmod p \\ x \equiv c \bmod q \end{cases} \quad \begin{cases} x \equiv b \bmod p \\ x \equiv -c \bmod q \end{cases} \quad \begin{cases} x \equiv -b \bmod p \\ x \equiv -c \bmod q \end{cases}$$

의 해이다. 정수 N_1과 N_2를 각각 $qx \equiv 1 \bmod p$와 $px \equiv 1 \bmod q$의 해라고 하면, 정리 2.5.6에 의하여 이차합동식의 각각의 해는

$$x \equiv bqN_1 + cpN_2 \pmod{pq}, \quad x \equiv -bqN_1 + cpN_2 \pmod{pq},$$
$$x \equiv bqN_1 - cpN_2 \pmod{pq}, \quad x \equiv -bqN_1 - cpN_2 \pmod{pq}$$

이다. 이제, x_0와 y_0를 각각

$$x_0 \equiv bqN_1 + cpN_2 \pmod{pq}, \quad y_0 \equiv -bqN_1 + cpN_2 \pmod{pq}$$

라 놓으면, 4개의 해는

$$x \equiv x_0 \bmod pq, \qquad x \equiv y_0 \bmod pq$$
$$x \equiv -x_0 \equiv pq - x_0 \pmod{pq}, \quad x \equiv -y_0 \equiv pq - y_0 \pmod{pq}$$

이다.

한편, $x_0 \equiv y_0 \bmod pq$라면, $bqN_1 \equiv -bqN_1 \pmod{pq}$이고 $bN_1 \equiv -bN_1 \pmod{p}$이다. 또한 $(b, p)=1$이고 $(qN_1, p)=1$이므로 $1 \equiv -1 \pmod{p}$이 되어 모순이다. 따라서 $x_0 \not\equiv y_0 \bmod pq$이다. 같은 방법으로

$$x_0 \not\equiv -y_0 \bmod pq, \quad -x_0 \not\equiv -y_0 \bmod pq, \quad -x_0 \not\equiv y_0 \bmod pq$$

이다. 한편, pq는 홀수이므로

$$x_0 \not\equiv -x_0 \bmod pq \text{이고} \quad y_0 \not\equiv -y_0 \bmod pq$$

이다. 따라서 4개의 해는 서로 다르다.

마지막으로 $x_0+y_0 \equiv 2cpN_2 \bmod pq$이고 $x_0-y_0 \equiv 2bqN_1 \bmod pq$이므로

$$(x_0+y_0,\ pq)=p\text{과} \quad (x_0-y_0,\ pq)=q$$

이다. ■

이 정리는 뒤에 합성수를 소인수분해 하는데 이용된다.

예제 5.2.1 정수 1927이 41과 47의 곱임을 알 때, 이차합동식

$$x^2 \equiv 1822 \bmod 1927$$

의 해를 구하여 보자. 주어진 합동식은 연립합동식 $x^2 \equiv 1822 \bmod 41$, $x^2 \equiv 1822 \bmod 47$과 동치이다. 즉,

$$x^2 \equiv 18 \bmod 41, \quad x^2 \equiv 36 \bmod 47$$

이다. 이를 풀면, $x \equiv \pm 10 \bmod 41$, $x \equiv \pm 6 \bmod 47$이다. 정수 N_1과 N_2를 각각 $47x \equiv 1 \bmod 41$와 $41x \equiv 1 \bmod 47$의 해라고 하면, $N_1=7$과 $N_2=39$이다.

따라서

$$x_0 \equiv 10 \cdot 47 \cdot 7 + 6 \cdot 41 \cdot 39 \equiv 1322 \bmod 1927,$$
$$y_0 \equiv 10 \cdot 47 \cdot 7 - 6 \cdot 41 \cdot 39 \equiv 1404 \bmod 1927,$$
$$-x_0 \equiv 605 \bmod 1927, \quad -y_0 \equiv 523 \bmod 1927$$

이다. 한편, $(1322+1404,\ 1927)=47$이고 $(1322-1404,\ 1927)=41$이다.

위 예제에서 이차합동식 $x^2 \equiv 1822 \bmod 1927$의 해를 구하는데 1927의 소인수분해를 이용하였다. 합성수 1927의 소인수분해를 모르는 경우에 이 합동식의 해를 구하려면 일일이 대입하여 해를 구하여야 하므로 다소 복잡하다. 반면에 소인수분해를 모르는 상태에서 해를 구하였다면, 이들 해를 이용하여 합성수 1927의 소인수분해를 얻을 수 있다. 즉, 홀수인 서로 다른 두 소수의 곱 n을 법으로 한 이차합동식의 해를 구하는 문제와 합성수 n의 소인수분해를 구하는 문제는 동치문제이다.

다음 정리는 뒤에 소개하는 Rabin 암호에 이용된다.

【정리 5.2.3】

홀수인 소수 p가 $p \equiv 3 \bmod 4$일 때 이차합동식

$$x^2 \equiv a \bmod p,\ (a,\ p) = 1$$

의 해가 존재하면, 이 이차합동식의 두 해는 $x \equiv \pm a^{\frac{p+1}{4}} \bmod p$이다.

증명 주어진 이차합동식 $x^2 \equiv a \bmod p$, $(a,\ p) = 1$의 해가 존재하면

$$\left(\frac{a}{p}\right) \equiv a^{\frac{p-1}{2}} \equiv 1 \bmod p$$

이다. 한편, $\left(\pm a^{\frac{p+1}{4}}\right)^2 \equiv a^{\frac{p+1}{2}} \equiv a^{\frac{p-1}{2}} \cdot a \equiv a \bmod p$이므로 $x \equiv \pm a^{\frac{p+1}{4}} \bmod p$는 이차합동식 $x^2 \equiv a \bmod p$의 해이다. ■

예제 5.2.2 이차합동식 $x^2 \equiv 11 \bmod 127$에서

$$\left(\frac{11}{127}\right) = -\left(\frac{127}{11}\right) = -\left(\frac{6}{11}\right) = -\left(\frac{2}{11}\right)\left(\frac{3}{11}\right) = 1$$

이므로 정리 5.2.3에 의하여

$$x \equiv \pm 11^{32} \equiv \pm 30 \bmod 127$$

이다.

서로 다른 홀수인 소수 p, q에 대하여 이차합동식 $x^2 \equiv a \bmod pq$는 해를 가지면 꼭 4개의 해를 가지는 것을 정리 5.2.1에서 보였다. 이제, 서로 다른 홀수인 소수 p, q에 대하여 pq와 서로소인 a가 이차잉여가 될 가능성을 살펴보면 정리 5.2.4와 같다.

【정리 5.2.4】

서로 다른 홀수인 소수 p, q에 대하여 법 pq에 관한 기약잉여계

$$\mathbb{Z}_{pq}^* = \{a \mid 1 \le a < pq,\ (a,\ pq) = 1\}$$

에는 법 pq에 관한 이차잉여인 원소가 $\dfrac{(p-1)(q-1)}{4}$개 존재한다. 따라서 법 pq에 관한 이차비잉여인 원소가 $\dfrac{3(p-1)(q-1)}{4}$개 존재한다.

증명 기약잉여계 $\mathbb{Z}_{pq}^*$의 원소 a가 법 pq에 관한 이차잉여일 필요충분조건은 이차합동식 $x^2 \equiv a \bmod pq$가 해를 가질 때이다. 따라서 연립합동식

$$\begin{cases} x^2 \equiv a \bmod p \\ x^2 \equiv a \bmod q \end{cases}$$

이 해를 가질 때이다. 즉, $a \equiv r \bmod p$이고 $a \equiv s \bmod q$일 때, $\left(\dfrac{a}{p}\right) = \left(\dfrac{r}{p}\right) = 1$이고 $\left(\dfrac{a}{q}\right) = \left(\dfrac{s}{q}\right) = 1$이다. 한편, r이 2차 잉여인 개수는 $\dfrac{p-1}{2}$이고 s가 2차 잉여인 개수는 $\dfrac{q-1}{2}$이다. 그러므로 이차합동식 $x^2 \equiv a \bmod pq$이 해를 가지는 경우는 모두 $\dfrac{(p-1)(q-1)}{4}$가지이다. 따라서 정리 5.2.4가 성립한다. ■

예제 5.2.3 합성수 $m = 3 \cdot 5 = 15$에 관한 기약잉여계 $\mathbb{Z}_{15}^*$는 $\varphi(15) = 8$개의 원소를 가지는 집합 $\{1,\ 2,\ 4,\ 7,\ 8,\ 11,\ 13,\ 14\}$이고 3에 관한 이차잉여는 1, 4, 7, 13이고 5에 관한 이차잉여는 1, 4, 11, 14이다. 따라서 15에 관한 이차잉여는 1, 4이다. 따라서 법 15에 관한 이차잉여는 2개이고 이차비잉여는 6개이다.

정리 5.2.1과 정리 5.2.4를 일반화하면 다음과 같다.

【정리 5.2.5】

서로 다른 홀수인 소수 p_1, p_2, $\cdots$, p_r에 대하여 이차합동식

$$x^2 \equiv a \bmod p_1p_2 \cdots p_r$$

이 해를 가지면 꼭 2^r개 존재한다. 더욱이, 법 $p_1p_2 \cdots p_r$에 관한 기약잉여계

$$\mathbb{Z}^*_{p_1p_2 \cdots p_r} = \{a \mid 1 \le a < p_1p_2 \cdots p_r,\ (a,\ p_1p_2 \cdots p_r) = 1\}$$

에는 법 $p_1p_2 \cdots p_r$에 관한 이차잉여가 $\dfrac{(p_1-1)(p_2-1)\cdots(p_r-1)}{2^r}$개 존재하고 법 $p_1p_2 \cdots p_r$에 관한 이차비잉여가 $\dfrac{(2^r-1)(p_1-1)(p_2-1)\cdots(p_r-1)}{2^r}$개 존재한다.

▶ 연습문제 5.2

1. 다음 2차 합동식의 해의 개수를 판정하여라.
   (1) $x^2 \equiv 11 \bmod 107$
   (2) $x^2 \equiv 11 \bmod 143$
   (3) $x^2 \equiv -1 \bmod 13 \cdot 17$
   (4) $x^2 \equiv 1 \bmod 11 \cdot 13 \cdot 17$

2. 법 19635에 관한 기약잉여계의 원소중에 이차잉여의 개수를 구하여라.

3. 정수 11021이 103과 107의 곱임을 알 때, 이차합동식

$$x^2 \equiv 860 \bmod 11021$$

의 해를 구하여라.

3. 영지식증명과 Rabin 암호

이절에서는 정리 5.2.2와 정리 5.2.3을 응용한 실제 예로 영지식 증명과 Rabin 암호에 관하여 설명한다.

1) 영지식 증명

종종 중요하지 않고 불확실한 어떤 일을 결정할 때 동전을 던져서 의사결정을 하는 경우가 있다. 이때 동전을 던질 때 동전의 앞면과 뒷면이 나올 확률은 같은 경우로 생각한다.

이를테면, 갑과 그의 친구 을이 수업이 끝난 후에 점심을 먹으러 가면서 각자 점심값을 계산할 수 있지만 동전을 던지면서 앞면이 나오는 경우에는 갑이 뒷면이 나오면 을이 점심값을 계산하는 내기를 한다. 이때, 동전의 앞면과 뒷면이 나올 확률이 같은 경우에는 내기가 공평할 것이다.

이제, 갑과 을이 만나기 전에 그와 같은 게임을 하여 점심값 또는 극장 입장료 등을 지불하는 게임을 한다고 상상하여 보자. 앞에서처럼 동전을 던진 결과대로 지불하는 것으로 하면, 동전을 던진 사람이 다른 사람이 결과를 보고 있지 않으므로 결과를 속일 수 있으므로 공평한 내기가 될 수 없다. 이러한 상황에서 공평하게 내기를 할 수 있는 방법으로 정리 5.2.2와 정리 5.2.3의 이차합동식의 해를 이용한 알고리즘을 이용한다. 이 방법은 Blum이 제시한 방법으로 **통신을 통한 동전던지기**(flipping coin by communication)로 알려져 있다.

갑과 을은 개인 PC 앞에 앉아서 다음과 같이 통신을 하고 있다.

제1단계 : 갑은 서로 다른 상당히 큰 수로 $p\equiv 3 \bmod 4$이고 $q\equiv 3 \bmod 4$인 두 소수 p, q를 선택하고 그의 곱 $n=pq$를 계산하여 을에게 보낸다.

제2단계 : 을은 $\frac{n}{2}$보다 작은 양의 정수 x_0을 임의로 선택하여

$$x_0^2\equiv a \bmod n$$

을 계산하여 a를 갑에게 보낸다.

제3단계 : 갑은 n이 두 소수 p, q의 곱임을 이용하여 $x^2\equiv a \bmod n$의 해를 구하

고 4개의 해 중에 $\frac{n}{2}$보다 작은 양의 정수 2개를 얻은 후 그들 중에 하나를 선택하여 을에게 보낸다.

제4단계 : 갑이 을이 선택했던 수를 보내면 갑이 이기는 것으로 하고 다른 수를 보내면 을이 이기는 것으로 한다.

제3단계에서 갑은 정리 5.2.3과 중국인의 나머지 정리를 이용하여 $\frac{n}{2}$보다 작은 양의 정수해 x_0와 y_0를 구하고 이들 중에 하나를 보내야 하므로 을이 선택했던 수를 선택하여 보낼 확률은 $\frac{1}{2}$이다. 한편, 이 게임에서 을은 갑이 보낸 수가 을이 선택했던 수가 아니면 정리 5.2.2를 이용하여 두 소수 p, q를 구하여 갑이 틀린 것을 증명하게 되어 을이 승리한 것을 증명하게 되고, 을은 갑이 보낸 수가 을이 선택했던 수이면 두 소수 p, q를 구할 수 없으므로 갑이 승리한 것이 증명된다.

이제 구체적인 예를 작은 두 소수를 이용하여 들어 보자.

예제 5.3.1 갑이 두 소수 47과 67을 선택하고 곱 3149를 을에게 보냈다고 하자. 을은 57을 선택하고 $57^2 \equiv 3249 \equiv 100 \bmod 3149$를 계산하여 갑에게 100을 전송하였다. 갑은 $x^2 \equiv 100 \bmod 3249$을 풀어서 $x=10$과 $x=57$을 구한다.

이때 갑이 10을 보내면, 을은 57과 10을 이용하여 47과 67을 얻어서 갑에게 보내므로 을이 승리한 것이 되지만, 57을 보내면 을은 3149의 소인수분해를 알 수 없으므로 갑이 승리한 것을 인정해야 한다([그림 5.1] 참조).

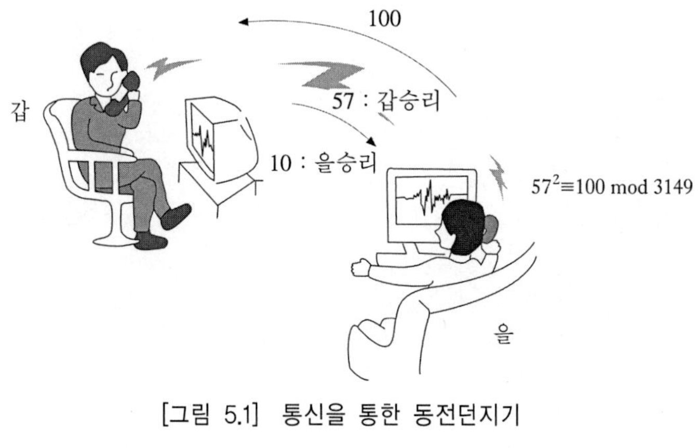

[그림 5.1] 통신을 통한 동전던지기

지금까지 설명한 예는 갑의 입장에서는 을이 어떤 수를 선택하였는지 사전에 지식을 가지고 있지 않고 을은 소인수분해가 어려우므로 두 소수 p, q에 관한 지식을 가지고 있지 않은 상태에서 공평하게 게임을 할 수 있으며, 합성수 n의 소인수분해를 할 수 있고 없고 사이에 승부가 결정되므로 서로가 게임에 승복하게 된다.

이제 남의 마음을 잘 읽는 독심술을 가진 어떤 사람 A를 생각하여 보자. 위에서와 같이 소인수 분해하기 어려운 큰 수로 $p \equiv 3 \bmod 4$이고 $q \equiv 3 \bmod 4$인 두 소수 p, q를 선택하고 그의 곱 $n=pq$를 계산하여 공개하였다고 하자. 제삼자 O가 $\frac{n}{2}$의 값보다 작은 양의 정수 x_0을 임의로 선택하여

$$x_0^2 \equiv a \bmod n$$

을 계산하여 a를 말했을 때 A가 x_0을 말한다면 O는 A가 자신이 선택한 수를 맞춘 것을 인정할 수밖에 없다. 평범한 사람 10명이 선택하였던 수를 모두 맞출 확률은 $\left(\frac{1}{2}\right)^{10}$으로 매우 적다. 따라서 A가 연속하여 10명 이상 계속하여 맞춘다면, 제삼자가 선택한 수를 맞추는 방법은 알려주지 않고 맞춘 결과만 알려주는 경우가 된다. 즉, 맞추는 방법은 알려주지 않은 채 A는 맞추는 방법을 알고 있다고 다른 사람에게 증명해 주고 있다. 즉, 증명을 보여주지 않고 증명을 한다는 의미에서 **영지식증명**(zero knowledge proof)이라고 한다. 이 기술은 개인정보보호의 중요성이 부각되고 있는 사이버 세계에서 신원을 증명하는데 중요하게 응용된다. 통신상에서 개인의 신원을 증명하는데 더 이상 주민등록번호를 요구하는 회사가 있다면 이용하지 않아도 좋을 것이다. 요즈음 대부분 회사는 개인의 신원을 증명할 때, 몇 가지의 질문, 이를테면,

귀하의 주민등록번호 중에 10번째 자리는?
귀하의 휴대전화 번호 중에 5번째 자리는?
귀하의 e-mail 주소 중에 7번째 문자는?

등의 질문에서 본인이 아니면서 모두 맞출 확률은 거의 0에 가깝게 할 수 있다. 즉, 자신에 대한 구체적인 정보는 주지 않고 자신을 증명하는 기술이다.

2) Rabin 암호

소인수분해의 어려움과 정리 5.2.3을 이용한 암호로 Rabin 암호가 있다. 이 암호는 RSA 암호와 같은 원리를 이용하고 암호화과정이 RSA 암호계보다 빠른 장점을 가진다.

먼저 n을 인수분해하기 어려운 서로 다른 두 소수로서 $p\equiv 3 \bmod 4$이고 $q\equiv 3 \bmod 4$을 만족하는 p, q의 곱 $n=pq$라고 하자. n과 정수 b가 공개되어 있을 때, 암호화 함수와 복호 함수는 다음과 같다.

$$\text{암호화 함수 : } C=E_K(P)\equiv P(P+b) \bmod n$$

$$\text{복호 함수 : } P=D_K(C)\equiv\sqrt{\frac{b^2}{4}+C}-\frac{b}{2} \bmod n$$

암호화 함수 E_K는 단사함수(injective function)가 아니다. 실제로 4가지 평문이 하나의 암호문으로 암호화되는 것은 정리 5.2.2로부터 알 수 있다.

이제 갑이 평문 P를 암호화하여 암호문 C를 을에게 보냈다고 하자. 그러면 을은 암호문 C를 복호하기 위하여 이차 합동식

$$x^2+bx\equiv C \bmod n$$

의 해를 구하여야 한다. 한편, $x^2+bx\equiv C \bmod n$은

$$\left(x+\frac{b}{2}\right)^2\equiv C+\frac{b^2}{4} \bmod n$$

으로 변형되므로 정리 2.5.3에 의하여 연립 이차 합동식

$$\left(x+\frac{b}{2}\right)^2\equiv C+\frac{b^2}{4} \bmod p \qquad \left(x+\frac{b}{2}\right)^2\equiv C+\frac{b^2}{4} \bmod q$$

의 해를 얻고 따라서 중국인의 나머지 정리에 의하여 4개의 해를 구할 수 있다. 실제로 평문은 4가지 해 중에 하나이므로 복호가 가능하다.

한편, 소수 p가 $p\equiv 1 \bmod 4$일 때, 이차합동식 $x^2\equiv C \bmod p$의 해를 구하는 것은 쉽지 않다. 그러나 p가 $p\equiv 3 \bmod 4$일 때에는 정리 5.2.3에 의하여 $x^2\equiv c \bmod p$의 해를 쉽게 구할 수 있다. 이것이 Rabin 암호계에서 p와 q를 제한하는 이유이다.

Rabin 암호의 예를 들면 다음과 같다.

예제 5.3.2 $n=7\times 11=77$이고 $b=9$인 Rabin 암호계에서 평문이 $P=24$이면 암호문 C는

$$C=24^2+24\times 9\equiv 22 \bmod 77$$

이다. 역으로 암호문이 $C=22$인 경우에 복호하면,

$$x^2+9x\equiv 22 \bmod 77$$

을 풀어야 한다. 실제로 이차합동식 $x^2+9x\equiv 22 \bmod 77$의 해는 44, 24, 66, 2이고 충분한 양의 평문 또는 암호문의 쌍이 있을 때 24로 복호할 수 있다.

▶ 연습문제 5.3

1. 합성수 12533을 다음 과정을 따라서 소인수분해하여라.
   (1) 4389가 합동식 $x^2\equiv 100 \bmod 12533$의 해인 것을 증명하여라.
   (2) (1)을 이용하여 12533을 소인수분해하여라.
   (3) 합동식 $x^2\equiv 25 \bmod 12533$의 해를 구하여라.

2. $n=19\times 23=437$이고 $b=7$인 Rabin 암호계에서 평문 'ATTACK'에 대응되는 암호문 숫자를 구하여라. 또한, 암호문이 '008 201 330 144 044'일 때 평문을 구하여라. 단, $\{A, B, C, \cdots, Z\}$는 $\{1, 2, 3, \cdots, 26\}$에 순서대로 대응된다.

4. 이차잉여와 Jacobi 기호

이 절에서는 홀수인 합성수 n을 법으로 한 이차합동식 $x^2 \equiv a \bmod n$의 해의 존재성에 관하여 알아본다.

홀수인 합성수 n의 표준분해가 $n = p_1^{e_1} p_2^{e_2} \cdots p_r^{e_r}$($p_1$, p_2, $\cdots$, p_r은 홀수인 소수)일 때, Jacobi-Legendre 기호 $\left(\frac{a}{n}\right)$를

$$\left(\frac{a}{n}\right) = \left(\frac{a}{p_1}\right)^{e_1} \left(\frac{a}{p_2}\right)^{e_2} \cdots \left(\frac{a}{p_r}\right)^{e_r}$$

로 정의한다. 단, $\left(\frac{a}{p_i}\right)$는 Legendre 기호이다.

예제 5.4.1 정의에 의하여

$$\left(\frac{2}{15}\right) = \left(\frac{2}{3}\right)\left(\frac{2}{5}\right) = (-1)(-1) = 1$$

$$\left(\frac{2}{25}\right) = \left(\frac{2}{5}\right)^2 = (-1)(-1) = 1$$

$$\left(\frac{29}{455}\right) = \left(\frac{29}{5 \cdot 7 \cdot 13}\right) = \left(\frac{29}{5}\right)\left(\frac{29}{7}\right)\left(\frac{29}{13}\right) = \left(\frac{4}{5}\right)\left(\frac{1}{7}\right)\left(\frac{3}{13}\right) = 1 \cdot 1 \cdot \left(\frac{13}{3}\right) = 1$$

위 정의에서 n이 홀수인 소수이면, Jacobi-Legendre 기호는 Legendre 기호와 같다. 즉, Jacobi-Legendre 기호의 정의로부터 다음 성질들을 쉽게 알 수 있다.

【정리 5.4.1】

홀수 n에 대하여

(1) $\left(\frac{1}{n}\right) = 1$

(2) $a \equiv b \bmod n$일 때, $\left(\frac{a}{n}\right) = \left(\frac{b}{n}\right)$

(3) $\left(\frac{ab}{n}\right) = \left(\frac{a}{n}\right)\left(\frac{b}{n}\right)$, $\left(\frac{a^2}{n}\right) = 1$, $\left(\frac{a^2 b}{n}\right) = \left(\frac{b}{n}\right)$

【정리 5.4.2】

양의 홀수 r_1, r_2, $\cdots$, r_k에 대하여

(1) $\dfrac{r_1 r_2 \cdots r_k - 1}{2} \equiv \dfrac{r_1 - 1}{2} + \dfrac{r_2 - 1}{2} + \cdots + \dfrac{r_k - 1}{2} \pmod 2$

(2) $\dfrac{r_1^2 r_2^2 \cdots r_k^2 - 1}{8} \equiv \dfrac{r_1^2 - 1}{8} + \dfrac{r_2^2 - 1}{8} + \cdots + \dfrac{r_k^2 - 1}{8} \pmod 2$

증명 (1) 홀수 r_1, r_2에 대하여 $r_1 - 1$, $r_2 - 1$은 2의 배수이므로

$$(r_1 - 1)(r_2 - 1) \equiv 0 \bmod 4$$

이다. 따라서

$$r_1 r_2 - r_1 - r_2 + 1 \equiv 0 \bmod 4 \quad \text{또는} \quad r_1 r_2 - 1 \equiv r_1 - 1 + r_2 - 1 \bmod 4$$

이므로

$$\frac{r_1 r_2 - 1}{2} \equiv \frac{r_1 - 1}{2} + \frac{r_2 - 1}{2} \bmod 2$$

이다. 따라서

$$\frac{r_1 r_2 \cdots r_k - 1}{2} \equiv \frac{r_1 - 1}{2} + \frac{r_2 - 1}{2} + \cdots + \frac{r_k - 1}{2} \pmod 2$$

이 성립한다면,

$$\begin{aligned} \frac{r_1 r_2 \cdots r_k r_{k+1} - 1}{2} &\equiv \frac{(r_1 r_2 \cdots r_k) r_{k+1} - 1}{2} \\ &\equiv \frac{(r_1 r_2 \cdots r_k) - 1}{2} + \frac{r_{k+1} - 1}{2} \pmod 2 \\ &\equiv \left(\frac{r_1 - 1}{2} + \frac{r_2 - 1}{2} + \cdots + \frac{r_k - 1}{2} \right) + \frac{r_{k+1} - 1}{2} \pmod 2 \end{aligned}$$

이므로 수학적 귀납법에 의하여 (1)이 성립한다.

(2) 같은 방법으로 증명할 수 있다(연습문제). ■

정리 5.4.2를 이용하면 Legendre 기호에서와 유사한 성질이 성립한다.

【정리 5.4.3】

홀수 n $(n \geq 3)$에 대하여

(1) $\left(\dfrac{-1}{n}\right)=(-1)^{\frac{n-1}{2}}$ (2) $\left(\dfrac{2}{n}\right)=(-1)^{\frac{n^2-1}{8}}$

증명 홀수 n이 소수의 제곱을 인수로 가지는 경우, 즉 $n=p^2 \cdot m$이라면

$$\left(\frac{a}{n}\right)=\left(\frac{a}{p}\right)^2\left(\frac{a}{m}\right)=\left(\frac{a}{m}\right)$$

이므로 n이 서로 다른 소수의 곱 즉, $n=p_1p_2 \cdots p_k$인 경우만 증명하면 된다.

(1)
$$\begin{aligned}\left(\frac{-1}{n}\right)&=\left(\frac{-1}{p_1p_2\cdots p_k}\right)\\&=\left(\frac{-1}{p_1}\right)\left(\frac{-1}{p_2}\right)\cdots\left(\frac{-1}{p_k}\right)\\&=(-1)^{\frac{p_1-1}{2}}(-1)^{\frac{p_2-1}{2}}\cdots(-1)^{\frac{p_k-1}{2}}\\&=(-1)^{\frac{p_1p_2\cdots p_k-1}{2}}\\&=(-1)^{\frac{n-1}{2}}\end{aligned}$$

(2)
$$\begin{aligned}\left(\frac{2}{n}\right)&=\left(\frac{2}{p_1p_2\cdots p_k}\right)\\&=\left(\frac{2}{p_1}\right)\left(\frac{2}{p_2}\right)\cdots\left(\frac{2}{p_k}\right)\\&=(-1)^{\frac{p_1^2-1}{8}+\frac{p_2^2-1}{8}+\cdots+\frac{p_k^2-1}{8}}\\&=(-1)^{\frac{p_1^2p_2^2\cdots p_k^2-1}{8}}\\&=(-1)^{\frac{n^2-1}{8}}\end{aligned}$$

■

정리 5.4.3을 이용하면 Legendre 기호에서와 유사한 성질이 성립한다.

【따름정리 5.4.4】

홀수 n $(n\geq 3)$에 대하여

(1) $\left(\frac{-1}{n}\right)=1 \Leftrightarrow n\equiv 1 \bmod 4$이고 $\left(\frac{-1}{n}\right)=-1 \Leftrightarrow n\equiv 3 \bmod 4$

(2) $\left(\frac{2}{n}\right)=1 \Leftrightarrow n\equiv \pm 1 \bmod 8$이고 $\left(\frac{2}{n}\right)=-1 \Leftrightarrow n\equiv \pm 3 \bmod 8$

또한, Legendre 기호에서와 유사한 다음 성질을 증명 없이 서술한다.

【정리 5.4.5】

두 홀수 m과 n에 대하여 $m\geq 3,\ n\geq 3,\ (m,\ n)=1$일 때,

$$\left(\frac{m}{n}\right)\equiv(-1)^{\frac{m-1}{2}\frac{n-1}{2}}\left(\frac{n}{m}\right)$$

이다.

지금까지 나열한 정리들을 이용하여 Jacobi-Legendre 기호의 값을 구하여 보자.

예제 5.4.2 홀수인 소수 317과 111에 대하여 Legendre 기호만을 이용하면,

$$\left(\frac{111}{317}\right)=\left(\frac{3}{317}\right)\left(\frac{37}{317}\right)=\left(\frac{317}{3}\right)\left(\frac{317}{37}\right)=\left(\frac{2}{3}\right)\left(\frac{21}{37}\right)$$

이다. 한편, $\left(\frac{2}{3}\right)=-1$이고 $\left(\frac{21}{37}\right)=\left(\frac{3}{37}\right)\left(\frac{7}{37}\right)=\left(\frac{37}{3}\right)\left(\frac{37}{7}\right)=\left(\frac{2}{7}\right)=1$이므로 $\left(\frac{111}{317}\right)=-1$이다. 한편, Jacobi-Legendre 기호를 이용하면,

$$\left(\frac{111}{317}\right)=\left(\frac{317}{111}\right)=\left(\frac{95}{111}\right)=-\left(\frac{111}{95}\right)=-\left(\frac{16}{95}\right)=-1$$

이다. 어느 방법도 같은 값을 얻는 것을 알 수 있다. 또한 이 결과에 의하여 이차합동식 $x^2\equiv 111 \bmod 317$은 해를 가지지 않는다.

▶ 연습문제 5.4

1. Jacobi-Legendre 기호의 값을 구하여라.

(1) $\left(\dfrac{5}{1463}\right)$ (2) $\left(\dfrac{45}{1463}\right)$

2. 정리 5.4.1을 증명하여라.

3. 정리 5.4.2의 (2)를 증명하여라.

4. 따름정리 5.4.4를 증명하여라.

5. 이차합동식 $x^2 \equiv 2 \bmod 143$의 해의 존재성을 다음 과정을 통하여 살펴보아라.

(1) $\left(\dfrac{2}{143}\right)$를 구하여라.

(2) 143의 소인수분해를 이용하여 $x^2 \equiv 2 \bmod 143$의 해가 존재하지 않음을 설명하여라.

6. 이차합동식 $x^2 \equiv 82 \bmod 143$의 해의 존재성을 다음 과정을 통하여 살펴보아라.

(1) $\left(\dfrac{82}{143}\right)$를 구하여라.

(2) 143의 소인수분해를 이용하여 $x^2 \equiv 82 \bmod 143$의 해가 존재함을 증명하고 이 합동식의 해를 구하여라.

7. 정리 5.4.5를 이용하여 $\left(\dfrac{45}{1463}\right)$을 구하고 문제 1의 (2)에서 구한 값과 비교하여라.

제 6 장

연분수와 응용

1. 연분수
2. 무리수의 유리 근사값
3. 이차무리수와 순환 단순연분수
4. 연분수를 이용한 자연수의 인수분해

1. 연분수

이 절에서는 연분수를 정의하고 연분수에 관한 몇 가지 성질들을 살펴본다.

주어진 실수 x에 관하여 정수 $a_0=[x]$를 x보다 크지 않은 최대 정수라고 하고 실수 $x_0=x-a_0$가 0이면 정지하고, 0과 1 사이의 실수이면 $\frac{1}{x_0}$은 1보다 큰 실수이다. 이때, $a_1=\left[\frac{1}{x_0}\right]$이라 놓고, 귀납적으로 $x_i=x-a_i$가 0이면 정지하고 0과 1 사이의 실수이면

$$x_i=x-a_i \text{이고} \quad a_{i+1}=\left[\frac{1}{x_i}\right] \quad (i=0,\ 1,\ \cdots,\ k)$$

으로 정의한다. 실제로 실수 x는

$$x=a_0+\cfrac{1}{a_1+\cfrac{1}{a_2+\cfrac{1}{\ddots+\cfrac{1}{a_i+x_i}}}} \quad (x_i>0)$$

로 표현되며, 이를 간단히 $x=\langle a_0,\ a_1,\ \cdots,\ a_i+x_i\rangle$로 나타내기로 한다. 이를테면, $\frac{77}{30}$에서 위와 같은 요령으로 a_i를 구하면,

$$a_0=\left[\frac{77}{30}\right]=2\text{이고} \quad x_0=\frac{77}{30}-2=\frac{17}{30}$$

$$a_1=\left[\frac{30}{17}\right]=1\text{이고} \quad x_1=\frac{30}{17}-1=\frac{13}{17}$$

$$a_2=\left[\frac{17}{13}\right]=1\text{이고} \quad x_2=\frac{17}{13}-1=\frac{4}{13}$$

$$a_3=\left[\frac{13}{4}\right]=3\text{이고} \quad x_3=\frac{13}{4}-3=\frac{1}{4}$$

$$a_4=\left[\frac{4}{1}\right]=4\text{이고} \quad x_4=\frac{4}{1}-4=0$$

이므로

$$\frac{77}{30}=\langle 2\,;\,1,\ 1,\ 3,\ 4\rangle=\langle 2\,;\,1,\ 1,\ 3,\ 3,\ 1\rangle$$

이다. 즉,

$$\frac{77}{30}=2+\cfrac{1}{1+\cfrac{1}{1+\cfrac{1}{3+\cfrac{1}{4}}}} \quad \text{또는} \quad \frac{77}{30}=2+\cfrac{1}{1+\cfrac{1}{1+\cfrac{1}{3+\cfrac{1}{3+\cfrac{1}{1}}}}}$$

이다. $\frac{77}{30}$과 같이 유한개의 정수항을 가지는 분수형태

$\langle a_0\,;\,a_1,\ \cdots,\ a_n\rangle$, a_0는 정수이고 각 $i>0$에 대하여 a_i는 양의 정수

를 유한단순연분수(finite simple continued fraction)라 한다.

【정리 6.1.1】

실수 $x=\langle a_0\,;\,a_1,\ \cdots,\ a_n\rangle$에서 a_0는 정수이고 각 $i>0$에 대하여 a_i는 양의 정수일 때 다음 식이 성립한다.

(1) $\langle a_0\,;\,a_1,\ a_2,\ \cdots,\ a_{n-1},\ a_n\rangle=\left\langle a_0\,;\,a_1,\ a_2,\ \cdots,\ a_{n-1}+\frac{1}{a_n}\right\rangle$

(2) $\langle a_0\,;\,a_1,\ a_2,\ \cdots,\ a_{n-1},\ a_n\rangle=a_0+\frac{1}{\langle a_1\,;\,a_2,\ \cdots,\ a_{n-1},\ a_n\rangle}$

증명 정의로부터 분명하다. 즉,

$$\text{(1)}\quad x=a_0+\cfrac{1}{a_1+\cfrac{1}{a_2+\cfrac{1}{\ddots+\cfrac{1}{a_{n-1}+\cfrac{1}{a_n}}}}}=\left\langle a_0\,;\,a_1,\ \cdots,\ a_{n-1}+\frac{1}{a_n}\right\rangle$$

(2) $$x=a_0+\cfrac{1}{a_1+\cfrac{1}{a_2+\cfrac{1}{\ddots+\cfrac{1}{a_{n-1}+\cfrac{1}{a_n}}}}}=a_0+\frac{1}{\langle a_1\,;\,\cdots,\,a_{n-1},\,a_n\rangle}$$ ■

【정리 6.1.2】

실수 x가 유한단순연분수로 표현될 필요충분조건은 x가 유리수이다.

증명 실수 x가 유한단순연분수이면 $x=\langle a_0\,;\,a_1,\,\cdots,\,a_n\rangle$인 정수 a_0와 각 $i>0$에 대하여 양의 정수 a_i가 존재한다. 먼저 $\langle a_0\rangle$는 정수이므로 유리수이다. 이제 $\langle a_0\,;\,a_1,\,\cdots,\,a_{n-1}\rangle$이 유리수라면 정리 6.1.1의 (2)에 의하여 $x=\langle a_0\,;\,a_1,\,\cdots,\,a_n\rangle$는 유리수이다.

역으로 x가 유리수라면 $(p,\,q)=1$인 적당한 정수 p와 $q(\neq 0)$가 존재하여 $x=\dfrac{p}{q}$로 표현된다. 그러면

$$\begin{aligned}
p&=a_oq+r_0 & 0<r_0<q\\
q&=a_1r_0+r_1 & 0<r_1<r_0\\
r_0&=a_2r_1+r_2 & 0<r_2<r_1\\
&\vdots
\end{aligned}$$

이므로 $r_n<r_{n-1}<\cdots<r_1<r_0<q$이다. 따라서 기껏해야 q회 이하 즉, $n<q$인 n에 대하여 $r_{n-1}>0$이고 $r_n=0$이다. 따라서 $x=\langle a_0\,;\,a_1,\,\cdots,\,a_n\rangle$이고, x는 유한단순연분수이다. ■

예제 6.1.1 유리수 $\dfrac{77}{30}$의 연분수 표현을 위하여 Euclid 알고리즘을 이용하면,

$$77=2\cdot30+17,\quad 30=1\cdot17+13,\quad 17=1\cdot13+4,\quad 13=3\cdot4+1,\quad 4=4\cdot1$$

이므로

$$\langle 2\,;\,1,\,1,\,3,\,4\rangle \text{ 또는 } \langle 2\,;\,1,\,1,\,3,\,3,\,1\rangle$$

이다.

【정리 6.1.3】

유리수 x를 유한단순연분수로 나타내는 방법은 꼭 2가지뿐이다.

증명 정리 6.1.2에 의하여 $x=\langle a_0 ; a_1, \cdots, a_n\rangle$ 또는 $x=\langle a_0 ; a_1, \cdots, a_n-1, 1\rangle$이다(단, $a_n>1$). 이제, $b_m>1$이고 $x=\langle b_0 ; b_1, b_2, \cdots, b_m\rangle$이라면

$$\langle a_0 ; a_1, \cdots, a_n\rangle=\langle b_0 ; b_1, b_2, \cdots, b_m\rangle$$

이다. 정리 6.1.1의 (2)에 의하여

$$a_0+\frac{1}{\langle a_1 ; a_2, \cdots, a_n\rangle}=b_0+\frac{1}{\langle b_1 ; b_2, \cdots, b_m\rangle}$$

이므로 $a_0=b_0$이고 $\langle a_1 ; a_2, \cdots, a_n\rangle=\langle b_1 ; b_2, \cdots, b_m\rangle$이다. 같은 방법으로 $a_1=b_1$이고 $\langle a_2 ; a_3, \cdots, a_n\rangle=\langle b_2 ; b_3, \cdots, b_m\rangle$이다. 만일 $m>n$이라면 $a_n=\langle b_n ; b_{n+1}, \cdots, b_m\rangle=b_n+\dfrac{1}{\langle b_{n+1} ; b_{n+1}, \cdots, b_m\rangle}$이므로 모순이다. 같은 방법으로 $m<n$일 때도 모순이다. 따라서 $m=n$이고 모든 $i(0\le i\le n)$에 대하여 $a_i=b_i$이다.

따라서, $x=\langle a_0 ; a_1, \cdots, a_n\rangle$ 또는 $x=\langle a_0 ; a_1, \cdots, a_n-1, 1\rangle$뿐이다. ■

【정리 6.1.4】

유한단순연분수 $x=\langle a_0 ; a_1, \cdots, a_n\rangle$에 대하여 두 수열 h_i와 k_i를

$$h_{-2}=0,\quad h_{-1}=1,\quad h_i=a_ih_{i-1}+h_{i-2}\ (i\ge 0)$$
$$k_{-2}=1,\quad k_{-1}=0,\quad k_i=a_ik_{i-1}+k_{i-2}\ (i\ge 0)$$

이라고 하면 다음이 성립한다.

(1) 임의의 양의 실수 x에 대하여

$$\langle a_0 ; a_1, \cdots, a_{n-1}, x\rangle=\frac{xh_{n-1}+h_{n-2}}{xk_{n-1}+k_{n-2}}\ (n\ge 1)$$

(2) $\langle a_0 ; a_1, \cdots, a_{n-1}, a_n\rangle=\dfrac{h_n}{k_n}\ (n\ge 0)$

증명 (1) 먼저 $n=1$일 때, $h_0=a_0$이고 $k_0=1$이므로

$$\langle a_0 ; x\rangle = a_0+\frac{1}{x}=\frac{a_0x+1}{x}=\frac{xh_0+h_{-1}}{xk_0+k_{-1}}$$

이다. 이제 (1)이 성립한다고 가정하면,

$$\begin{aligned}\langle a_0 ; a_1, \cdots, a_{n-1}, a_n, x\rangle &= \left\langle a_0 ; a_1, \cdots, a_{n-1}, a_n+\frac{1}{x}\right\rangle \\ &= \frac{\left(a_n+\frac{1}{x}\right)h_{n-1}+h_{n-2}}{\left(a_n+\frac{1}{x}\right)k_{n-1}+k_{n-2}} \\ &= \frac{(a_nx+1)h_{n-1}+xh_{n-2}}{(a_nx+1)k_{n-1}+xk_{n-2}} \\ &= \frac{x(a_nh_{n-1}+h_{n-2})+h_{n-1}}{x(a_nk_{n-1}+k_{n-2})+k_{n-1}} \\ &= \frac{xh_n+h_{n-1}}{xk_n+k_{n-1}}\end{aligned}$$

이므로 수학적 귀납법에 의하여 $n\geq 1$에 대하여 성립한다.

(2) 먼저 $n=0$일 때, $h_0=a_0$이고 $k_0=1$이므로

$$\langle a_0\rangle = a_0=\frac{a_0}{1}=\frac{h_0}{k_0}$$

이다. 이제 (1)이 성립하므로 (1)에 $x=a_n$을 대입하면,

$$\langle a_0 ; a_1, \cdots, a_{n-1}, a_n\rangle = \frac{a_nh_{n-1}+h_{n-2}}{a_nk_{n-1}+k_{n-2}}=\frac{h_n}{k_n}$$

이다. ■

정리 6.1.4를 이용하여 유한단순연분수를 유리수 $\frac{q}{p}$의 꼴로 표현하는 예를 들면 다음과 같다.

예제 6.1.2 연분수 $\langle 2\,;\,1,\,2,\,4,\,3,\,5,\,2\rangle$를 간단하게 하기 위하여 다음과 같은 표를 만들면 유리수 $\frac{1313}{488}$이 되는 것을 어렵지 않게 알 수 있다.

i	-2	-1	0	1	2	3	4	5	6
a_i			2	1	2	4	3	5	2
h_i	0	1	2	3	8	35	113	600	1313
k_i	1	0	1	1	3	13	42	223	488

정수로 이루어진 무한수열

$$a_0,\ a_1,\ a_2,\ \cdots,\ a_n,\ \cdots\ (\text{단, 임의의 양수 } i\text{에 대하여 } a_i \geq 1)$$

에 대하여 두 무한수열 h_i와 k_i를

$$h_{-2}=0,\ h_{-1}=1,\ h_i=a_ih_{i-1}+h_{i-2}\ (i\geq 0)$$
$$k_{-2}=1,\ k_{-1}=0,\ k_i=a_ik_{i-1}+k_{i-2}\ (i\geq 0)$$

이라 하고 $u_n=\langle a_0\,;\,a_1,\,a_2,\,\cdots,\,a_n\rangle$이라고 하면 다음 정리가 성립한다.

【정리 6.1.5】

(1) $1=k_0\leq a_1=k_1<k_2<\cdots<k_n<\cdots$

(2) $h_ik_{i-1}-h_{i-1}k_i=(-1)^{i+1}\ (i\geq -1)$

(3) $h_ik_{i-2}-h_{i-2}k_i=(-1)^i a_i\ (i\geq 0)$

(4) 음이 아닌 각 n에 대하여, $u_n=\frac{h_n}{k_n}$이고 $(h_n,\,k_n)=1$이다.

(5) $u_i-u_{i-1}=\frac{(-1)^{i+1}}{k_ik_{i-1}}\ (i\geq 1),\quad u_i-u_{i-2}=\frac{(-1)^i a_i}{k_ik_{i-2}}\ (i\geq 2)$

(6) $u_0<u_2<u_4<\cdots<u_{2n}<\cdots<u_{2n+1}<\cdots<u_5<u_3<u_1$ 특히, 임의의 음이 아닌 정수 $i,\ j$에 대하여 $u_{2i}<u_{2j+1}$이다.

증명 (1) 먼저 $i=0$일 때, $k_0=a_0k_{-1}+k_{-2}=1$이고 $i=1$일 때,

$$k_1=a_1k_0+k_{-1}=a_1\geq 1=k_0$$

이다. 또한, $k_2=a_2k_1+k_0=a_2k_1+1>k_1$이다. 같은 방법으로 $i\geq 2$인 경우에 $k_{i-2}\geq 1$이므로 $k_i=a_ik_{i-1}+k_{i-2}>k_{i-1}$이다.

따라서 $1=k_0\leq a_1=k_1<k_2<\cdots<k_n<\cdots$이다.

(2) $i=-1$일 때, $h_{-1}k_{-2}-h_{-2}k_{-1}=1=(-1)^{(-1)+1}$이므로 성립한다. $i=i$일 때

$$h_ik_{i-1}-h_{i-1}k_i=(-1)^{i+1}$$

이 성립한다고 가정하면,

$$\begin{aligned}h_{i+1}k_i-h_ik_{i+1}&=(a_{i+1}h_i+h_{i-1})k_i-h_i(a_{i+1}k_i+k_{i-1})\\&=(-1)(h_ik_{i-1}-h_{i-1}k_i)\\&=(-1)^{i+2}\end{aligned}$$

이다. 따라서 $i\geq -1$인 모든 i에 대하여 (2)가 성립한다.

(3) (2)와 같은 방법으로 증명된다.

(4) 정리 6.1.4에 의하여 $u_n=\dfrac{h_n}{k_n}$이다. 한편, $(h_0,\ k_0)=(a_0,\ 1)=1$이다. 또한, (2)에 의하여 음이 아닌 각 n에 대하여, $u_n=\dfrac{h_n}{k_n}$이고 $(h_n,\ k_n)=1$이다.

(5) $i\geq 1$일 때, $u_i-u_{i-1}=\dfrac{h_i}{k_i}-\dfrac{h_{i-1}}{k_{i-1}}=\dfrac{h_ik_{i-1}-h_{i-1}k_i}{k_ik_{i-1}}=\dfrac{(-1)^{i+1}}{k_ik_{i-1}}$이다.

$i\geq 2$일 때, $u_i-u_{i-2}=\dfrac{h_i}{k_i}-\dfrac{h_{i-2}}{k_{i-2}}=\dfrac{h_ik_{i-2}-h_{i-2}k_i}{k_ik_{i-2}}=\dfrac{(-1)^ia_i}{k_ik_{i-2}}$이다.

(6) $i\geq 2$이고 짝수일 때 (5)에 의하여

$$u_0<u_2<\cdots<u_{2n}<\cdots$$

이고 $i\geq 2$이고 홀수일 때 (5)에 의하여

$$\cdots<u_{2n+1}<\cdots<u_3<u_1$$

이다. 한편, $i\geq 1$이고 홀수일 때

$$u_1>u_0,\ u_3>u_2,\ \cdots,\ u_{2n+1}>u_{2n}$$

이다. 따라서, 임의의 i와 j에 대하여

$$u_{2i} < u_{2i+2j} < u_{2i+2j+1} < u_{2j+1}$$

이다. ■

【정리 6.1.6】

극한 값 $\xi = \lim_{n\to\infty} u_n = \lim_{n\to\infty} \langle a_0 ; a_1, a_2, \cdots, a_n \rangle$이 존재한다. 또한,

$$u_{2n} < \xi < u_{2n+1} \ (n \geq 0)$$

증명 수열 $u_0, u_2, \cdots, u_{2n}, \cdots$은 단조증가수열이고 모든 항은 u_1보다 작으므로 이 수열은 한 실수 ξ에 수렴하고 다음이 성립한다.

$$\lim_{n\to\infty} u_{2n} = \xi, \quad u_{2n} < \xi < u_{2n+1}$$

또한, 수열 $u_1, u_3, \cdots, u_{2n+1}, \cdots$은 단조감소수열이고 모든 항은 u_0보다 크므로 이 수열은 한 실수 η에 수렴하고 다음이 성립한다.

$$\lim_{n\to\infty} u_{2n+1} = \eta, \ u_{2n} < \eta < u_{2n+1}$$

한편, $\eta - \xi = \lim_{n\to\infty} (u_{2n+1} - u_{2n}) = \lim_{n\to\infty} \frac{1}{k_{2n}k_{2n+1}} = 0$이다.

따라서 $\xi = \lim_{n\to\infty} u_n = \lim_{n\to\infty} \langle a_0 ; a_1, a_2, \cdots, a_n \rangle$이 존재한다. 또한, $u_{2n} < \xi < u_{2n+1}$이다. ■

유한 단순연분수 $u_n = \langle a_0 ; a_1, a_2, \cdots, a_n \rangle$으로 이루어진 수열 u_n은 극한값을 가진다. 극한값 ξ를 무한단순연분수(infinite simple continued fraction)

$$\langle a_0 ; a_1, a_2, \cdots, a_n, \cdots \rangle$$

의 값이라 하고 유리수u_n을 ξ의 **제n근사분수**(nth convergent fraction)라고 한다. 한편, 무한단순연분수 $\langle a_0 ; a_1, a_2, \cdots, a_n, \cdots \rangle$을 ξ의 **연분수 전개**라고 한다.

예제 6.1.3 무리수 $\sqrt{2}$의 무한단순연분수를 구하여 보면

$$a_0 = 1, \qquad\qquad x_0 = \sqrt{2}-1$$
$$a_1 = \left[\frac{1}{\sqrt{2}-1}\right] = [\sqrt{2}+1] = 2, \qquad\qquad x_1 = \sqrt{2}-1 = x_0$$

따라서 $a_2 = a_1 = 2$이고 같은 방법으로 모든 $i(3 \le i)$에 대하여 $a_i = 2$이므로 $\sqrt{2} = \langle 1\,;\, 2,\ 2,\ \cdots \rangle$이다. 실제로 $\sqrt{2}$의 근사분수 및 근사값을 구하면

	-2	-1	0	1	2	3	4	5	6	7
a_i			1	2	2	2	2	2	2	2
h_i	0	1	1	3	7	17	41	99	239	577
k_i	1	0	1	2	5	12	29	70	169	408
$\frac{h_i}{k_1}$의 근사값			1	1.5	1.4	1.41667	1.41379	1.41428	1.41420	1.41421

이다. 실제로 i가 커짐에 따라 1.4142135…에 가까운 값을 얻을 수 있다.

【정리 6.1.7】

무한단순연분수 $\langle a_0\,;\, a_1,\ a_2,\ \cdots,\ a_n,\ \cdots \rangle$의 값$\xi$는 무리수이다. 또한 $u_n = \frac{h_n}{k_n}$이라고 할 때

(1) $0 < |\xi - u_n| < \frac{1}{k_n k_{n+1}} < \frac{1}{k_n^2}\ (n \ge 1)$

(2) $\xi = a_0 + \frac{1}{\langle a_1\,;\, a_2,\ \cdots,\ a_n,\ \cdots \rangle}$, $a_0 = [\,\xi\,]$

증명 먼저 ξ는 u_n과 u_{n+1} 사이의 값이므로

$$0 < |\xi - u_n| < |u_{n+1} - u_n| < \frac{1}{k_n k_{n+1}} < \frac{1}{k_n^2}\ (n \ge 1)$$

이다. 한편, $u_0 < \xi < u_1$이므로 $a_0 < \xi < a_0 + \frac{1}{a_1}$이다. 따라서

$$\begin{aligned}\xi &= \lim_{n\to\infty} u_n \\ &= \lim_{n\to\infty} \langle a_0\,;\, a_1,\ \cdots,\ a_n \rangle \\ &= \lim_{n\to\infty} \left\{ a_0 + \frac{1}{\langle a_1\,;\, a_2,\ \cdots,\ a_n \rangle} \right\} \\ &= a_0 + \frac{1}{\left\{ \lim_{n\to\infty} \langle a_1\,;\, a_2,\ \cdots,\ a_n \rangle \right\}} \\ &= a_0 + \frac{1}{\langle a_1\,;\, a_2,\ \cdots,\ a_n,\ \cdots \rangle}\end{aligned}$$

이다. 마지막으로 ξ가 무리수인 것을 보이기 위하여 ξ를 유리수 $\frac{a}{b}$라고 가정하자(단, a와 b는 양의 정수이고 서로소). 그러면

$$0 < |\xi - u_n| < \left|\frac{a}{b} - \frac{h_n}{k_n}\right| < \frac{1}{k_n^2} \quad \text{또는} \quad 0 < |ak_n - bh_n| < \frac{b}{k_n}$$

이다. 한편, 수열 k_n은 단조증가수열이므로 적당한 n에 대하여 $b < k_n$이다. 즉,

$$0 < |ak_n - bh_n| < \frac{b}{k_n} < 1$$

이다. $|ak_n - bh_n|$은 0이 아닌 정수로 모순이다. 따라서 ξ는 무리수이다. ■

【정리 6.1.8】

두 무한단순연분수 $\langle a_0\,;\, a_1,\ a_2,\ \cdots,\ a_n,\ \cdots \rangle$과 $\langle b_0\,;\, b_1,\ b_2,\ \cdots,\ b_n,\ \cdots \rangle$이 같다면, 모든 i $(i \geq 0)$에 대하여 $a_i = b_i$이다.

증명 정리 6.1.7의 (2)에 의하여 $\langle a_0\,;\, a_1,\ a_2,\ \cdots,\ a_n,\ \cdots \rangle = a_0 + \dfrac{1}{\langle a_1\,;\, a_2,\ \cdots,\ a_n,\ \cdots \rangle}$ 이므로 $\langle a_0\,;\, a_1,\ a_2,\ \cdots,\ a_n,\ \cdots \rangle = \langle b_0\,;\, b_1,\ b_2,\ \cdots,\ b_n,\ \cdots \rangle$이면

$$a_0 + \frac{1}{\langle a_1\,;\, a_2,\ \cdots,\ a_n,\ \cdots \rangle} = b_0 + \frac{1}{\langle b_1\,;\, b_2,\ \cdots,\ b_n,\ \cdots \rangle}$$

이므로 $a_0 = b_0$이고 $\langle a_1\,;\, a_2,\ \cdots,\ a_n,\ \cdots \rangle = \langle b_1\,;\, b_2,\ \cdots,\ b_n,\ \cdots \rangle$이다. 같은 방법을 계속 시행하면, 모든 i $(i \geq 0)$에 대하여 $a_i = b_i$이다. ■

【정리 6.1.9】

무리수 ξ는 무한단순연분수로 나타낼 수 있다. 실제로

$$\xi_0 = \xi, \qquad a_0 = [\xi_0]$$

$$\xi_1 = \frac{1}{\xi_0 - a_0}, \qquad a_1 = [\xi_1]$$

$$\xi_{i+1} = \frac{1}{\xi_i - a_i}, \qquad a_{i+1} = [\xi_{i+1}] \ (i \geq 0)$$

라고 정의하면,

$$\xi = \langle a_0 \,;\, a_1,\ a_2,\ \cdots,\ a_n,\ \cdots \rangle = \langle a_0 \,;\, a_1,\ a_2,\ \cdots,\ a_n,\ \xi_{n+1} \rangle$$

$$\xi_i = \langle a_i \,;\, a_{i+1},\ a_{i+2},\ \cdots,\ a_n,\ \cdots \rangle$$

이다.

증명 정의에 의하여 $a_0, a_1, a_2, \cdots, a_n, \cdots$는 정수이고 ξ_0은 무리수이므로 ξ_1은 무리수이며, 같은 방법으로 ξ_i가 무리수이면 ξ_{i+1}도 무리수이다. 따라서 수학적 귀납법에 의하여 모든 i $(i \geq 0)$에 대하여 ξ_i는 무리수이다.

이제,

$$\begin{aligned}\xi = \xi_0 = a_0 + \frac{1}{\xi_1} &= \langle a_0 \,;\, \xi_1 \rangle \\ &= \left\langle a_0 \,;\, a_1 + \frac{1}{\xi_2} \right\rangle = \langle a_0 \,;\, a_1,\ \xi_2 \rangle \\ &\ \vdots \\ &= \left\langle a_0 \,;\, a_1,\ \cdots,\ a_n + \frac{1}{\xi_{n+1}} \right\rangle = \langle a_0 \,;\, a_1,\ \cdots,\ a_n,\ \xi_{n+1} \rangle\end{aligned}$$

이다. 한편, $u_n = \dfrac{h_n}{k_n}$이라고 하면 정리 6.1.4에 의하여

$$\xi = \langle a_0 \,;\, a_1,\ \cdots,\ a_n,\ \xi_{n+1} \rangle = \frac{\xi_{n+1} h_n + h_{n-1}}{\xi_{n+1} k_n + k_{n-1}} \ (n \geq 0)$$

이므로

$$\xi - u_n = \xi - \frac{h_n}{k_n} = \frac{\xi_{n+1}h_n + h_{n-1}}{\xi_{n+1}k_n + k_{n-1}} - \frac{h_n}{k_n}$$

$$= \frac{h_{n-1}k_n - h_n k_{n-1}}{k_n(\xi_{n+1}k_n + k_{n-1})}$$

$$= \frac{(-1)^n}{k_n(\xi_{n+1}k_n + k_{n-1})} \ (n \geq 0)$$

이다. 따라서 $\lim_{n\to\infty}(\xi - u_n) = 0$이고 $\xi = \lim_{n\to\infty} u_n = \lim_{n\to\infty}\langle a_0 ; a_1, \cdots, a_n, \cdots\rangle$이다.

이 증명과정을 ξ_i로부터 시작하면,

$$\xi_i = a_i + \frac{1}{\xi_{i+1}} = \langle a_i ; \xi_{i+1}\rangle = \left\langle a_i ; a_{i+1} + \frac{1}{\xi_{i+2}}\right\rangle = \langle a_i ; a_{i+1}, \xi_{i+2}\rangle$$

$$= \cdots = \langle a_i ; a_{i+1}, \cdots, a_n \cdots\rangle$$

이다. ■

예제 6.1.4 무리수 $\sqrt{7}$의 무한단순연분수를 구하여 보면,

$$a_0 = [\sqrt{7}] = 2, \qquad x_0 = \sqrt{7} - 2$$

$$a_1 = \left[\frac{1}{\sqrt{7}-2}\right] = \left[\frac{\sqrt{7}+2}{3}\right] = 1, \qquad x_1 = \frac{\sqrt{7}-1}{3}$$

$$a_2 = \left[\frac{3}{\sqrt{7}-1}\right] = \left[\frac{\sqrt{7}+1}{2}\right] = 1, \qquad x_2 = \frac{\sqrt{7}-1}{2}$$

$$a_3 = \left[\frac{2}{\sqrt{7}-1}\right] = \left[\frac{\sqrt{7}+1}{3}\right] = 1, \qquad x_3 = \frac{\sqrt{7}-2}{3}$$

$$a_4 = \left[\frac{3}{\sqrt{7}-2}\right] = [\sqrt{7}+2] = 4, \qquad x_4 = \sqrt{7} - 2 = x_0$$

$$a_5 = a_1, \ x_5 = x_1, \ a_6 = a_2, \ x_6 = x_2, \ \cdots$$

이다. 따라서 $\sqrt{7} = \langle 2 ; 1, 1, 1, 4, 1, 1, 1, 4, \cdots\rangle$이다.

▶ 연습문제 6.1

1. 다음 유리수의 연분수 전개를 구하여라.

(1) $\dfrac{59}{17}$ (2) $\dfrac{73}{291}$

2. 다음 연분수를 분수 꼴로 간단히 하여라.

(1) $\langle 2\,;\,3,\ 1,\ 3,\ 5,\ 2\rangle$ (2) $\langle 1\,;\,2,\ 3,\ 4,\ 5\rangle$

3. 양의 정수 b에 대하여 다음을 증명하여라.

(1) $\langle a_0\,;\,a_1\rangle > \langle a_0\,;\,a_1+b\rangle$ (2) $\langle a_0\,;\,a_1,\ a_2\rangle < \langle a_0\,;\,a_1,\ a_2+b\rangle$

4. 정리 6.1.5의 (3)을 증명하여라.

5. (1) $\langle 1\,;\,1,\ 1,\ 1,\ 1,\ 1,\ \cdots\rangle$의 값을 구하여라.

(2) 오른쪽 그림과 같은 직선에서 거리 사이에 비율이 $x:1=1:(x-1)$일 때 x를 구하고 (1)에서 구한 값과 비교하여라. 이때 비율 x를 **황금비**(golden ratio)라고 한다.

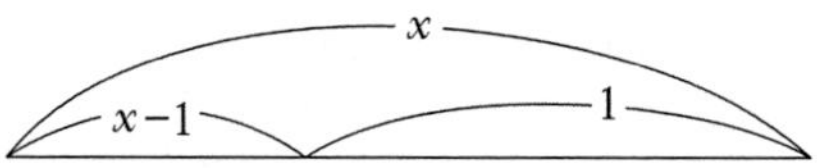

(3) 자연수 $n\ (\geq 2)$에 대하여 수열 h_n을 생성하는 점화식을 구하여라.

단, $\dfrac{h_n}{k_n}=\langle a_0\,;\,a_1,\ \cdots,\ a_n\rangle,\quad (h_n,\ k_n)=1,\ a_i=1\ (0\leq i\leq n)$

이 수열을 **Fibonacci 수열**이라 한다.

참고 황금비와 Fibonacci 수열은 다양한 응용을 가지고 있다. 여러 website를 통하여 응용성을 알아보는 것은 매우 흥미 있는 과제이다.

6. 다음 무리수의 무한 단순연분수 전개를 구하여라.

(1) $\sqrt{2}-1$ (2) $\dfrac{\sqrt{2}+1}{2}$

7. 다음 무한 단순연분수의 값을 구하여라.

(1) $\langle 3\,;\,1,\ 2,\ 1,\ 2,\ 1,\ 2,\ 1,\ 2,\ \cdots\rangle$ (2) $\langle 3\,;\,2,\ 1,\ 2,\ 1,\ 2,\ 1,\ \cdots\rangle$

2. 무리수의 유리 근사값

앞 절 예제 6.1.3에서 i의 값이 커짐에 따라 $\sqrt{2}$의 근사값을 얻을 수 있음을 보았다. 이 절에서는 무리수 ξ를 무한 단순연분수 $\langle a_0 ; a_1, a_2, \cdots, a_n, \cdots \rangle$으로 표현할 수 있고, 이때 $u_n = \langle a_0 ; a_1, a_2, \cdots, a_n \rangle$이라고 하면, 각 u_n은 n이 증가함에 따라 더 좋은 유리 근사값(rational approximation)이 되는 것을 보인다.

【정리 6.2.1】

무리수 ξ의 무한 단순연분수전개가 $\langle a_0 ; a_1, a_2, \cdots, a_n, \cdots \rangle$이고 $u_n = \dfrac{h_n}{k_n}$을 ξ의 제n근사분수라고 하면,

$$0 < |\xi - u_n| < |\xi - u_{n-1}| \quad \text{또는} \quad 0 < |k_n\xi - h_n| < |k_{n-1}\xi - h_{n-1}|$$

이다. 즉 u_n은 u_{n-1}보다 더 좋은 ξ의 근사값이다.

증명 이제 $\xi = \langle a_0 ; a_1, a_2, \cdots, a_n, \cdots \rangle = \xi_0$이고 각 i $(i \geq 0)$에 대하여 $\xi_i = \langle a_i ; a_{i+1}, a_{i+2}, \cdots, a_n, \cdots \rangle$이라고 놓으면, 정리 6.1.9의 증명과정에서

$$\xi - u_n = \frac{(-1)^n}{k_n(\xi_{n+1}k_n + k_{n-1})} \quad \text{또는} \quad |\xi - u_n| = \frac{1}{k_n(\xi_{n+1}k_n + k_{n-1})}$$

을 얻었다. 따라서 다음 식을 얻는다.

$$|\xi - u_{n-1}| = \frac{1}{k_{n-1}(\xi_n k_{n-1} + k_{n-2})}$$

$$1 \leq k_{n-1} \leq k_n, \quad a_n < \xi_n < a_n + 1, \quad 1 \leq a_{n+1} < \xi_{n+1}$$

따라서 각 n $(n \geq 1)$에 대하여

$$\begin{aligned} \xi_{n+1}k_n + k_{n-1} &> a_{n+1}k_n + k_{n-1} = k_{n+1} \\ \xi_n k_{n-1} + k_{n-2} &< (a_n + 1)k_{n-1} + k_{n-2} \\ &= a_n k_{n-1} + k_{n-2} + k_{n-1} = k_n + k_{n-1} \\ &\leq a_{n+1}k_n + k_{n-1} = k_{n+1} \end{aligned}$$

이므로

$$\begin{aligned} |\xi-u_n| &= \frac{1}{k_n(\xi_{n+1}k_n+k_{n-1})} \\ &< \frac{1}{k_nk_{n+1}} \le \frac{1}{k_{n-1}k_{n+1}} \\ &< \frac{1}{k_{n-1}(\xi_nk_{n-1}+k_{n-2})} = |\xi-u_{n-1}| \end{aligned}$$

또는 $|k_n\xi-h_n| = <\frac{1}{k_{n+1}}<|k_{n-1}\xi-h_{n-1}|$이다. ■

【정리 6.2.2】

무리수 ξ의 무한 단순연분수전개 $\langle a_0\,;\,a_1,\ a_2,\ \cdots,\ a_n,\ \cdots\rangle$의 제$n$근사분수를 $u_n=\frac{h_n}{k_n}$이라고 하면, 두 정수 a, $b\ (>0)$에 대하여

(1) $n\ge 0$일 때, $|b\xi-a|<|k_n\xi-h_n|$이면 $k_{n+1}\le b$이다.

(2) $n\ge 1$일 때, $|\xi-\frac{a}{b}|<|\xi-u_n|$이면 $k_n<b$이다.

증명 (1) $n\ge 0$일 때, $|b\xi-a|<|k_n\xi-h_n|$이면 $k_{n+1}\le b$를 증명하기 위하여 $k_{n+1}>b$를 가정하자. 한편, 다음과 같은 연립방정식의 해를 생각해 보자.

$$\begin{cases} h_nx+h_{n+1}y=a \\ k_nx+k_{n+1}y=b \end{cases} \qquad (*)$$

정리 6.1.5의 (2)에 의하여 $h_nk_{n+1}-h_{n+1}k_n=(-1)^{n+1}$이므로

$$x=(-1)^{n+1}(ak_{n+1}-bh_{n+1}),\quad y=(-1)^{n+1}(bh_n-ak_n)$$

먼저 $x=0$이라면, $ak_{n+1}=bh_{n+1}$이고 $(h_{n+1},\ k_{n+1})=1$이므로 $k_{n+1}|b$이고 $b\ge k_{n+1}$이다. 따라서 가정에 모순이다. 이제 $y=0$이라면, $(*)$에 대입하면

$$a=h_nx,\quad k_nx=b,\quad x\ne 0$$

이므로

$$|b\xi - a| = |k_n x\xi - h_n x| = |x|\,|k_n\xi - h_n| \geq |k_n\xi - h_n|$$

이 되어 가정에 모순이다.

따라서 $x \neq 0$이고 $y \neq 0$이다.

이제, $y > 0$이면 $k_{n+1}y \geq k_{n+1} > b$이므로 $x < 0$이고 $y < 0$이면 $x > 0$이다.

한편, 정리 6.1.5에 의하여 $\xi - u_n$과 $\xi - u_{n+1}$의 부호는 서로 다르므로 $k_n\xi - h_n$과 $k_{n+1}\xi - h_{n+1}$의 부호는 서로 다르다. 또한,

$$\begin{aligned} |b\xi - a| &= |(k_n x + k_{n+1}y)\xi - (h_n x + h_{n+1}y)| \\ &= |(k_n\xi - h_n)x + (k_{n+1}\xi - h_{n+1})y| \\ &> |(k_n\xi - h_n)x| \\ &\geq |(k_n\xi - h_n)| \end{aligned}$$

이므로 가정에 모순이다.

따라서 $k_{n+1} \leq b$이다.

(2) 독자에게 맡긴다. ■

정리 6.2.2의 (2) 즉, ξ의 근사값 $\dfrac{a}{b}$가 ξ의 근사값 u_n보다 더 좋은 근사값이라면 $k_n < b$이라는 의미를 살펴보면, 근사값 u_n은 분모가 k_n 이하의 어떤 분수보다 정확한 근사값이라는 의미이다.

예제 6.2.1 예제 6.1.3에서 $\sqrt{2}$의 무한단순연분수는 $\sqrt{2} = \langle 1\,;\, 2,\ 2,\ \cdots \rangle$이다. 실제로 $\sqrt{2}$의 근사분수를 구하기 위한 h_n과 k_n에 대한 표는

i	-2	-1	0	1	2	3	4	5	6	7
a_i			1	2	2	2	2	2	2	2
h_i	0	1	1	3	7	17	41	99	239	577
k_i	1	0	1	2	5	12	29	70	169	408

이었다. 이를테면, $u_4 = \dfrac{41}{29}$은 분모가 29 이하인 분수꼴 $\dfrac{a}{b}$중에 가장 좋은 근사분수이다.

예제 6.2.2 원주율 π를 무한단순연분수로 나타내면

$$\pi = \langle 3 ; 7, 15, 1, 292, 1, 1, 1, 2, 1, 3, \cdots \rangle$$

이다. 실제로 π의 근사분수 및 근사값을 구하여 보면

i	-2	-1	0	1	2	3	4	5	6
a_i			3	7	15	1	292	1	1
h_i	0	1	3	22	333	355	103993	104348	208341
k_i	1	0	1	7	106	113	33102	33215	66317

$u_1 = \dfrac{22}{7}$는 소수 둘째 자리까지 정확한 근사값으로 우리가 자주 사용하는 값이고 $u_6 = \dfrac{208341}{66317} = 3.1415926534\cdots$로 소수 9째 자리까지 정확한 값이다.

한편, 분모가 두 자리수인 분수로 $u_2 = \dfrac{333}{106}$보다 정확한 근사값은 없음을 알 수 있다.

▶ 연습문제 6.2

1. 정리 6.2.2의 (1)의 증명에서 $h_n k_{n+1} - h_{n+1} k_n = (-1)^{n+1}$을 증명하여라.

2. 정리 6.2.2의 (2)를 증명하여라.

3. 무리수 $e = 2.718281828\cdots$의 무한단순연분수 전개의 5항까지를 구하고 u_2, u_3, u_4를 구하여라.

4. 무리수 $\sqrt{3} = 1.7320508\cdots$의 무한단순연분수 전개에서 $\sqrt{3}$의 근사값이 소수 5 자리까지 얻을 수 있도록 근사분수를 구하여라.

3. 이차무리수와 순환 단순연분수

앞 절에서 다루었던 e와 π를 제외한 무리수의 단순연분수는 일정한 수들이 반복적으로 나타났다. 이 절에서는 이들에 관하여 자세하게 살펴본다.

무리수 ξ가 정수를 계수로 가지는 이차방정식

$$ax^2+bx+c=0 \quad (a\neq 0)$$

의 근일 때, 무리수 ξ를 이차무리수(quadratic irrational number)라고 한다.

이차무리수에 관한 다음 명제는 동치명제이다.

【정리 6.3.1】

실수 ξ에 관한 다음 명제는 동치이다.

(1) ξ는 이차무리수이다.

(2) ξ는 다음과 같은 꼴

$$\xi=\frac{m+\sqrt{d}}{n} \quad (m,\ n\text{은 정수로 } n\neq 0\text{이고 } d\text{는 완전제곱수가 아닌 자연수})$$

로 나타난다.

(3) ξ는 다음과 같은 꼴

$$\xi=u+v\sqrt{d} \quad (u,\ v\text{는 유리수로 } v\neq 0\text{이고 } d\text{는 완전제곱수가 아닌 자연수})$$

로 나타난다.

증명 (1)⇒(2) : 실수 ξ를 이차무리수라고 하면, ξ는 정수를 계수로 가지는 이차방정식

$$ax^2+bx+c=0 \quad (a\neq 0)$$

의 근인 무리수이므로

$$\xi=\frac{-b+\sqrt{b^2-4ac}}{2a} \quad \text{또는} \quad \xi=\frac{-b-\sqrt{b^2-4ac}}{2a}$$

로 b^2-4ac는 완전제곱수가 아닌 양의 정수이다.

따라서 $m=-b$, $d=b^2-4ac$, $2a=n$이라 하면, $\xi=\dfrac{-b+\sqrt{b^2-4ac}}{2a}$ 가 (2)의 꼴이고 $m=b$, $d=b^2-4ac$, $2a=-n$이라고 하면, $\xi=\dfrac{-b-\sqrt{b^2-4ac}}{2a}$이 (2)의 꼴이다.

(2)⇒(3) : 실수 ξ가 적당한 정수 m, $n(n\neq 0)$과 완전제곱수가 아닌 자연수 d에 대하여 $\xi=\dfrac{m+\sqrt{d}}{n}$로 표현된다면

$$\xi=\frac{m}{n}+\frac{1}{n}\sqrt{d}$$

에서 $u=\dfrac{m}{n}$이고 $v=\dfrac{1}{n}$이라 놓으면 $\xi=u+v\sqrt{d}$이다.

(3) ⇒ (1) : 실수 ξ가 적당한 유리수 u, v $(v\neq 0)$와 완전제곱수가 아닌 자연수 d에 대하여 $\xi=u+v\sqrt{d}$로 표현되었다고 가정할 때,

$$(\xi-u)^2=v^2d \quad \text{또는} \quad \xi^2-2u\xi+u^2-v^2d=0$$

이다. 따라서 실수 ξ는 이차방정식 $x^2-2ux+u^2-v^2d=0$의 근이다.

이제, 0이 아닌 정수 q, t, s와 정수 p에 대하여 $u=\dfrac{p}{q}$이고 $v=\dfrac{s}{t}$라 놓을 수 있다. 이를 이차방정식 $x^2-2ux+u^2-v^2d=0$에 대입하면,

$$x^2-\frac{2p}{q}x+\left(\frac{p}{q}\right)^2-\left(\frac{s}{t}\right)^2d=0 \quad \text{또는}$$
$$(q^2t^2)x^2-2qt^2px+(p^2t^2-s^2q^2d)=0$$

이다. 즉, 실수 ξ는 정수 계수를 가지는 이차방정식의 근이다. ■

완전제곱수가 아닌 양의 정수 d에 대하여

$$\xi=u+v\sqrt{d} \quad (u,\ v\in\mathbb{Q})$$

와 같은 실수 전체의 집합을 $\mathbb{Q}(\sqrt{d})$로 나타낸다. 즉,

$$\mathbb{Q}(\sqrt{d})=\{u+v\sqrt{d}\mid u,\ v\in\mathbb{Q}\}$$

이다.

정의에 의하여 u, v, u', v'이 유리수이고 완전제곱수가 아닌 양의 정수 d에 대하여 다음이 성립함을 알 수 있다.

(1) $u+v\sqrt{d}=0 \Leftrightarrow u=v=0$

(2) $u+v\sqrt{d}=u'+v'\sqrt{d} \Leftrightarrow u=u',\ v=v'$

(3) $\mathbb{Q}\subseteq\mathbb{Q}(\sqrt{d})$

이차무리수 $\sqrt{2}$와 $\sqrt{3}$의 연분수 표현을 구하면, $\sqrt{2}=\langle 1\,;2,\ 2,\ \cdots\rangle$에서는 2가 계속 반복해서 나타나고 $\sqrt{3}=\langle 1\,;1,\ 2,\ 1,\ 2,\ 1,\ 2,\ \cdots\rangle$에서는 첫 수 1을 제외하면, 1과 2가 교대로 반복해서 나타난다.

일반적으로 무한 단순연분수 $\langle a_0\,;a_1,\ a_2,\ \cdots,\ a_n\cdots\rangle$에서 적당한 정수 t $(t\geq 0)$와 r $(r\geq 1)$에 대하여

$$a_{t+r-1+i}=a_{t-1+i} \quad (i\geq 1)$$

일 때, 즉 처음 t개의 항 a_0, a_1, a_2, $\cdots$, a_{t-1}에 이어 그 다음부터 r개의 항 a_t, a_{t+1}, $\cdots$, a_{t+r-1}이 순서대로 반복될 때, 이 연분수를 순환 단순연분수(periodic simple continued fraction)라 하고 기호

$$\langle a_0\,;a_1,\ a_2,\ \cdots,\ a_{t-1},\ \overline{a_t,\ a_{t+1},\ \cdots,\ a_{t+r-1}}\rangle$$

로 나타낸다. 특히, $t=0$인 경우인 $\langle \overline{a_0\,;a_1,\ \cdots,\ a_{r-1}}\rangle$을 순순환 단순연분수(purely periodic simple continued fraction)라고 한다.

이때, 가능한 가장 작은 정수 t와 r에 대하여 a_t, a_{t+1}, $\cdots$, a_{t+r-1}을 순환마디라 하고 r을 순환마디의 길이(length)라고 한다.

이를테면, $\sqrt{2}$는 순환마디가 2이고 순환마디의 길이가 1인 순환 단순연분수로 표현되고 $\sqrt{3}$은 순환마디가 1, 2이고 순환마디의 길이가 2인 순환 단순연분수로 표현되는 것을 알 수 있다. 즉, $\sqrt{2}=\langle 1\,;\overline{2}\rangle$이고 $\sqrt{3}=\langle 1\,;\overline{1,\ 2}\rangle$이다.

순환단순연분수의 값을 구하면, 다음 예제와 같이 이차무리수가 된다.

예제 6.3.1 순환단순연분수 $\langle\overline{1}\rangle$의 실수값을 구하여 보면,

$$\langle\overline{1}\rangle=\langle 1\,;\,1,\ 1,\ 1,\ \cdots\rangle=1+\frac{1}{\langle 1\,;\,1,\ 1,\ 1,\ \cdots\rangle}=1+\frac{1}{\langle\overline{1}\rangle}$$

이므로 $\langle\overline{1}\rangle=x$라 놓으면

$$x=1+\frac{1}{x} \quad \text{또는} \quad x^2-x-1=0$$

이다. 따라서 $x=\dfrac{1\pm\sqrt{5}}{2}$이다. 한편, $x>0$이므로 $x=\dfrac{1+\sqrt{5}}{2}$이다.

이제 순환단순연분수와 이차무리수의 관계를 살펴보자.

【정리 6.3.2】 (Lagrange의 정리)

순환단순연분수의 값은 이차무리수이다.

증명 순환단순연분수 $\langle a_0\,;\,a_1,\ a_2,\ \cdots a_{t-1},\ \overline{a_t,\ a_{t+1},\ \cdots,\ a_{t+r-1}}\rangle$의 값을 ξ라고 하고 $\langle\overline{a_t\,;\,a_{t+1},\ \cdots,\ a_{t+r-1}}\rangle=\theta$라고 놓으면, 정리 6.1.4에 의하여

$$\xi=\frac{h_{t-1}\theta+h_{t-2}}{k_{t-1}\theta+k_{t-2}}$$

이다. 한편,

$$\theta=\langle\overline{a_t\,;\,a_{t+1},\ \cdots,\ a_{t+r-1}}\rangle=\langle a_t\,;\,a_{t+1},\ \cdots,\ a_{t+r-1},\ \theta\rangle$$

이고 $\langle a_t\,;\,a_{t+1},\ \cdots,\ a_{t+r-1}\rangle$의 제$i$근사분수를 $\dfrac{m_i}{n_i}$로 나타내면, 정리 6.1.4에 의하여

$$\theta=\frac{\theta m_{r-1}+m_{r-2}}{\theta n_{r-1}+n_{r-2}} \quad \text{즉,} \quad n_{r-1}\theta^2+(n_{r-2}-m_{r-1})\theta-m_{r-2}=0$$

이다. 따라서 θ는 이차무리수이므로 $\theta=u+v\sqrt{d}$로 나타낼 수 있다(단, u, $v(\neq 0)$는 유리수이고 d는 완전제곱이 아닌 유리수이다).

이차무리수 θ를 이용하여 위에서 표현된 ξ값을 다시 쓰면

$$\xi=\frac{h_{t-1}\theta+h_{t-2}}{h_{t-1}\theta+h_{t-2}}=\frac{h_{t-1}(u+v\sqrt{d})+h_{t-2}}{h_{t-1}(u+v\sqrt{d})+h_{t-2}}$$

이고 이를 유리화하면 ξ는 이차무리수이다. ■

정리 6.3.2를 이용하여 연분수의 실수값을 구하여 보자.

예제 6.3.2 순환단순연분수 $\langle 3\,;1,\ \overline{2,\ 1}\rangle$의 실수값을 구하여 보면 순환단순연분수 $\langle 3\,;1,\ \overline{2,\ 1}\rangle$의 값을 ξ라고 하고 $\langle\overline{2\,;1}\rangle=\theta$라고 놓으면, 정리 6.1.4에 의하여 $h_0=3,\ h_1=4,\ k_0=1,\ k_1=1$

$$\xi=\frac{h_1\theta+h_0}{k_1\theta+k_0}=\frac{4\theta+3}{\theta+1}$$

이다. 한편,

$$\theta=\langle\overline{2\,;1}\rangle=\langle 2\,;1,\ \theta\rangle$$

이고 $\langle 2\,;1\rangle$에서 $m_0=2,\ m_1=3,\ n_0=1,\ n_1=1$이므로 정리 6.1.4에 의하여

$$\theta^2-2\theta-2=0 \quad \text{또는} \quad \theta=1+\sqrt{3}$$

이다. 따라서

$$\xi=\frac{4\theta+3}{\theta+1}=\frac{7+4\sqrt{3}}{2+\sqrt{3}}=(7+4\sqrt{3})(2-\sqrt{3})=2+\sqrt{3}$$

이다.

정리 6.3.2의 역 또한 성립하지만 여기에서 증명은 생략한다.

【정리 6.3.3】 (Lagrange의 정리)

이차무리수 ξ는 순환단순연분수로 나타낼 수 있다.

예제 6.3.3 이차무리수 $\xi=\frac{2+\sqrt{3}}{3}$을 단순연분수로 나타내면,

$$\begin{aligned}
a_0&=[\xi]=1, & \xi_1&=\frac{3}{\sqrt{3}-1}=\frac{3(\sqrt{3}+1)}{2}\\
a_1&=[\xi_1]=4, & \xi_2&=\frac{2}{(3\sqrt{3}-5)}=3\sqrt{3}+5\\
a_2&=[\xi_2]=10, & \xi_3&=\frac{1}{(3\sqrt{3}-5)}=\frac{3\sqrt{3}+5}{2}\\
a_3&=[\xi_3]=5, & \xi_4&=\frac{2}{(3\sqrt{3}-5)}=3\sqrt{3}+5=\xi_2\\
a_4&=[\xi_2]=10=a_2, & \xi_5&=\xi_3\\
&\vdots & &\vdots
\end{aligned}$$

이므로 $\xi=\langle 1\,;4,\ \overline{10,\ 5}\rangle$이다.

완전제곱수가 아닌 양의 정수 d에 대하여 이차무리수 $\xi=u+v\sqrt{d}$ $(u,\ v\in\mathbb{Q})$에 대하여 $u-v\sqrt{d}$를 ξ의 켤레원소라 하고 $\overline{\xi}$로 나타낸다. 또, 이차무리수 ξ에 대하여

$$T(\xi)=\xi+\overline{\xi}=2u,\quad N(\xi)=\xi\cdot\overline{\xi}=u^2-v^2d$$

를 각각 ξ의 트레이스(trace), ξ의 노름(norm)이라 한다.

이를테면 $\xi=2+\sqrt{3}$이면 $T(\xi)=4$이고 $N(\xi)=1$이다.

【정리 6.3.4】

정수 d가 완전제곱수가 아닌 양의 정수일 때, 집합 $\mathbb{Q}(\sqrt{d})$의 임의의 원소, ξ, η에 대하여 다음이 성립한다.

(1) $\xi=0\Leftrightarrow\overline{\xi}=0$이고 $\xi=\overline{\xi}\Leftrightarrow\xi\in\mathbb{Q}$

(2) $\overline{\overline{\xi}}=\xi$, $\overline{\xi+\eta}=\overline{\xi}+\overline{\eta}$, $\overline{\xi\cdot\eta}=\overline{\xi}\cdot\overline{\eta}$

(3) $T(\xi\pm\eta)=T(\xi)\pm T(\eta)$, $N(\xi\cdot\eta)=N(\xi)\cdot N(\eta)$

증명 독자에게 남긴다. ■

다음 정리는 순순환 단순연분수가 될 필요충분조건을 설명한다. 증명은 생략한다.

【정리 6.3.5】

이차무리수 $\xi=u+v\sqrt{d}$가 순순환 단순연분수로 표현될 필요충분조건은 $\xi>1$이고 $-1<\bar{\xi}<0$이다.

예제 6.3.4 이차무리수 $\xi=\dfrac{\sqrt{17}+2}{3}$는 $\xi>1$이고 $-1<\bar{\xi}<0$이므로 ξ는 순순환 단순연분수로 표현된다. 실제로

$$
\begin{aligned}
a_0 &= [\xi]=2, & \xi_1 &= \frac{3}{\sqrt{17}-4}=3(\sqrt{17}+4)\\
a_1 &= [\xi_1]=24, & \xi_2 &= \frac{1}{3(\sqrt{17}-4)}=\frac{\sqrt{17}+4}{3}\\
a_2 &= [\xi_2]=2, & \xi_3 &= \frac{3}{\sqrt{17}-2}=\frac{3(\sqrt{17}+2)}{13}\\
a_3 &= [\xi_3]=1, & \xi_4 &= \frac{13}{3\sqrt{17}-7}=\frac{(3\sqrt{17}+7)}{8}\\
a_4 &= [\xi_4]=2, & \xi_5 &= \frac{8}{3(\sqrt{17}-3)}=\frac{\sqrt{17}+3}{3}\\
a_5 &= [\xi_5]=2, & \xi_6 &= \frac{3}{(\sqrt{17}-3)}=\frac{3(\sqrt{17}+3)}{8}\\
a_6 &= [\xi_6]=2, & \xi_7 &= \frac{8}{3\sqrt{17}-7}=\frac{(3\sqrt{17}+7)}{13}\\
a_7 &= [\xi_7]=1, & \xi_8 &= \frac{13}{3(\sqrt{17}-2)}=\frac{\sqrt{17}+2}{3}=\xi\\
a_8 &= [\xi]=2, & \xi_9 &= \xi_1\\
&\vdots & &\vdots
\end{aligned}
$$

이므로 $\xi=\langle \overline{2\,;24,\ 2,\ 1,\ 2,\ 2,\ 2,\ 1}\rangle$이다.

【정리 6.3.6】

완전제곱수가 아닌 양의 정수 d에 대하여 적당한 r이 존재하여

$$\sqrt{d} = \langle a_0 ; \overline{a_1, \cdots, a_{r-1}, 2a_0} \rangle$$

이다.

증명 이제 $a_0 = [\sqrt{d}]$이고 $\xi = [\sqrt{d}] + \sqrt{d}$라 놓으면

$$\xi > 1 \text{이고} \quad -1 < \bar{\xi} < 0$$

이므로 정리 6.3.5에 의하여 ξ는 순순환 단순연분수이다. 이때, $[\xi] = 2a_0$이므로 ξ의 연분수표현을 $\xi = \langle \overline{2a_0 ; a_1, \cdots, a_{r-1}} \rangle$이라 놓으면

$$\begin{aligned} \sqrt{d} &= \langle \overline{2a_0 ; a_1, \cdots, a_{r-1}} \rangle - [\sqrt{d}] \\ &= \langle 2a_0 ; \overline{a_1, \cdots, a_{r-1}, 2a_0} \rangle - a_0 \\ &= \langle a_0 ; \overline{a_1, \cdots, a_{r-1}, 2a_0} \rangle \end{aligned}$$

이다. ■

이를테면, $\xi = [\sqrt{2}] + \sqrt{2} = 1 + \sqrt{2}$는 $\xi > 1$이고 $-1 < \bar{\xi} = 1 - \sqrt{2} < 0$이므로 순순환 단순연분수이다. 실제로 $\xi = \langle \bar{2} \rangle$이므로

$$\sqrt{2} = \xi - 1 = \langle 2 ; 2, 2, \cdots \rangle - 1 = \langle 1 ; 2, 2, \cdots \rangle = \langle 1 ; \bar{2} \rangle$$

이다. 같은 방법으로 $\sqrt{7} = \langle 2 ; \overline{1, 1, 1, 4} \rangle$을 얻을 수 있다.

▶ 연습문제 6.3

1. 유리수 u, v, u', v'와 완전제곱수가 아닌 양의 정수 d에 대하여 다음이 성립함을 증명하여라.
   (1) $u+v\sqrt{d}=0 \Leftrightarrow u=v=0$
   (2) $u+v\sqrt{d}=u'+v'\sqrt{d} \Leftrightarrow u=u',\ v=v'$
   (3) $\mathbb{Q}\subseteq\mathbb{Q}(\sqrt{d})$

2. 순환단순연분수 $\langle\overline{2}\rangle$의 실수값과 $\langle 1\,;\,\overline{2}\rangle$의 실수값을 구하고 비교하여라.

3. 순환단순연분수 $\langle 1\,;\,\overline{1,\ 2}\rangle$의 실수값을 ξ라고 할 때,
   (1) $\langle a+1\,;\,\overline{1,\ 2}\rangle$의 실수값을 구하여라.
   (2) $\xi-1$의 단순연분수 표현을 구하여라.

4. 다음 단순연분수의 실수값을 구하여라.
   (1) $\langle 1\,;\,2,\ \overline{1,\ 2,\ 3}\rangle$ (2) $\langle 2\,;\,1,\ \overline{1,\ 2,\ 3}\rangle$

5. 다음 무리수를 순환 단순연분수로 나타내어라.
   (1) $3+\sqrt{13}$ (2) $\sqrt{17}$
   (3) $\dfrac{3+\sqrt{11}}{2}$ (4) $\dfrac{5+\sqrt{11}}{2}$

6. 양의 정수 d에 대하여 다음이 성립함을 증명하여라.
   (1) $\langle\overline{d}\rangle=\dfrac{d+\sqrt{d^2+4}}{2}$ (2) $\sqrt{a^2+1}=\langle a\,;\,\overline{2a}\rangle$

7. 문제 6을 이용하여 다음 무리수의 연분수전개를 구하여라.
   (1) $\langle\sqrt{2}\rangle$ (2) $\sqrt{26}$ (3) $\sqrt{3026}$

8. 정리 6.3.5를 증명하여라.

4. 연분수를 이용한 자연수의 인수분해

이 절에서는 연분수를 이용하여 양의 정수를 인수분해하는 방법을 설명한다.

먼저 다음 정리는 양의 정수를 인수분해하는데 이용된다.

【정리 6.4.1】

양의 정수 n에 대하여 다음 조건

$$a^2 \equiv b^2 \bmod n, \quad a+b \neq n, \quad n > a > b > 0$$

을 만족하는 양의 정수가 존재한다면, $(a+b,\ n)$과 $(a-b,\ n)$은 1도 아니고 n도 아닌 n의 약수이다.

증명 가정에 의하여 $a^2 - b^2 = (a+b)(a-b)$는 n의 배수이다. 즉, $((a+b)(a-b),\ n) = n$이다.

한편, $2b < a+b < 2n$이고 $a+b \neq n$이므로 $(a+b,\ n) \neq n$이고 $1 \leq a-b < a < n$이므로 $(a-b,\ n) \neq n$이다. 또한, $(a+b,\ n) = 1$이면 $(a-b,\ n) = n$이 되어 모순이므로 $(a+b,\ n) \neq 1$이다. 즉, $1 < (a+b,\ n) < n$이다. 같은 방법으로 $1 < (a-b,\ n) < n$이다. 그러므로 정리 6.4.1이 성립한다. ■

이를테면, $129^2 - 7^2 = 16641 - 49 = 16592 \equiv 0 \bmod 1037$이고 Euclid 알고리즘에 의하여 $(1037,\ 129-7) = 61$이고 $(1037,\ 129+7) = 17$이다.

따라서 $1037 = 61 \times 17$이다. 실제로 1037을 소인수분해하기 위하여 $129^2 \equiv 7^2 \bmod 1037$을 이용하였다. 즉, 제곱하여 1037보다 크고 1037을 법으로 완전제곱인 수를 구하여 인수분해하였다.

이와 같은 방법으로 소인수분해하는 방법을 **이차선별법**(quadratic sieve)라고 한다. 지금부터 이차선별법의 한 유형인 Dixon의 방법을 소개한다.

정수 n을 소인수분해하기 위하여 제곱하여 n보다 크고 n을 법으로 완전제곱수를 찾는 방법으로 n보다 아주 작은 소수들의 집합 B를 정의한다. 선택한 어떤 정수 x의 제곱을 n을 법으로 한 수로 변환하였을 때 그 수 $x^2 \bmod n$이 집합 B의 원소들의 곱으로 표현될 때, x를 ***B*−수**(B−number)라고 한다.

예제 6.4.1 양의 정수 $n=1037$에 대하여 $B=\{2, 3, 5, 7, 11\}$이라고 하면,

(1) 33은 $33^2 \equiv 52 = 2^2 \cdot 13 \mod 1037$이므로 $B-$수가 아니다.

(2) 34는 $34^2 \equiv 119 = 7 \cdot 17 \mod 1037$이므로 $B-$수가 아니다.

(3) 46은 $46^2 \equiv 42 = 2 \cdot 3 \cdot 7 \mod 1037$이므로 $B-$수이다.

(4) 53은 $53^2 \equiv 735 = 3 \cdot 5 \cdot 7^2 \mod 1037$이므로 $B-$수이다.

(5) 56은 $56^2 \equiv 25 = 5^2 \mod 1037$이므로 $B-$수이다.

(6) 101은 $101^2 \equiv 868 = 2^2 \cdot 7 \cdot 31 \mod 1037$이므로 $B-$수가 아니다.

(7) 107은 $107^2 \equiv 42 = 2 \cdot 3 \cdot 7 \mod 1037$이므로 $B-$수이다.

양의 정수 $n=1037$을 소인수분해하기 위하여 예제 6.4.1의 (5)를 이용하면 $(1037, 56+5)=61$이고 $(1037, 56-5)=17$이다. 한편, 예제 6.4.1의 (3)과 (7)을 이용하면

$$46^2 \cdot 107^2 \equiv 2^2 \cdot 3^2 \cdot 7^2 \equiv \mod 1037 \quad \text{또는} \quad 774^2 \equiv 42^2 \mod 1047$$

이므로 $(1037, 774+42)=17$이고 $(1037, 774-42)=61$이다.

실제로 56이나 129와 같은 수를 찾는 것은 $B-$수를 찾는 것보다 어려우며 집합 B를 좀더 크게 잡으면 $B-$수를 찾는 것은 어렵지 않다. 이와 같이 $B-$수를 찾아서 위에서 설명한 것처럼 인수분해하는 알고리즘을 **Dixon의 알고리즘**이라 한다. 이때, 집합 B에 -1을 포함시키면 편리하다.

이제, 합성수 n이 주어져 있을 때, 무리수 $\sqrt{n}$의 연분수전개를 이용하여 $B-$수를 찾고 n을 인수분해하는 방법을 알아본다.

실수 x의 단순연분수 표현이

$$x = \langle a_0\,;\, a_1, \cdots, a_i, \cdots \rangle$$

일 때, $\langle a_0\,;\, a_1, \cdots, a_i \rangle$를 x의 i번째 **수렴**이라고 하고 $\dfrac{h_i}{k_i}$로 나타내는 것은 제1절에서 설명하였다.

위의 기호를 약속하면, 다음 정리가 성립한다.

【정리 6.4.2】

(1) $\dfrac{h_0}{k_0}=\dfrac{a_0}{1}$, $\dfrac{h_1}{k_1}=\dfrac{a_0a_1+1}{a_1}$, $\dfrac{h_i}{k_i}=\dfrac{a_ih_{i-1}+h_{i-2}}{a_ik_{i-1}+k_{i-2}}$ $(i\geq 2)$

(2) $h_i=a_ih_{i-1}+h_{i-2}$, $k_i=a_ik_{i-1}+k_{i-2}$이면, $\gcd(h_i,\ k_i)=1$이고

$$h_ik_{i-1}-h_{i-1}k_i=(-1)^{i-1}\ (i\geq 1),$$

$$h_ik_{i-2}-h_{i-2}k_i=(-1)^{i}\ (i\geq 2)$$

이다.

(3) $\dfrac{h_i}{k_i}-\dfrac{h_{i-1}}{k_{i-1}}=\dfrac{(-1)^{i-1}}{k_ik_{i-1}}$이고 $\dfrac{h_i}{k_i}-\dfrac{h_{i-2}}{k_{i-2}}=\dfrac{(-1)^{i}}{k_ik_{i-2}}$

(4) $\dfrac{h_0}{k_0}<\dfrac{h_2}{k_2}<\cdots<x<\cdots<\dfrac{h_3}{k_3}<\dfrac{h_1}{k_1}$

(5) $x=\langle a_0\,;\,a_1,\ \cdots,\ a_i+x_i\rangle=\dfrac{h_i+x_ih_{i-1}}{k_i+x_ik_{i-1}}$

증명 (1) 정리 6.1.4의 (2)와 기호의 정의에 의하여 명백하다.

(2) 정리 6.1.5의 (2)와 (3)이다.

(3) (2)의 두 식을 각각 k_ik_{i-1}과 k_ik_{i-2}로 나누면, 다음 식을 얻는다.

$$\frac{h_i}{k_i}-\frac{h_{i-1}}{k_{i-1}}=\frac{(-1)^{i-1}}{k_ik_{i-1}}\text{과}\quad \frac{h_i}{k_i}-\frac{h_{i-2}}{k_{i-2}}=\frac{(-1)^{i}}{k_ik_{i-2}}$$

(4) 수열 $\{k_i\}$는 $k_0\leq k_1<\cdots<k_i<\cdots$인 증가수열이므로

$$\frac{h_i}{k_i}-\frac{h_{i-1}}{k_{i-1}}\to 0\ (i\to\infty)\text{이고}\ \frac{h_0}{k_0}<\frac{h_2}{k_2}<\cdots<x<\cdots<\frac{h_3}{k_3}<\frac{h_1}{k_1}$$

이다.

(5) $$\langle a_0\,;\,a_1,\ \cdots,\ a_i+x_i\rangle=\left\langle a_0\,;\,a_1,\ \cdots,\ a_i,\ \frac{1}{x_i}\right\rangle=\frac{\frac{1}{x_i}b_i+h_{i-1}}{\frac{1}{x_i}k_i+k_{i-1}}=\frac{h_i+x_ih_{i-1}}{k_i+x_ik_{i-1}}\ ■$$

정리 6.4.2를 이용하면 정리 6.4.3을 증명할 수 있다.

【정리 6.4.3】

실수 $x>1$의 연분수표현 $\langle a_0 ; a_1, \cdots, a_i \rangle$의 i번째 수렴을 $\frac{h_i}{k_i}$로 나타낼 때, 임의의 i에 대하여 $|h_i^2 - x^2 k_i^2| < 2x$이다.

증명 앞쪽의 부등식과 등식을 이용하면 다음 두 부등식

$$|x - \frac{h_i}{k_i}| < |\frac{h_{i+1}}{k_{i+1}} - \frac{h_i}{k_i}| < \frac{1}{k_i k_{i+1}}$$

$$|x + \frac{h_i}{k_i}| < \left| x + x + \left(\frac{h_i}{k_i} - x \right) \right| < 2x + \frac{1}{k_i k_{i+1}}$$

을 얻을 수 있으므로

$$\begin{aligned} |h_i^2 - x^2 k_i^2| - 2x &\le k_i^2 |x - \frac{h_i}{k_i}| \, |x + \frac{h_i}{k_i}| - 2x \\ &< k_i^2 \frac{1}{k_i k_{i+1}} \left(2x + \frac{1}{k_i k_{i+1}} \right) - 2x \\ &< 2x \left(-1 + \frac{k_i}{k_{i+1}} + \frac{1}{2x k_{i+1}^2} \right) \\ &< 2x \left(-1 + \frac{k_i}{k_{i+1}} + \frac{1}{k_{i+1}} \right) \\ &\le 2x \left(-1 + \frac{1 + k_i}{k_{i+1}} \right) \\ &\le 2x \left(-1 + \frac{k_{i+1}}{k_{i+1}} \right) = 0 \end{aligned}$$

이므로 $|h_i^2 - x^2 k_i^2| < 2x$이다. ■

정리 6.4.3의 결과에 실수 x 대신에 완전제곱수가 아닌 자연수 n의 제곱근 $\sqrt{n}$을 대입하면 다음 결과를 얻을 수 있다.

【정리 6.4.4】

완전제곱수가 아닌 자연수 n의 제곱근 $\sqrt{n}$의 연분수표현 $\langle a_0 ; a_1, \cdots, a_i \rangle$의 i번째 수렴을 $\frac{h_i}{k_i}$로 나타낼 때, 임의의 i에 대하여

$$|h_i^2 \bmod n| < 2\sqrt{n}$$

이다. 여기에서 절대값의 의미는 $-\frac{n}{2}$과 $\frac{n}{2}$ 사이의 값을 의미한다.

정리 6.4.4를 이용하므로 n을 법으로 하여 완전제곱수가 작은 소인수($<2\sqrt{n}$)를 가지는 수들 h_i를 찾으므로, 자연수 n에 대한 기본소수의 집합을 $B=\{-1, p_1, \cdots, p_r\}$이라 할 때 $B-$수를 찾는데 이용된다. 따라서 완전제곱수가 아닌 홀수인 합성수 n을 인수분해 하는데 이용된다.

실제 예들을 설명하면 다음과 같다.

예제 6.4.2 양의 정수 $n=1037$에 대하여 $B=\{-1, 2, 7, 13, 19\}$이라고 하면, [표 6.1]에서 얻은 h_i $(0 \le i \le 4)$는 모두 $B-$수이다.

i	0	1	2	3	4
a_i	32	4	1	15	3
h_i	32	129	161	2544	7793
$h_i^2 \bmod n$	-13	49	-4	19	-19
인수분해	$(-1)\cdot 13$	7^2	$(-1)\cdot 2^2$	19	$(-1)\cdot 19$

[표 6.1] $\sqrt{1037}$의 연분수전개 과정

이 표에서 $129^2 \equiv 7^2 \bmod 1037$으로부터 $1037=61\cdot 17$임은 이 절의 정리 6.4.1 뒤에 설명하였다. 또한, $(161\cdot 2544\cdot 7793)^2 \equiv (2\cdot 19)^2 \equiv \bmod 1037$이나 실제로 $161\cdot 2544\cdot 7793 \equiv 38 \bmod 1037$이어서 소인수분해를 할 수 없다.

앞에서 결과 $129^2 \equiv 7^2 \bmod 1037$은 우연히 얻었지만 이는 연분수 전개에 의하여 얻은 것임을 알 수 있다. 또한, $(161 \cdot 2544 \cdot 7793)^2 \equiv (2 \cdot 19)^2 \equiv 407 \bmod 1037$로부터 1037의 소인수분해를 얻지 못하였지만 연분수 전개 과정을 계속하면 소인수분해할 수 있다.

예제 6.4.3 양의 정수 $n=1037$에 대하여 $B=\{-1,\ 2,\ 7,\ 13,\ 19\}$이라고 하고, [표 6.1]을 계속하면 [표 6.2]를 얻는다. [표 6.2]에서 얻은 h_i $(0 \le i \le 6)$는 모두 $B-$수이다.

i	0	1	2	3	4	5	6
a_i	32	4	1	15	3	3	15
h_i	32	129	161	2544	7793	25923	396638
$h_i^2 \bmod n$	-13	49	-4	19	-19	4	-49
인수분해	$(-1) \cdot 13$	7^2	$(-1) \cdot 2^2$	19	$(-1) \cdot 19$	2^2	$(-1) \cdot 7^2$

[표 6.2] $\sqrt{1037}$의 연분수전개 과정

한편, $25923 \equiv -2 \bmod 1037$이므로 이를 이용하여 소인수분해할 수 없다. 이제 $i=2$와 $i=6$인 경우 즉, $161 \cdot 396638 \equiv 258 \bmod 1037$이고 $258^2 \equiv \{(-1) \cdot 2 \cdot 7\}^2 \bmod 1037$로부터 1037을 소인수분해할 수 있다.

예제 6.4.4 정수 9073을 인수분해하기 위하여 $\sqrt{9073}$의 연분수 전개과정을 이용하면 [표 6.3]을 얻는다.

i	0	1	2	3	4
a_i		3	1	26	2
h_i	95	286	381	1119	2619
$h_i^2 \bmod n$	-48	139	-7	87	-27
인수분해	$(-1) \cdot 2^4 \cdot 3$	139	$(-1) \cdot 7$	$3 \cdot 29$	$(-1) \cdot 3^3$

[표 6.3] $\sqrt{9073}$의 연분수 전개과정

이제, $B=\{-1, 2, 3, 7\}$이라 놓으면 95, 381과 2619는 $B-$수이다. 한편,

$$(95\cdot 2619)^2 \equiv (2^2\cdot 3^2)^2 \bmod 9073 \quad \text{또는} \quad 3834^2 \equiv 36^2 \bmod 9073$$

이고 $b \not\equiv \pm c \bmod 9073$이므로 $(9073,\ 3834+36)=43$이고 $9073=43\cdot 211$이다.

예제 6.4.4에서는 예제 6.4.3과 같이 직접 정리 6.4.1을 이용하여 소인수분해 할 수 있는 수를 찾지 못하였지만 $B-$수를 이용하여 소인수분해 할 수 있었다. 실제로 이 방법을 이용하여 소인수분해 하면 상당한 시간을 절약할 수 있음을 알 수 있다.

▶ 연습문제 6.4

1. 정수 $n=17873$을 소인수분해 하기 위하여 다음 지시대로 구하여라.

(1) $\sqrt{17873}$의 연분수 전개과정을 이용하면 다음 [표 6.4]와 같은 표를 구하여라.

i	0	1	2	3	4	5	6	7	8
a_i	133	1	2	4	2	3	1	2	1
$b_i \bmod n$									
$b_i^2 \bmod n$									

(2) 소수집합을 $B=\{-1, 2, 7, 11\}$로 택할 때, $B-$수를 찾아라.

(3) 정수 17873을 소인수분해 하여라.

참고문헌

1. 김응태, 박승안, 정수론, 경문사(제4판), 1997.
2. 김응태, 박승안, 현대대수학(제6판), 경문사, 2006.
3. 이민섭, 정보이론, 경문사, 2004.
4. 이민섭, 정보화사회와 수학, 교우사, 2004.
5. 이민섭, 현대암호학(제2판), 교우사, 2007.
6. H. Beker and F. Piper, Cipher system, Wiley, New York, 1982.
7. W. Diffie and M.E. Hellman, New directions in cryptography, IEEE Transactions on Information Theory IT-26, 1976, no. 6, pp. 644-654.
8. N. Koblitz, Elliptic curves and cryptosystems, Math. of Comp. 48, 1987, no. 177, pp. 203-209.
9. N. Koblitz, A course in number theory and cryptography(2nd ed.), Graduate Texts in Mathematics, vol. 114, Springer-Verlag, 1994.
10. E. Kranakis, Primality and cryptography, John Wiley & Sons, 1986.
11. R. Lidl and H. Niederreither, Finite fields, Encyclopedia of Mathematics and its Applications, vol. 20, Addison-Wesley, 1983.
12. R. Lidl and H. Niederreither, Introduction to finite fields and their applications(2nd ed.), Cambridge University Press, 1994.
13. N. H. McCoy, The theory of numbers, The Macmillian Co., London, 1970.
14. A. J. Menezes, Elliptic curves public key cryptosystems, Kluwer Academic publishers, 1993.
15. R. H. Rosen , Elementary Number Theory and Its Application, Addison Wesley, 1994.
16. D. R. Stinson, Cryptography: Theory and practice(2nd ed.), CRC Press, Inc., 2002.

부 록

≪표 1≫ 소수 $p < 1000$에 대한 최소 원시근 r의 값

p	r	p	r	p	r	p	r
2	1	191	19	439	15	709	2
3	2	193	5	443	2	719	11
5	2	197	2	449	3	727	5
7	3	199	3	457	13	733	6
11	2	211	2	461	2	739	3
13	2	223	3	463	3	743	5
17	3	227	2	467	2	751	3
19	2	229	6	479	13	757	2
23	5	233	3	487	3	761	6
29	2	239	7	491	2	769	11
31	3	241	7	499	7	773	2
37	2	251	6	503	5	787	2
41	6	257	3	509	2	797	2
43	3	263	5	521	3	809	3
47	5	269	2	523	2	811	3
53	2	271	6	541	2	821	2
59	2	277	5	547	2	823	3
61	2	281	3	557	2	827	2
67	2	283	3	563	2	829	2
71	7	293	2	569	3	839	11
73	5	307	5	571	3	853	2
79	3	311	17	577	5	857	3
83	2	313	10	587	2	859	2
89	3	317	2	593	3	863	5
97	5	331	3	599	7	877	2
101	2	337	10	601	7	881	3
103	5	347	2	607	3	883	2
107	2	349	2	613	2	887	5
109	6	353	3	617	3	907	2
113	3	359	7	619	2	911	17
127	3	367	6	631	3	919	7
131	2	373	2	641	3	929	3
137	3	379	2	643	11	937	5
139	2	383	5	647	5	941	2
149	2	389	2	653	2	947	2
151	6	397	5	659	2	953	3
157	5	401	3	601	2	967	5
163	2	409	21	673	5	971	6
167	5	419	2	677	2	977	3
173	2	421	2	683	5	983	5
179	2	431	7	691	3	991	6
181	2	433	5	701	2	997	7

≪표 2≫ 법 p에 관한 지수 ind a

a \ p	3	5	7	9	11	13	17	19	23	25	p / a
1	0	0	0	0	0	0	0	0	0	0	1
2	1	1	2	1	1	1	14	1	2	1	2
3		3	1		8	4	1	13	16	7	3
4		2	4	2	2	2	12	2	4	2	4
5			5	5	4	9	5	16	1		5
6			3		9	5	15	14	18	8	6
7				4	7	11	11	6	19	5	7
8				3	3	3	10	3	6	3	8
9					6	8	2	8	10	14	9
10					5	10	3	17	3		10
11						7	7	12	9	16	11
12						6	13	15	20	9	12
13							4	5	14	19	13
14							9	7	21	6	14
15							6	11	17		15
16							8	4	8	4	16
17								10	7	13	17
18								9	12	15	18
19									15	18	19
20									5		20
21									13	12	21
22									11	17	22
23										11	23
24										10	24

a \ p	27	29	31	37	41	43	47	49	p / a
1	0	0	0	0	0	0	0	0	1
2	1	1	24	1	26	27	18	26	2
3		5	1	26	15	1	20	1	3
4	2	2	18	2	12	12	36	10	4
5	5	22	20	23	22	25	1	29	5
6		6	25	27	1	28	38	27	6
7	16	12	28	32	39	35	32		7
8	3	3	12	3	38	39	8	36	8
9		10	2	16	30	2	40	2	9
10	6	23	14	24	8	10	19	13	10
11	13	25	23	30	3	30	7	40	11
12		7	19	28	27	13	10	11	12
13	8	18	11	11	31	32	11	33	13
14	17	13	22	33	25	20	4		14
15		27	21	13	37	26	21	30	15
16	4	4	6	4	24	24	26	20	16
17	15	21	7	7	33	38	16	25	17
18		11	26	17	16	29	12	28	18
19	12	9	4	35	9	19	45	35	19
20	7	24	8	25	34	37	37	39	20
21		17	29	22	14	36	6		21
22	14	26	17	31	29	15	25	24	22
23	11	20	27	15	36	16	5	38	23
24		8	13	29	13	40	28	37	24
25	10	16	10	10	4	8	2	16	25
26	9	19	5	12	17	17	29	17	26
27		15	3	6	5	3	14	3	27
28		14	16	34	11	5	22		28
29			9	21	7	41	35	18	29
30			15	14	23	11	39	14	30
31				9	28	34	3	7	31
32				5	10	9	44	4	32
33				20	18	31	27	41	33
34				8	19	23	34	9	34
35				19	21	18	33		35
36				18	2	14	30	12	36
37					32	7	42	32	37
38					35	4	17	19	38
39					6	33	31	34	39
40					20	22	9	23	40
41						6	15	15	41
42						21	24		42
43							13	6	43
44							43	8	44
45							41	31	45
46							23	22	46
47								5	47
48								21	48

≪표 3≫ $d<100$인 $\sqrt{d}$의 단순 연분수

d	$\sqrt{d}$	d	$\sqrt{d}$
2	$[1;\overline{2}]$	53	$[7;\overline{3,1,1,3,14}]$
3	$[1;\overline{1,2}]$	54	$[7;\overline{2,1,6,1,2,14}]$
5	$[2;\overline{4}]$	55	$[7;\overline{2,2,2,14}]$
6	$[2;\overline{2,4}]$	56	$[7;\overline{2,14}]$
7	$[2;\overline{1,1,1,4}]$	57	$[7;\overline{1,1,4,1,1,14}]$
8	$[2;\overline{1,4}]$	58	$[7;\overline{1,1,1,1,1,1,14}]$
10	$[3;\overline{6}]$	59	$[7;\overline{1,2,7,2,1,14}]$
11	$[3;\overline{3,6}]$	60	$[7;\overline{1,2,1,14}]$
12	$[3;\overline{2,6}]$	61	$[7;\overline{1,4,3,1,2,2,1,3,4,1,14}]$
13	$[3;\overline{1,1,1,1,6}]$	62	$[7;\overline{1,6,1,14}]$
14	$[3;\overline{1,2,1,6}]$	63	$[7;\overline{1,14}]$
15	$[3;\overline{1,6}]$	65	$[8;\overline{16}]$
17	$[4;\overline{8}]$	66	$[8;\overline{8,16}]$
18	$[4;\overline{4,8}]$	67	$[8;\overline{5,2,1,1,7,1,1,2,5,16}]$
19	$[4;\overline{2,1,3,1,2,8}]$	68	$[8;\overline{4,16}]$
20	$[4;\overline{2,8}]$	69	$[8;\overline{3,3,1,4,1,3,3,16}]$
21	$[4;\overline{1,1,2,1,1,8}]$	70	$[8;\overline{2,1,2,1,2,16}]$
22	$[4;\overline{1,2,4,2,1,8}]$	71	$[8;\overline{2,2,1,7,1,2,2,16}]$
23	$[4;\overline{1,3,1,8}]$	72	$[8;\overline{2,16}]$
24	$[4;\overline{1,8}]$	73	$[8;\overline{1,1,5,5,1,1,16}]$
26	$[5;\overline{10}]$	74	$[8;\overline{1,1,1,1,16}]$
27	$[5;\overline{5,10}]$	75	$[8;\overline{1,1,1,16}]$
28	$[5;\overline{3,2,3,10}]$	76	$[8;\overline{1,2,1,1,5,4,5,1,1,2,1,16}]$
29	$[5;\overline{2,1,1,2,10}]$	77	$[8;\overline{1,3,2,3,1,16}]$
30	$[5;\overline{2,10}]$	78	$[8;\overline{1,4,1,16}]$
31	$[5;\overline{1,1,3,5,3,1,1,10}]$	79	$[8;\overline{1,7,1,16}]$
32	$[5;\overline{1,1,1,10}]$	80	$[8;\overline{1,16}]$
33	$[5;\overline{1,2,1,10}]$	82	$[9;\overline{18}]$
34	$[5;\overline{1,4,1,10}]$	83	$[9;\overline{9,18}]$
35	$[5;\overline{1,10}]$	84	$[9;\overline{6,18}]$
37	$[6;\overline{12}]$	85	$[9;\overline{4,1,1,4,18}]$
38	$[6;\overline{6,12}]$	86	$[9;\overline{3,1,1,1,8,1,1,1,3,18}]$
39	$[6;\overline{4,12}]$	87	$[9;\overline{3,18}]$
40	$[6;\overline{3,12}]$	88	$[9;\overline{2,1,1,1,2,18}]$
41	$[6;\overline{2,2,12}]$	89	$[9;\overline{2,3,3,2,18}]$
42	$[6;\overline{2,12}]$	90	$[9;\overline{2,18}]$
43	$[5;\overline{1,1,3,1,5,1,3,1,1,12}]$	91	$[9;\overline{1,1,5,1,5,1,1,18}]$
44	$[5;\overline{1,1,1,2,1,1,1,12}]$	92	$[9;\overline{1,1,2,4,2,1,1,18}]$
45	$[6;\overline{1,2,2,2,1,12}]$	93	$[9;\overline{1,1,1,4,6,4,1,1,1,18}]$
46	$[6;\overline{1,3,1,1,2,6,2,1,1,3,1,12}]$	94	$[9;\overline{1,2,3,1,1,5,1,8,1,5,1,1,3,2,1,18}]$
47	$[6;\overline{1,5,1,12}]$	95	$[9;\overline{1,2,1,18}]$
48	$[6;\overline{1,12}]$	96	$[9;\overline{1,3,1,18}]$
50	$[7;\overline{14}]$	97	$[9;\overline{1,5,1,1,1,1,1,1,5,18}]$
51	$[7;\overline{7,14}]$	98	$[9;\overline{1,8,1,18}]$
52	$[7;\overline{4,1,2,1,4,14}]$	99	$[9;\overline{1,18}]$

연습문제 해답

제1장

연습문제 1.1

1. (1) $1 \in T$이면 T가 최소원 1을 가진다. 따라서 모순이다.
   (2) $n+1 \in T$이면 T가 $n+1$ 이하인 최소원을 가진다. 따라서 모순이다.

2. (1) $a>0$이면 $|a|=a>0$이고, $a=0$이면 $|a|=a=0$이다. 마지막으로 $a<0$이면 $|a|=-a>0$이므로 $|a|\geq 0$이다.
   (2) $a\geq 0$이면 $|a|=a$이므로 $|a|\geq a$이고 $a<0$이면 $|a|=-a>a$이므로 $|a|\geq a$이다. 따라서 $|a|\geq a$이다.
   (3) $b\geq 0$이면 $5b\geq 0$이므로 $|5b|=5b=5|b|$이고, $b<0$이면 $5b<0$이므로 $|5b|=-(5b)=5(-b)=5|b|$이다.
   (4) $ab>0$이면 $a>0$이고 $b>0$ 또는 $a<0$이고 $b<0$이므로 $|ab|=ab=|a||b|$이다. $ab=0$이면 $a=0$ 또는 $b=0$이므로 $|ab|=0=|a||b|$이다. $ab<0$이면 $a>0$이고 $b<0$ 또는 $a<0$이고 $b>0$이므로 $|ab|=-ab=|a||b|$이다.

3. (1) $q=5$, $r=4$ (2) $q=-9$, $r=14$
   (3) $q=15$, $r=16$ (4) $q=0$, $r=0$

4. $a=bq+r=bq'+r'$, $0\leq r$, $r'<|b|$라고 가정하면, $b(q-q')=r'-r$, $-|b|<r'-r<|b|$이므로 $-|b|<b(q-q')<|b|$ 즉 $-1<q-q'<1$이다. 따라서 $q=q'$, $r=r'$이다.

연습문제 1.2

1. $a|b \Leftrightarrow b=ka\ (\exists k \in \mathbb{Z}) \Leftrightarrow -b=(-k)a\ (\exists -k \in \mathbb{Z}) \Leftrightarrow a|(-b)$

2. $b\mathbb{Z}=a\mathbb{Z} \Leftrightarrow b\mathbb{Z} \subseteq a\mathbb{Z}$이고 $a\mathbb{Z} \subseteq b\mathbb{Z}$

$\Leftrightarrow a|b$이고 $b|a$

$\Leftrightarrow b=\pm a$ (정리 1.2.1의 (2))

3. 이제 $(n\mathbb{Z}+i)\cap(n\mathbb{Z}+j)\neq\varnothing$이라 하면, 적당한 정수 t에 대하여 $t\in(n\mathbb{Z}+i)\cap(n\mathbb{Z}+j)$이다. 즉, 적당한 정수 k, s에 대하여 $t=ns+i=nk+j$이다. 따라서 $-n<n(s-k)=(j-i)<n$이다. 그러므로 $s=k$이고 $i=j$이다. 이것은 모순이다.

4. x와 y가 홀수이면, 적당한 정수 k, l이 존재하여 $x=2k+1$이고 $y=2l+1$이다. 따라서 $x^2-y^2=(2k+1)^2-(2l+1)^2=4(k^2+k-l^2-l)$이므로 x^2-y^2는 4의 배수이다.

5. x와 y가 홀수이면 $x=2k+1$, $y=2l+1$의 꼴로 나타낼 수 있으므로

$$x^2+y^2=(2k+1)^2+(2l+1)^2=4(k^2+k+l^2+l)+2$$

의 꼴이다. 한편, 정수의 완전제곱수는 $4n$ 또는 $4n+1$ 꼴이므로 x^2+y^2은 완전제곱수가 될 수 없다.

6. 3의 배수가 아닌 정수는 $3k\pm1$ 꼴이다. 한편, $(3k\pm1)^3=9(3k^3\pm3k^2+k)\pm1$이므로 증명된다.

연습문제 1.3

1. (1) 13　　(2) 39　　(3) 19　　(4) 39

2. $a\in a\mathbb{Z}$, $b\in b\mathbb{Z}$이고 $a\mathbb{Z}\subseteq f\mathbb{Z}$, $b\mathbb{Z}\subseteq f\mathbb{Z}$이므로 적당한 정수 s, t에 대하여 $a=fs$, $b=ft$로 나타낼 수 있다. 또한, 임의의 $x\in a\mathbb{Z}+b\mathbb{Z}$에 대하여 적당한

정수 k와 r이 존재하여 $x=ak+br$이다. 한편, $x=ak+br=fsk+ftr=f(sk+tr)\in f\mathbb{Z}$이다. 따라서, $a\mathbb{Z}+b\mathbb{Z}\subseteq f\mathbb{Z}$이다.

3. (1) ($\Rightarrow$) $(a_1a_2,\ m)=1$이므로 적당한 정수 $s,\ t$가 존재하여 $(a_1a_2)s+mt=1$을 만족한다. 따라서 $a_1(a_2s)+mt=1$와 $a_2(a_1s)+mt=1$을 만족하므로 $(a_1,\ m)=1$이고 $(a_2,\ m)=1$이다.

($\Leftarrow$) $(a_1,\ m)=1$이고 $(a_2,\ m)=1$이면, 적당한 정수 $s,\ t,\ u,\ v$가 존재하여 $a_1s+mt=1$와 $a_2u+mv=1$를 만족한다. 따라서
$1=(a_1s+mt)(a_2u+mv)=a_1a_2(su)+m(a_1sv+a_2ut+mtv)$이고
$(a_1a_2,\ m)=1$이다.

(2) (1)에서 $a_1=a_2=a$라 놓으면 (2)가 된다.

(3) ($\Rightarrow$) $(a_1a_2\cdots a_n,\ m)=1$이면, $((a_1\cdots a_{n-1})a_n,\ m)=1$이다. 따라서 (1)에 의하여 $(a_n,\ m)=1$이고 $(a_1\cdots a_{n-1},\ m)=1$이다. 따라서 수학적 귀납법에 의하여 $(a_1a_2\cdots a_{n-1},\ m)=1$이면 $(a_1,\ m)=1,\ \cdots,\ (a_{n-1},\ m)=1$이다. 따라서 성립한다.

($\Leftarrow$) $(a_1,\ m)=1$, $(a_2,\ m)=1$이면 (1)번에 의하여 $(a_1a_2,\ m)=1$이다. $(a_1,\ m)=1,\ \cdots,\ (a_{n-1},\ m)=1$일 때 $(a_1\cdots a_{n-1},\ m)=1$을 가정하자. 그러면 $(a_1,\ m)=1,\ (a_2,\ m)=1,\ \cdots,\ (a_n,\ m)=1$이면
$((a_1a_2\cdots a_{n-1})a_n,\ m)=1$이다.

(4) (3)에서 $a_1=a_2=\cdots=a_n$인 경우이다.

(5) $(a_1^n,\ m^t)=1\Leftrightarrow(a_1,\ m^t)=1\Leftrightarrow(a_1,\ m)=1$이다.

4. $(a,\ b)=1$이므로 적당한 정수 $s,\ t$가 존재해서 $as+bt=1$을 만족한다.

(1) ($\Rightarrow$) $a|bc$이면 $a(cs)+(bc)t=c$이므로 $a|c$이다.

($\Leftarrow$) $a|c$이면 적당한 정수 t가 존재해서 $c=at$이고 $bc=a(bt)$이므로 $a|bc$이다.

(2) ($\Rightarrow$) $ab|c$이므로 적당한 정수 t가 존재해서 $c=abt$를 만족하고 $c=abt=a(bt)=b(at)$이므로 $a|c,\ b|c$이다.

(⟸) $a|c$, $b|c$이므로 적당한 정수 k_1, k_2가 존재해서 $c=ak_1=bk_2$를 만족한다. 따라서 $c=a(cs)+(bc)t=a(bk_1)s+b(ak_2)t=ab(k_1s)+ab(k_2t)$이므로 $ab|c$이다.

5. (1) 부정방정식 $12x+32y=4$은 $3x+8y=1$과 동치이다. 따라서 해는 $x=3+8k$, $y=-1-3k$이다.
(2) 좌변은 8의 배수이고 우변은 4의 배수이므로 해가 없다.

6. (1) 13 (2) 3

7. s, t가 임의의 정수일 때,
(1) 부정방정식 $12x+32y=4$을 풀면, $x=3+8t$, $y=-1-3t$이다. 이 값을 부정방정식 $12x+32y+24z=4$에 대입하면 $36+96t+(-32)+(-96t)+24z=4$이고 $z=0$이다. 따라서 $z=s$라 놓으면, $12x+32y=4-24s$이고 $12x+32y=4-24s=(-6s+1)\cdot 4$이다. 따라서 $x=3(-6s+1)+8t=3-18s+8t$, $y=-1(-6s+1)-3t=-1+6s-3t$이다. 그러므로 $x=3-18s+8t$, $y=-1+6s-3t$, $z=s$ 같은 방법으로 다음을 얻는다.
(2) $x=s$, $y=2-8s+11t$, $z=-1+4s-6t$

8. $680=1\cdot 362+318$, $362=1\cdot 318+44$, $318=7\cdot 44+10$, $44=4\cdot 10+4$, $10=2\cdot 4+2$, $4=2\cdot 2$이므로 $q_1=1$, $q_2=7$, $q_3=4$, $q_4=2$이고 $q_5=2$이다. 따라서, 다음 표

i	0	1	2	3	4	5	6
q_i	1	1	7	4	2	2	
s_i	1	0	1	−1	8	−33	74
t_i	0	1	−1	2	−15	62	−139

를 이용하면 $s_6=74$이고 $t_6=-139$이므로 $680x+362y=2$의 한 해는 $x=74$, $y=-139$이고 일반해는 $x=74+181t$, $y=-139-340t$이다(단, t는 임의의 정수).

연습문제 1.4

1. (1) 78　　(2) 78　　(3) 7581　　(4) 0

2. (4) $[a, b]=l$이라 하자. $a|c$, $b|c$이므로 최소 공배수의 정의에 의해 $l|c$이므로 $[a, b]|c$이다.

   (5) 최소공배수의 정의에 의하여 $b|[a, b]$이므로 $|b||[a, b]$이다. 가정 $a|b$로부터 $a||b|$이다. 한편, $b||b|$이므로 $|b|$는 a와 b의 공배수이다. 따라서 $[a, b]||b|$이다. 그러므로 $[a, b]=|b|$이다.

3. (1) $ab\in a\mathbb{Z}\cap b\mathbb{Z}$이므로 $a\mathbb{Z}\cap b\mathbb{Z}\neq\varnothing$이다. $a, b\in a\mathbb{Z}\cap b\mathbb{Z}$이면, $a, b\in a\mathbb{Z}$이고 $a, b\in b\mathbb{Z}$이다. 따라서 $a\pm b\in a\mathbb{Z}$이고 $a\pm b\in b\mathbb{Z}$이다. 그러므로 $a\pm b\in a\mathbb{Z}\cap b\mathbb{Z}$ 즉, $a\mathbb{Z}\cap b\mathbb{Z}$는 덧셈과 뺄셈에 닫혀있다.

   (2) 최소공배수를 l, l'이라 하면, 최소공배수의 정의에 의하여 $l|l'$, $l'|l$이고 $l\geq 0$, $l'\geq 0$이므로 $l=l'$이다.

   (3) 정리 1.2.4에 의하여 적당한 정수 $l\geq 0$이 존재하여 $a\mathbb{Z}\cap b\mathbb{Z}=l\mathbb{Z}$만족한다. 즉, $l\in l\mathbb{Z}=a\mathbb{Z}\cap b\mathbb{Z}$이므로 $a|l$, $b|l$이다. 한편 $a|c$, $b|c$이면 $c\in a\mathbb{Z}\cap bZ=l\mathbb{Z}$이므로 $l|c$이다. 따라서 $[a, b]=l$이다. 특히, $a|b$이면 $[a, b]=b=l$이므로 $a\mathbb{Z}\cap b\mathbb{Z}=b\mathbb{Z}$이다.

4. (1) 0　　(2) 702　　(3) 95760　　(4) 0

5. $(a, b)=d$라면, $a=da_1$이고 $b=db_1$이다(단, $(a_1, b_1)=1$) 또한, $[a, b]=da_1b_1$이므로 $ab=dda_1b_1=(a, b)[a, b]$이다.

6. $a=2$, $b=24$

연습문제 1.5

1. ($\Rightarrow$) 합성수의 정의에 의하여 ± 1과 $\pm a$ 이외의 약수를 가진다. 이 약수를 d라고 하면, $-d$ 또한 a의 약수이다. 따라서 절대값이 1과 a 이외인 약수가 존재한다.

($\Leftarrow$) 정의에 의하여 a는 합성수이다.

2. 명제 '$p|a \Leftrightarrow (p, a)=p$'을 증명하기 위하여 $p|a$이라고 하면 적당한 정수 t가 존재해서 $a=pt$를 만족한다. 따라서 $(a, p)=(pt, p)=p(t, 1)=p$이다. 역으로, $(a, p)=p$이면, 최대공약수의 정의에 의하여 $p|a$이다.
명제 '$p|a \Leftrightarrow [p, a]=|a|$'을 증명하기 위하여 $p|a$이라고 하면 정의에 의하여 $[a, p]=|a|$이다. 역으로 $[a, p]=|a|$이면 $p|a$이다.

3. ($\Leftarrow$) 정의에 의하여 분명하다.
($\Rightarrow$) $p|a_1a_2\cdots a_{n-1}$일 때, $p|a_1$, $p|a_2$, $\cdots$, $p|a_{n-2}$ 또는 $p|a_{n-1}$을 가정하자. 만일 $p|a_1a_2\cdots a_{n-1}a_n$이라면 $p|(a_1a_2\cdots a_{n-1})a_n$이므로 정리 1.5.3에 의해서 $p|a_1a_2\cdots a_{n-1}$ 또는 $p|a_n$이다. 따라서, 수학적귀납법에 의하여 $p|a_1$, $p|a_2$, $\cdots$, $p|a_{n-1}$ 또는 $p|a_n$이다.

4. 임의의 정수 a $(a\geq 2)$의 약수 중에서 1보다 큰 약수 전체의 집합을 S라 하면, $a|a$, $a\geq 2$이므로 $a\in S$이고 따라서 S는 최소 원소 p를 가진다. 한편, d를 p의 1보다 큰 약수라고 하면 $d|p$, $p|a$이다. 따라서 p의 최소성에 의하여 $d=p$이다. 그러므로 p는 소수이다. 따라서, 임의의 정수 a $(a\geq 2)$는 적어도 하나의 소인수를 가진다.

5. $4n+3$의 꼴인 소수가 유한개만 존재한다고 가정하고 q_1, q_2, $\cdots$, q_s를 이와 같은 꼴의 소수 전체라고 하자. 이제, $N=4q_1q_2\cdots q_s-1$ 즉 $N=4(q_1q_2\cdots q_s-1)+3$라 놓으면 N은 $4n+3$의 꼴인 소수가 아니므로 $N=p_1p_2\cdots p_k$으로 가정할 수 있다. 여기서 N은 홀수이므로, p_1, p_2, $\cdots$, p_k는 모두 홀수이고 이들 소수는 $4n+1$ 또는 $4n+3$의 꼴이다. 한편 $(4n_1+1)(4n_2+1)=4(4n_1n_2+n_1+n_2)+1$이므로 $4n+1$의 꼴인 정수의 곱은 $4n+1$의 꼴인 정수이다. 그런데 N은 $4n+3$의 꼴이므로 N의 소인수 p_1, p_2, $\cdots$, p_k 중에는 적어도 하나는 $4n+3$의 꼴이다. 한편, p_i를 $4n+3$의 꼴인 소수라고 하면 $p_i|N$, $p_i|q_1q_2\cdots q_s$이므로 $p_i|1$로 되어 모순이 생긴다. 따라서, $4n+3$의 꼴인 소수는 무한히 많다.

6. $288=2^5\cdot 3^2$, $432=2^4\cdot 3^3$이고 $[288,\ 432]=2^5\cdot 3^3$. $(288,\ 432)=2^4\cdot 3^2$이다.

7. 증명을 위하여 a, b, c중의 어느 하나에 속하는 소인수를 p_1, p_2, $\cdots$, p_r이라면, $a=p_1^{a_1}p_2^{a_2}\cdots p_r^{a_r}$, $b=p_1^{b_1}p_2^{b_2}\cdots p_r^{b_r}$, $c=p_1^{c_1}p_2^{c_2}\cdots p_r^{c_r}$와 같이 표현된다고 하자.

(1) 각 $i\ (1\le i\le r)$에 대하여 $m_i=\min\{a_i,\ b_i\}$이고 $n_i=\max\{a_i,\ b_i\}$이라고 하면, $m_i+n_i=a_i+b_i$이므로

$$(a,\ b)[a,\ b]=p_1^{m_1+n_1}\cdot p_2^{m_2+n_2}\cdots p_r^{m_r+n_r}=p_1^{a_1+b_1}\cdot p_2^{a_2+b_2}\cdots p_r^{a_r+b_r}=a\,b$$

이다. ($\Rightarrow$) $(a,\ b)=1$이면, $ab=(a,\ b)[a,\ b]=[a,\ b]$이다. ($\Leftarrow$) $[a,\ b]=ab$이면, $[a,\ b]=p_1^{n_1}\cdot p_2^{n_2}\cdots p_r^{n_r}=p_1^{a_1+b_1}\cdot p_2^{a_2+b_2}\cdots p_r^{a_r+b_r}=a\,b$

각 $i\ (1\le i\le r)$에 대하여 $m_i=0$이므로 $(a,\ b)=1$이다.

(2) 각 $i\ (1\le i\le r)$에 대하여 $m_i=\min\{a_i,\ b_i,\ c_i\}$이고

$n_i=\max\{a_i+b_i,\ b_i+c_i,\ a_i+c_i\}$이라고 하면 $m_i+n_i=a_i+b_i+c_i$이다. 따라서 $(a,\ b,\ c)[ab,\ bc,\ ac]=p_1^{m_1+n_1}p_2^{m_2+n_2}\cdots p_r^{m_r+n_r}=abc$이다. 한편, 각 $i\ (1\le i\le r)$에 대하여 $e_i=\min\{a_i+b_i,\ b_i+c_i,\ a_i+c_i,\ \}$이고

$f_i=\max\{a_i,\ b_i,\ c_i\}$이라고 하면 $e_i+f_i=a_i+b_i+c_i$이다. 따라서

$[a,\ b,\ c](ab,\ bc,\ ac)=P_1^{e_1+f_1}P_2^{e_2+f_2}\cdots P_r^{e_r+f_r}=abc$이다.

(3) 각 $i\ (1\le i\le r)$에 대하여 $d_i=\min\{a_i,\ b_i\}$, $e_i=\min\{a_i,\ c_i\}$,

$h_i=\max\{b_i,\ c_i\}$, $s_i=\min\{a_i,\ h_i\}$, $t_i=\max\{d_i,\ e_i\}$라 하자. 그러면,

$(a,\ b)=p_1^{d_1}p_2^{d_2}\cdots p_r^{d_r}$, $(a,\ c)=p_1^{e_1}p_2^{e_2}\cdots p_r^{e_r}$, $[b,\ c]=p_1^{h_1}p_2^{h_2}\cdots p_r^{h_r}$,

$(a,\ [b,\ c])=p_1^{s_1}p_2^{s_2}\cdots p_r^{s_r}$이고 $[(a,\ b),\ (a,\ c)]=p_1^{t_1}p_2^{t_2}\cdots p_r^{t_r}$이다. 따라서 $i=1,\ 2,\ \cdots,\ r$에 대하여

$$\begin{aligned} t_i&=\max\{d_i,\ e_i\}=\max\{\min\{a_i,\ b_i\},\ \min\{a_i,\ c_i\}\}\\ &=\min\{a_i,\ \max\{b_i,\ c_i\}\}\\ &=\min\{a_i,\ h_i\}\\ &=s_i \end{aligned}$$

이므로 $[(a, b), (a, c)] = (a, [b, c])$이다.

또한, $i = 1, 2, \cdots, r$에 대하여

$l_i = \max\{a_i, b_i\}$, $m_i = \max\{a_i, c_i\}$, $n_i = \min\{b_i, c_i\}$, $u_i = \max\{a_i, n_i\}$,

$v_i = \min\{l_i, m_i\}$라 하자. 그러면 $[a, b] = p_1^{l_1} p_2^{l_2} \cdots p_r^{l_r}$,

$[a, c] = p_1^{m_1} p_2^{m_2} \cdots p_r^{m_r}$, $(b, c) = p_1^{n_1} p_2^{n_2} \cdots p_r^{n_r}$, $[a, (b, c)] = p_1^{u_1} p_2^{u_2} \cdots p_r^{u_r}$,

$([a, b], [b, c]) = p_1^{r_1} p_2^{r_2} \cdots p_r^{r_r}$이다. 따라서 $i = 1, 2, \cdots, r$에 대하여

$$\begin{aligned} v_i &= \max\{l_i, m_i\} = \max\{\min\{a_i, b_i\}, \min\{a_i, c_i\}\} \\ &= \min\{a_i, \max\{b_i, c_i\}\} \\ &= \min\{a_i, n_i\} \\ &= u_i \end{aligned}$$

이므로 $([a, b], [a, c]) = [a, (b, c)]$이다.

(4) 임의의 i $(1 \leq i \leq r)$에 대하여

$\min\{\max\{a_i, b_i\}, \max\{b_i, c_i\}, \max\{c_i, a_i\}\}$

$\quad = \max\{\min\{a_i, b_i\}, \min\{b_i, c_i\}, \min\{c_i, a_i\}\}$ 이므로

$([a, b], [b, c], [c, a]) = [(a, b), (b, c), (c, a)]$이다.

8. 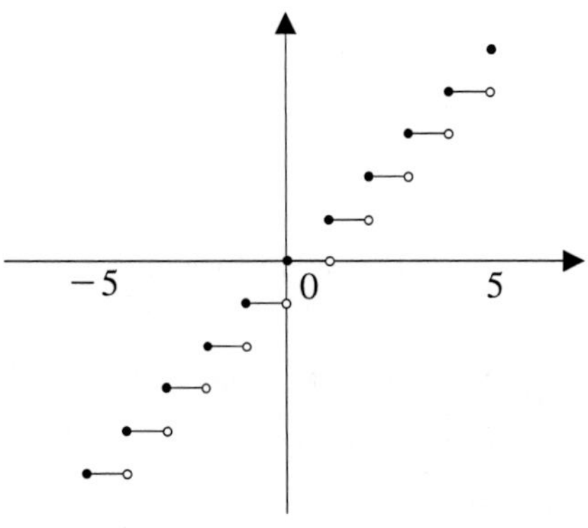

9. (1) $6 \cdot 17 = 102$ (2) $2 \cdot 6 \cdot 83 = 996$ (3) 150개

10. $1, 2, 3, \cdots, n$ 중에서 p의 배수인 정수는 $p, 2p, \cdots, \left[\dfrac{n}{p}\right]p$뿐이다. 따라서 p가

$n! = 1\cdot2\cdot3\cdots n$의 인수로 나타나는 횟수는 p가 p, $2p$, $\cdots$, $\left[\frac{n}{p}\right]p$의 인수로 나타나는 횟수와 일치하므로 $E(p,\ n) = \left[\frac{n}{p}\right] + E\left(p,\ \frac{n}{p}\right)$이 성립한다. 이식에 n 대신 $\left[\frac{n}{p}\right]$을 대입하면 $\left[\frac{\left[\frac{n}{p}\right]}{p}\right] = \left[\frac{n}{p^2}\right]$이므로 $E\left(p,\ \left[\frac{n}{p}\right]\right) = \left[\frac{n}{p^2}\right] + E\left(p,\ \left[\frac{n}{p^2}\right]\right)$이다. 이와 같은 과정을 되풀이 하면 등식을 얻는다.

11. $12! = 2^{10}\cdot3^5\cdot5^2\cdot7\cdot11$

12. 249

연습문제 1.6

1. (1) $1000 = 2^3\cdot5^3$이므로 $\tau(2^3\cdot5^3) = (3+1)(3+1) = 16$,

$\sigma(2^3\cdot5^3) = \frac{2^4-1}{2-1}\cdot\frac{5^4-1}{5-1} = 2340$

(2) 같은 방법으로 270, 15334088

2. (1) n은 한 자리 소수이므로 2, 3, 5, 7이다.

(2) n은 두 자리 소수의 제곱이므로 25, 49

(3) $n = p^7$, $n = p^3\cdot q$, 또는 $n = pqr$ 꼴 중에서(단 p, q, r은 서로 다른 소수)이므로 $n = 2^7$, $n = 2^3\cdot3$, 또는 $2\cdot3\cdot5$이므로 최소값은 24이다.

3. (1) 31은 소수이므로 적당한 소수 p와 k에 대하여 $n = p^k$이고 $\sigma(n) = \frac{p^{k+1}-1}{p-1} = 31$이므로 $p=2$, $k=4$ 또는 $p=5$, $k=2$이므로 16, 25이다.

(2) $\frac{p^{k+1}-1}{p-1} = 12$ 또는 $\frac{p^{k+1}-1}{p-1}\cdot\frac{q^{l+1}-1}{q-1} = 12$이므로 11, 6이다.

4. (1) $\sigma(p^k) = 1 + p + \cdots + p^k = \frac{p^{k+1}-1}{p-1} = \frac{p^{k+1}-p^k+p^k-1}{p-1} = p^k + \frac{p^k-1}{p-1} < 2p^k$

이므로 p^k는 완전수가 아니다.

(2) $2^{k+1}>4$이므로 $\sigma(2^k\cdot 3)=(2^{k+1}-1)\cdot 4=2^{k+1}\cdot 3+2^{k+1}-4>2(2^k\cdot 3)$이고 $2^k\cdot 3$는 완전수가 아니다.

(3) $n=2^{p-1}(2^p-1)$라 하면 $\sigma(n)=\sigma(2^{p-1})\sigma(2^p-1)=(2^p-1)2^p=2n$이므로 n은 완전수이다.

5. (1) $a=1$이면, $\mu(ab)=\mu(b)=1\cdot\mu(b)=\mu(a)\mu(b)$이다. 또한 $b=1$일 때에도 같은 방법으로 성립한다.

(2) a가 제곱인수를 가지면 ab도 제곱인수를 가지므로 $\mu(ab)=0=0\cdot\mu(b)=\mu(a)\mu(b)$이다. 또한 b가 제곱인수를 가질 때에도 같은 방법으로 성립한다.

(3) a와 b가 제곱인수를 가지지 않고 $(a,\ b)=1$일 때, a가 r개의 인수의 곱이고 b가 s개의 인수의 곱이라고 하자. 그러면, $\mu(ab)=(-1)^{r+s}=(-1)^r(-1)^s=\mu(a)\mu(b)$이다.

6. 정의에 의하여 $\mu(1)=1$이므로 $\sum_{d|1}\mu(d)=\mu(1)=1$이다. 이제, $n=p_1^{e_1}\cdot p_2^{e_2}\cdots p_r^{e_r}$이면 $\sum_{d|n}\mu(d)=(\mu(1)+\mu(p_1))(\mu(1)+\mu(p_2))\cdots(\mu(1)+\mu(p_r))=0$이다.

연습문제 1.7

1. (1) 26 (2) 813

2. (1) $10011111_{(2)}$, $9F_{(16)}$ (2) $101111_{(2)}$, $2F_{(16)}$

3. (1) 17 (2) ED

4. (1) 10100110001_2 (2) 1001001010_2

5. (1) $5!+4!+2\cdot 3!+2!+1!$, $159=144+13+2=f_{12}+f_7+f_3$ 외에 여러 표현

(2) $4!+3\cdot 3!+2\cdot 2!+1!$, $47=34+13=f_9+f_7$외에 여러 표현

제2장

연습문제 2.1

1. (1), (3), (4)

2. (1) $15-15=0=0\cdot6$이다.
   (2) $15-3=12$이므로 $3-15=-12=6\cdot(-2)$이다.
   (3) $15-3=12$이고 $(15+7)-(3+7)=15-3$이므로 $15+7\equiv3+7 \bmod 6$이다.
   (4) $15\cdot2-3\cdot2=2(15-3)$이므로 성립한다.
   (5) $15^2-3^2=(15-3)(15+3)$이므로 성립한다.
   (6) 가정은 성립하지만 결론은 성립하지 않는다.

3. (1) $a\equiv b \bmod m$이므로 적당한 정수 k가 존재하여 $a-b=mk$를 만족한다. 그러므로 $(a+c)-(b+c)=a-b=mk$이므로 $a+c\equiv b+c \bmod m$이다.
   (2) $a\equiv b \bmod m$이므로 적당한 정수 k가 존재하여 $a-b=mk$를 만족한다. 그러므로 $ac-bc=m(ck)$이므로 $ac\equiv bc \bmod m$이다.

4. (1) $a_1\equiv b_1 \bmod m$이고 $a_2\equiv b_2 \bmod m$이므로 적당한 정수 k_1과 k_2가 존재해서 $a_1-b_1=mk_1$과 $a_2-b_2=mk_2$를 만족한다. 따라서 $a_1+a_2-(b_1+b_2)$ $=a_1-b_1+a_2-b_2=mk_1+mk_2\equiv m(k_1+k_2)$이므로 $a_1+a_2\equiv b_1+b_2 \bmod m$이다. 수학적 귀납법에 의하여 증명된다.
   (2) $a_1\equiv b_1 \bmod m$이고 $a_2\equiv b_2 \bmod m$이므로 적당한 정수 k_1과 k_2가 존재해서 $a_1=mk_1+b_1$이고 $a_2=mk_2+b_2$이다. 따라서 $a_1a_2-b_1b_2=(mk_1+b_1)(mk_2$ $+b_2)-b_1b_2=m(mk_1k_2+b_2k_1+b_1k_2)$이므로 $a_1a_2\equiv b_1b_2 \bmod m$이다. 수학적 귀납법에 의하여 증명된다.

5. $3^4\equiv1 \bmod 10$이므로 $3^{115}\equiv(3^4)^{28}\cdot3^3\equiv7 \bmod 10$이다. 따라서 7이다.

6. $3^5\equiv1 \bmod 11$이고 $5^{10}\equiv1 \bmod 11$이므로 $3^{32}\cdot5^{41}\equiv3^2\cdot5\equiv1 \bmod 11$이다. 따라서

1이다.

7. (2) 가정에 의하여 $d|a$, $d|b$, $d|m$이므로 적당한 정수 k_1, k_2, k_3가 존재해서 $a=dk_1$, $b=dk_2$, $m=dk_3$을 만족한다.

($\Rightarrow$) $a \equiv b \bmod m$이면 적당한 정수 k가 존재하여 $a-b=mk$를 만족한다. 따라서, $dk_1 - dk_2 = dk_3k$이고 $k_1 - k_2 = k_3 \cdot k$이므로 $\frac{a}{d} \equiv \frac{b}{d} \bmod \frac{m}{d}$이다.

($\Leftarrow$) $\frac{a}{d} \equiv \frac{b}{d} \bmod \frac{m}{d}$이므로 적당한 정수 k가 존재해서 $\frac{a}{d} - \frac{b}{d} = \frac{m}{d} \cdot k$를 만족한다. 따라서 양변에 d을 곱하면 $a-b=m \cdot k$이므로 $a \equiv b \bmod m$이다.

(3) $a \equiv b \bmod m$이므로 적당한 정수 k가 존재하여 $a-b=mk$를 만족한다. 또한 $d|m$이므로 적당한 정수 k_1이 존재해서 $m=dk_1$을 만족하므로 $a-b =mk=dk_1 \cdot k=d(k_1 \cdot k)$이다. 따라서 $a \equiv b \bmod d$이다.

8. (1) $13 \equiv 1 \bmod 4$, $13 \equiv 1 \bmod 6$이지만 $13 \not\equiv 1 \bmod 24$이므로 성립하지 않는다.

(2) ($\Rightarrow$) $a \equiv b \bmod m$이므로 적당한 정수 k가 존재하여 $a-b=mk$를 만족한다. 양변에 d를 곱하면 $ad-bd=m(dk)$이므로 $a \equiv b \bmod m$이다.

($\Leftarrow$) $3 \cdot 5 \equiv 3 \cdot 3 \bmod 6$이지만 $5 \not\equiv 3 \bmod 6$이다.

연습문제 2.2

1. 반사, 추이, 반대칭

2. (1) 복수전공이 허용되는 대학에서는 추이가 성립하지 않는다. 복수전공이 허락되지 않는 대학에서는 동치관계이다.

(2) 동치관계

(3) 대칭과 추이가 성립하지 않는다.

3. $\overline{\mathbb{Z}}_3 = \{\overline{0}, \overline{1}, \overline{2}\}$

4. (1), (2), (3), (4)

5. (1), (2), (4)

6. 10의 배수임을 보이기 위하여 2의 배수이고 5의 배수임을 보인다. 먼저 n이 홀수이면 n^5과 n이 홀수이므로 차는 짝수이다. 또, n이 짝수이면 n^5과 n이 짝수이므로 차는 짝수이다. 따라서 n^5-n은 2의 배수이다. 이제 n^5-n이 5의 배수임을 증명하여 보자. 자연수 n은 5를 법으로 0, 1, 2, 3, 4이므로 각 경우를 확인한다. 즉, $n \equiv 0 \bmod 5$이면 $n^5-n \equiv 0 \bmod 5$, $n \equiv 1 \bmod 5$이면 $n^5-n \equiv 1-1 \equiv 0 \bmod 5$, $n \equiv 2 \bmod 5$이면 $n^5-n \equiv 32-2 \equiv 0 \bmod 5$, $n \equiv 3 \bmod 5$이면 $n^5-n \equiv 243-3 \equiv 0 \bmod 5$, $n \equiv 4 \bmod 5$이면 $n^5-n \equiv 1024-4 \equiv 0 \bmod 5$이다. 따라서 n^5-n이 5의 배수이다. 그러므로 n^5-n이 10의 배수이다.

7. 모든 홀수는 $8k \pm 1$ 또는 $8k \pm 3$꼴이다. 따라서 $n=8k \pm 1$인 경우에 $n^2=(8k \pm 1)^2 = 8(8k^2 \pm 2k)+1$이고 $n=8k \pm 3$인 경우에 $n^2=(8k \pm 3)^2=8(8k^2 \pm 6k+1)+1$이므로 8로 나누면 나머지는 1이다.

8. (1) $\{1, 3, 5, 7\}$ (2) $\{1, 2, 4, 5, 7, 8\}$
(3) $\{1, 3, 5, 9, 11, 13\}$ (4) $\{1, 2, 4, 7, 8, 11, 13, 14\}$
(5) $\{1, 5, 7, 11, 13, 17\}$ (6) $\{1, 3, 7, 9, 11, 13, 17, 19\}$

9. 정의에 의하여 분명하다.

10. (1) 자연수 n에 대하여 n이 홀수이면 문제 7에 의하여 $n^2 \equiv 1 \bmod 8$이고 n이 짝수이면 $n^2 \equiv 0 \bmod 8$ 또는 $n^2 \equiv 4 \bmod 8$이다.
(2) x^2, y^2, z^2은 8로 나누었을 때 나머지는 각각 0, 1 또는 4이다. 따라서 $x^2+y^2+z^2$을 8로 나눈 나머지는 다음 표와 같이 0, 1, 2, 3, 4, 5, 6뿐이다. 따라서 $10007 \equiv 7 \bmod 8$인데 $x^2+y^2+z^2 \not\equiv 7 \bmod 8$이다. 따라서 해가 존재하지 않는다.

$x^2,\ y^2,\ z^2$	0,0,0	0,0,1	0,0,4	0,1,1	0,1,4	0,4,4	1,1,1	1,1,4	1,4,4	4,4,4
$x^2+y^2+z^2$	0	1	4	2	5	0	3	6	1	4

연습문제 2.3

1. $x\equiv 2 \bmod 7$, $x\equiv 4 \bmod 7$(각 경우를 대입하여 구한다).

2. (1) $x\equiv 3 \bmod 7$

 (2) $(8,\ 32)=8$은 4의 약수가 아니므로 해가 없다.

 (3) $51=6\times 8+3$, $8=2\times 3+2$, $3=1\times 2+1$로부터

 $1=1\times 3+(-1)\times 2=1\times 3+(-1)\times\{8+(-2)\times 3\}=3\times 3+(-1)\times 8$

 $=3\times\{51+(-6)\times 8\}+(-1)\times 8$

 $=3\times 51+(-19)\times 8$

 로부터 $x\equiv -19\equiv 32 \bmod 51$이다.

 (4) $15x\equiv 5 \bmod 35$로부터 $3x\equiv 1 \bmod 7$이고 $x\equiv 5 \bmod 7$이다. 따라서

 $x\equiv 5+7t \bmod 35$ $(t=0,\ 1,\ 2,\ 3,\ 4)$

3. (1) $3\times 1+5\times 2+3\times 4+5\times 1+6\times 1+7\times 2+8\times 8+9\times 4+10\times 7$

 $\equiv 3+10+1+5+6+3+9+3+4\equiv 0 \bmod 11$이므로 ISBN번호이다.

 (2) 같은 방법으로 계산하면 ISBN번호가 아니다.

4. (1) $3+10+1+5x+6+3+9+3+6\equiv 0 \bmod 11$으로부터 $5x+8\equiv 0 \bmod 11$이다. 따라서 $x=5$이다.

 (2) $1+6+2+6+5+6+3+8x+3+4\equiv 0 \bmod 11$으로부터 $8x+3\equiv 0 \bmod 11$이다. 따라서 $x=1$이다.

5. $x_1+2x_2+3x_3+4x_4+5x_5+6x_6+7x_7+8x_8+9x_9+10x_{10}\equiv 0 \bmod 11$으로부터

 $x_1+2x_2+3x_3+4x_4+5x_5+6x_6+7x_7+8x_8+9x_9-x_{10}\equiv 0 \bmod 11$이다. 따라서

 $x_{10}\equiv x_1+2x_2+3x_3+4x_4+5x_5+6x_6+7x_7+8x_8+9x_9 \bmod 11$

6. (1) $a\equiv 2+6+4+1+2+8+7+3+4+3\equiv 7 \bmod 11$이고 $11-7=4$이므로 주민등록번호가 아니다.
   (2) $a\equiv 2+3+6+2+8+1+10+1+5\equiv 5 \bmod 11$이고 $11-5=6$이므로 주민등록번호이다.

7. (1) $a\equiv 2+6+4+1+2+8+7+3+4x+3\equiv 4x+3 \bmod 11$이므로
   $11-(4x+3 \bmod 11)\equiv 7 \bmod 10$이고 $4x+3\equiv 4 \bmod 11$이다. 따라서 $x=3$이다.
   (2) $a\equiv 2+6+3+6+2+8+1+10+1+5\equiv 0 \bmod 11$이므로 $x\equiv 11-0 \bmod 10$이고 $x=1$이다.

8. (1) $240-(8+0+2+4+2+4)-3(8+1+3+1+3+5)=157$이므로 10으로 나눈 나머지 7이 0과 같지 않으므로 막대부호가 아니다.
   (2) $240-(8+3+5)-3(8+3+8+8)=143$이므로 10으로 나눈 나머지 3과 마지막 자리가 같으므로 막대부호이다.

연습문제 2.4

1. NUMBER THEORY IS VERY INTERESTING

2. (1) XQLKWHJQRKML (2) UACAVBKAKSNP
   (3) NRBNEOJPLPKW

3. $676=5\cdot 125+1$이므로 $76\cdot 676+(-411)\cdot 125=1$이고 $125^{-1}=265$이다. 따라서 $D(x)=265(x-37)$이다. $\text{FE}=5\cdot 26+4=134$이고 $\text{EV}=4\cdot 26+21=125$이므로 $D(x)=265(134-37)\equiv 17\equiv(0\cdot 26+17) \bmod 676$이고 $D(x)=265(125-37)\equiv 336\equiv(12\cdot 26+24) \bmod 676$이다. 따라서 ARMY이다.

4. AR과 MY에 대응되는 순서쌍은 (0,17)과 (12,24)이다. 따라서 $E(0,\ 17)=(68,\ 51)\equiv(16,\ 25) \bmod 26$이고 $E(12,\ 24)=(132,\ 120)\equiv(2,\ 16) \bmod 26$이다. 그러므로 암호문은 QZCQ이다. 한편, 암호문 FO에 대응되는 순서쌍은 (5, 14)

이고 $(3x+4y,\ 4x+3y)=(5,\ 14) \bmod 26$이다. 따라서 $3x+4y\equiv 5 \bmod 26$, $4x+3y\equiv 14 \bmod 26$이다. 이 연립방정식의 해는 $x\equiv 17 \bmod 26$, $x\equiv 8 \bmod 26$이다. 따라서 RI이다.

연습문제 2.5

1. $5x\equiv 1 \bmod 17$을 풀면 7을 얻는다.

2. $x\equiv 4 \bmod 17$

3. ($\Rightarrow$) $x^2\equiv c^2 \bmod p$이면 $x^2-c^2\equiv(x+c)(x-c)\equiv 0 \bmod p$이다. 정리 2.5.2의 (1)에 의하여 $(x+c)\equiv 0 \bmod p$ 또는 $(x-c)\equiv 0 \bmod p$이다. 따라서 $x\equiv c \bmod p$ 또는 $x\equiv -c \bmod p$이다.

   ($\Leftarrow$) $x\equiv c \bmod p$ 또는 $x\equiv -c \bmod p$이면 $p|(x-c)$ 또는 $p|(x+c)$를 만족한다. 그러므로 $p|(x-c)(x+c)$이다. 따라서 $x^2\equiv c^2 \bmod p$이다.

4. (1) $18!\equiv -1 \bmod 19$이고 $18!=18\cdot 17!\equiv(-1)\cdot 17! \bmod 19$이므로 $17!\equiv 1 \bmod 19$이므로 나머지는 1이다.

   (2) $17!=17\cdot 16!$이므로 $17\cdot 16!\equiv 1 \bmod 19$이므로 $16!\equiv 9 \bmod 19$이다. 따라서 나머지는 9이다.

   (3) $\dfrac{25!}{8!}$은 정수이고 분자는 19의 배수이지만, 분모는 19를 인수로 갖지 않는다. 따라서 $\dfrac{25!}{8!}$은 19의 배수이므로 나머지는 0이다.

5. (1) 각 정수 k에 대하여 $k\equiv -(p-k) \bmod p$이고, Wilson의 정리에 의하여

$$\begin{aligned}1^2\cdot 3^2\cdots(p-4)^2(p-2)^2&\equiv\{1\cdot 3\cdots(p-4)(p-2)\}\{1\cdot 3\cdots(p-4)(p-2)\}\\&\equiv 1\cdot 3\cdots(p-4)(p-2)\cdot(-1)^{\frac{p-1}{2}}(p-1)(p-3)\cdots 4\cdot 2\\&\equiv(-1)^{\frac{p-1}{2}}\cdot(p-1)!\\&\equiv(-1)^{\frac{p-1}{2}}\cdot(-1)\end{aligned}$$

$$\equiv(-1)^{\frac{p+1}{2}} \bmod p$$

(2) 각 정수 k에 대하여 $k\equiv-(p-k) \bmod p$이므로 $1\cdot3\cdots(p-4)(p-2)\equiv$ $(-1)^{\frac{p-1}{2}}(p-1)(p-3)\cdots4\cdot2 \bmod p$이고 이 합동식의 양변을 각각 제곱하면 $1^2\cdot3^2\cdots(p-4)^2(p-2)^2\equiv2^2\cdot4^2\cdots(p-3)^2(p-1)^2 \bmod p$이다.

(3) (1)과 (2)에 의해 성립한다.

6. (1) $c_1=5$, $M_1=13$, $13N_1\equiv1 \bmod 11$로부터 $N_1=6$이고 $c_2=7$, $M_2=11$, $11N_2\equiv1 \bmod 13$로부터 $N_2=6$이다. 따라서 $x\equiv5\cdot13\cdot6+7\cdot11\cdot6$ $\equiv137 \bmod 143$

(2) 윗식에 2배하여 아랫식을 빼면, $y\equiv4 \bmod 6$이다. 이 값을 윗식에 대입하면, $x\equiv1 \bmod 6$이다. 따라서 $x\equiv1 \bmod 6$, $y\equiv4 \bmod 6$이다.

(3) $c_1=5$, $M_1=195$, $195N_1\equiv1 \bmod 11$과 $8N_1\equiv1 \bmod 11$로부터 $N_1=7$이다. $c_2=5$, $M_2=165$, $165N_2\equiv1 \bmod 13$과 $9N_2\equiv1 \bmod 13$로부터 $N_2=3$이다. 또한, $c_3=7$, $M_3=143$, $143N_3\equiv1 \bmod 15$과 $8N_3\equiv1 \bmod 15$로부터 $N_3=2$이다. 따라서 $x\equiv5\cdot195\cdot7+5\cdot165\cdot3+7\cdot143\cdot2\equiv577 \bmod 11\cdot13\cdot15$이다.

(4) (3)과 같은 방법으로 구하면 $x\equiv877 \bmod 11\cdot13\cdot15$이다.

(5) 합동식 $3x\equiv7 \bmod 15$가 해를 갖지않으므로 연립합동식은 해가 없다.

(6) 주어진 연립합동식은 $x\equiv8 \bmod 11$, $x\equiv5 \bmod 13$, $x\equiv3 \bmod 5$와 동치이다. (3)과 같은 방법으로 구하면 $x\equiv668 \bmod 11\cdot13\cdot5$이다.

연습문제 2.6

1. $\overline{10}+\overline{7}=\overline{10+7}=\overline{17}=\overline{2}$, $\overline{10}\cdot\overline{7}=\overline{70}=\overline{10}$

2.

$+$	$\overline{0}$	$\overline{1}$	$\overline{2}$
$\overline{0}$	$\overline{0}$	$\overline{1}$	$\overline{2}$
$\overline{1}$	$\overline{1}$	$\overline{2}$	$\overline{0}$
$\overline{2}$	$\overline{2}$	$\overline{0}$	$\overline{1}$

$\times$	$\overline{0}$	$\overline{1}$	$\overline{2}$
$\overline{0}$	$\overline{0}$	$\overline{0}$	$\overline{0}$
$\overline{1}$	$\overline{0}$	$\overline{1}$	$\overline{2}$
$\overline{2}$	$\overline{0}$	$\overline{2}$	$\overline{1}$

$+$	$\overline{0}$	$\overline{1}$	$\overline{2}$	$\overline{3}$	$\overline{4}$	$\overline{5}$
$\overline{0}$	$\overline{0}$	$\overline{1}$	$\overline{2}$	$\overline{3}$	$\overline{4}$	$\overline{5}$
$\overline{1}$	$\overline{1}$	$\overline{2}$	$\overline{3}$	$\overline{4}$	$\overline{5}$	$\overline{0}$
$\overline{2}$	$\overline{2}$	$\overline{3}$	$\overline{4}$	$\overline{5}$	$\overline{0}$	$\overline{1}$
$\overline{3}$	$\overline{3}$	$\overline{4}$	$\overline{5}$	$\overline{0}$	$\overline{1}$	$\overline{2}$
$\overline{4}$	$\overline{4}$	$\overline{5}$	$\overline{0}$	$\overline{1}$	$\overline{2}$	$\overline{3}$
$\overline{5}$	$\overline{5}$	$\overline{0}$	$\overline{1}$	$\overline{2}$	$\overline{3}$	$\overline{4}$

$\times$	$\overline{0}$	$\overline{1}$	$\overline{2}$	$\overline{3}$	$\overline{4}$	$\overline{5}$
$\overline{0}$	$\overline{0}$	$\overline{0}$	$\overline{0}$	$\overline{0}$	$\overline{0}$	$\overline{0}$
$\overline{1}$	$\overline{0}$	$\overline{1}$	$\overline{2}$	$\overline{3}$	$\overline{4}$	$\overline{5}$
$\overline{2}$	$\overline{0}$	$\overline{2}$	$\overline{4}$	$\overline{0}$	$\overline{2}$	$\overline{4}$
$\overline{3}$	$\overline{0}$	$\overline{3}$	$\overline{0}$	$\overline{3}$	$\overline{0}$	$\overline{3}$
$\overline{4}$	$\overline{0}$	$\overline{4}$	$\overline{2}$	$\overline{0}$	$\overline{4}$	$\overline{2}$
$\overline{5}$	$\overline{0}$	$\overline{5}$	$\overline{4}$	$\overline{3}$	$\overline{2}$	$\overline{1}$

3. $(a, m)=1$이므로 적당한 정수 b, t가 존재하여 $ab+tm=1$이다. 따라서 $\overline{a}\,\overline{b}=\overline{ab}=\overline{1}$이다.

4. $\overline{2}^{-1}=\overline{8}$, $\overline{4}^{-1}=\overline{4}$, $\overline{7}^{-1}=\overline{13}$

5. $\overline{0}$, $\overline{1}$, $\overline{6}$, $\overline{10}$

6. $\overline{3}$, $\overline{5}$, $\overline{6}$, $\overline{9}$, $\overline{10}$, $\overline{12}$

제3장

연습문제 3.1

1. (1) $\{1, 2, 3, 4, 5, 6\}$ (2) $\{1, 3, 7, 9\}$
   (3) $\{1, 5, 7, 11\}$ (4) $\{1, 2, 4, 5, 8, 10, 11, 13, 16, 17, 19, 20\}$

2. (1) 16 (2) 16 (3) 96 (4) 384

3. (1) 먼저 $m=1$이면, $\varphi(m)=\varphi(1)=1=m$이다. 한편, $m\geq 2$이면, m개의 정수 $0, 1, \cdots, m-1$ 중에서 $(0, m)=m\neq 1$이므로 $\varphi(m)\leq m-1\neq m$이다. 따라서 $\varphi(m)=m \Leftrightarrow m=1$이다.

(2) 분명히 $\varphi(1)=1$, $\varphi(2)=1$이다. 이제 양의 정수 m에 대하여 $\varphi(m)=1$일 때, $m\geq 3$이라고 가정하면, $(1, m)=1$, $(m-1, m)=(-1, m)=1$이고 $1\neq m-1$이므로 $\varphi(m)\geq 2$이다. 따라서 $\varphi(m)=1$이라는 사실에 모순이다.

(3) 분명히 $\varphi(3)=2$, $\varphi(4)=2$, $\varphi(6)=2$이다. 이제 양의 정수 m에 대하여 $\varphi(m)=2$일 때, $m>6$이라고 가정하자. m이 홀수이면, $(1, m)=1$, $(2, m)=1$, $(m-1, m)=1$이므로 $\varphi(m)=2$이라는 사실에 모순이다. m이 짝수이면 $m=2^k l$ (l은 홀수)이다. 먼저 $l=1$이면 $k\geq 3$이므로 $\varphi(m)\geq 2^2$이고, $l=3$이면 $k\geq 2$이므로 $\varphi(m)=2\cdot 2=4$이다. 또한, $l\geq 5$이면 $\varphi(m)\geq 4$이다. 따라서 $\varphi(m)=2^{k-1}\varphi(l)>2$이므로 모순이다. 그러므로 $m=3$, 4 또는 6이다.

(4) 양의 정수 m이 소수이면, m개의 정수 0, 1, $\cdots$, $m-1$ 중에서 m과 서로소인 것은 1, $\cdots$, $m-1$뿐이므로 $\varphi(m)=m-1$이다. 역으로, $\varphi(m)=m-1$라고 하자. 먼저 $\varphi(1)=1\neq 1-1$이므로 $m>1$이다. 그리고 합성수이면 다음이 성립한다. m이 합성수일 때, $m>1$이고 또 $m=de$, $1<d\leq e<m$인 정수 d, e가 존재한다. 그런데 m개의 정수 0, 1, $\cdots$, $m-1$ 중에서 적어도 0과 d가 제외되고 $(1, m)=1$, $(m-1, m)=(-1, m)=(1, m)$이므로
$2\leq\varphi(m)\leq m-2$가 성립한다. 따라서 $\varphi(m)\leq m-2$가 되어 $\varphi(m)=m-1$이라는 사실에 모순이 된다. 따라서 m은 소수이다.

4. 만약 m이 3 이상의 수라면, $m=2^k l$ (l은 홀수)으로 표현된다. 먼저 $l=1$이면, $k\geq 2$이고 $\varphi(2^k)=2^{k-1}$이므로 짝수이다. 또 $l\neq 1$이면, $\varphi(2^k l)=2^{k-1}\varphi(l)$이다. l은 적어도 홀수인 소인수를 가지므로 $\varphi(l)$은 짝수이고 따라서 $\varphi(m)$은 짝수이다.

5. 먼저 $2\varphi(m)=m$이라고 하면, m은 짝수이므로 m은 $m=2^k a$ ($k\geq 1$, a는 홀수)와 같은 꼴이고 이 경우에 $m=2\varphi(m)=2\varphi(2^k)\varphi(a)=2^k\varphi(a)$이므로 $a=\varphi(a)$이고 따라서 $a=1$이다. 그러므로 $m=2^k$이다. 역으로, 적당한 양의 정수 k에 대하여 $m=2^k$이라고 하면, $2\varphi(m)=2\varphi(2^k)=2\cdot 2^{k-1}=2^k=m$이다.

6. (1) m이 홀수이면 $(2, m)=1$이다. φ는 곱셈함수이므로 $\varphi(2m)=\varphi(2)\varphi(m)=1\cdot\varphi(m)=\varphi(m)$이다.

(2) m이 짝수이면 m은 $m=2^k n(k,\ n \in \mathbb{Z}\ (k \geq 1,\ n \geq 1,\ (2,\ n)=1))$과 같은 형태로 표시할 수 있다. 따라서 $(2^k,\ n)=(2^{k+1},\ n)=1$이고, φ는 곱셈함수이므로 $\varphi(m)=\varphi(2^k n)=\varphi(2^k)\varphi(n)=2^{k-1}\varphi(n)$이고, $\varphi(2m)=\varphi(2^{k+1}n)=\varphi(2^{k+1})\varphi(n)=2^k\varphi(n)=2\cdot 2^{k-1}\varphi(n)=2\varphi(m)$이다.

(3) m이 3의 배수라면 $m=3^k n(k,\ n \in \mathbb{Z}\ (k \geq 1,\ n \geq 1,\ (3,\ n)=1))$과 같은 형태로 표시할 수 있다. 따라서 $(3^k,\ n)=(3^{k+1},\ n)=1$이고, φ는 곱셈함수이므로 $\varphi(m)=\varphi(3^k n)=\varphi(3^k)\varphi(n)=2\cdot 3^{k-1}\varphi(n)$이고, 따라서 $\varphi(3m)=\varphi(3^{k+1}n)=\varphi(3^{k+1})\varphi(n)=2\cdot 3^k\varphi(n)=3\cdot(2\cdot 3^{k-1}\varphi(n))=3\varphi(m)$이다. 역으로 $\varphi(3m)=3\varphi(m)$이라 할 때, m이 3의 배수가 아니라면 $(3,\ m)=1$이므로 $\varphi(3m)=\varphi(3)\varphi(m)=2\varphi(m)$가 되어 모순이다. 따라서 m은 3의 배수이어야 한다.

(4) m의 표준분해를 $m=p_1^{k_1}p_2^{k_2}\cdots p_t^{k_t}$이라고 하자. 그러면 $m^k=p_1^{kk_1}p_2^{kk_2}\cdots p_t^{kk_t}$이다. 따라서 $\varphi(m^k)=m^k\left(1-\dfrac{1}{p_1}\right)\left(1-\dfrac{1}{p_2}\right)\cdots\left(1-\dfrac{1}{p_t}\right)=m^{k-1}\varphi(m)$이다.

7. 먼저 m이 n의 약수라고 하자. $m=1$이면 $\varphi(m)=1$이므로 성립한다. 이제 $m>1$이라 하고 n과 m의 표준분해를 $n=p_1^{k_1}p_2^{k_2}\cdots p_s^{k_s}$, $m=q_1^{r_1}q_2^{r_2}\cdots q_t^{r_t}$ $(t \leq s)$이라 하면, $m|n$이므로 $n=q_1^{k_1}q_2^{k_2}\cdots q_t^{k_t}p_{i_1}^{k_{i_1}}\cdots p_{i_{s-t}}^{k_{i_{s-t}}}$, $1 \leq r_i \leq k_i$ $(i=1,\ 2,\ \cdots,\ t)$를 만족한다. 한편, $m'=q_1^{k_1}q_2^{k_2}\cdots q_t^{k_t}$라고 놓으면, $\varphi(m)=m\left(1-\dfrac{1}{q_1}\right)\left(1-\dfrac{1}{q_2}\right)\cdots\left(1-\dfrac{1}{q_t}\right)$이고 $\varphi(m')=m'\left(1-\dfrac{1}{q_1}\right)\left(1-\dfrac{1}{q_2}\right)\cdots\left(1-\dfrac{1}{q_t}\right)$이므로 $\varphi(m)$은 $\varphi(m')$의 약수이다. 또, $\varphi(n)=\varphi(m'p_{i_1}^{k_{i_1}}\cdots p_{i_{s-t}}^{k_{i_{s-t}}})=\varphi(m')\varphi(p_{i_1}^{k_{i_1}}\cdots p_{i_{s-t}}^{k_{i_{s-t}}})$이므로 $\varphi(m')$은 $\varphi(n)$의 약수이다. 따라서 $\varphi(m)$은 $\varphi(n)$의 약수이다.

연습문제 3.2

1. $T=\{m-r_1,\ m-r_2,\ \cdots,\ m-r_{\varphi(m)}\}$이라 하면, 각 i에 대하여 $1 \leq r_i < m$이므로 $1 \leq m-r_i < m$이고 $(r_i,\ m)=1$이다. 그리고 $r_i \neq r_j \Rightarrow m-r_i \neq m-r_j$이므로 $T=\mathbb{Z}_m^*$이

다.

따라서 $r_1+r_2+\cdots+r_{\varphi(m)}=(m-r_1)+(m-r_2)+\cdots+(m-r_{\varphi(m)})$이므로 $2(r_1+r_2+\cdots+r_{\varphi(m)})=\varphi(m)m$이다. 따라서 $(r_1+r_2+\cdots+r_{\varphi(m)})=\dfrac{\varphi(m)m}{2}$이다.

2. (1) 기약잉여계이다.
   (2) 기약잉여계이다.
   (3) $2^4\equiv 2 \bmod 7$이므로 기약잉여계가 아니다.
   (4) 기약잉여계이다.

3. 정수 $p-1$은 짝수이므로 $x^{p-1}-1=(x^{\frac{p-1}{2}}-1)(x^{\frac{p-1}{2}}+1)$이다. Fermat의 정리에 의하여 $(a,\ p)=1$이면 $a^{p-1}-1\equiv 0 \pmod{p}$이고 또 $x^{p-1}-1\equiv 0 \pmod{p}$ $\Leftrightarrow x^{\frac{p-1}{2}}\equiv 1 \pmod{p}$ 또는 $x^{\frac{p-1}{2}}\equiv -1 \pmod{p}$이므로 $a^{\frac{p-1}{2}}\equiv 1 \pmod{p}$ 또는 $a^{\frac{p-1}{2}}\equiv -1 \pmod{p}$이다. 한편, p가 홀수이므로 $1\not\equiv -1 \pmod{p}$이고, 따라서 둘 중에서 단 하나만 성립한다.

4. 양의 정수 m과 정수 a에 대하여 $(a,\ m)=1$이면 Euler의 정리에 의하여 $a^{\varphi(m)}\equiv 1 \pmod{m}$이다. 따라서 $aa^{\varphi(m)-1}\equiv 1 \pmod{m}$이고 $aa^{\varphi(m)-1}b\equiv b \pmod{m}$이다. 따라서 $x\equiv a^{\varphi(m)-1}b \pmod{m}$은 주어진 일차합동식의 해이다. 또한, $(a,\ m)=1$이므로 $x\equiv a^{\varphi(m)-1}b \pmod{m}$은 유일한 해이다.

5. (1) $M_5=31$이 약수를 가지면, $10k+1$꼴이므로 M_5는 소수이다.
   (2) $M_{11}=2047$이 약수를 가지면, $22k+1$로 45 이하인 소수로 약수를 가져야 한다. 실제로 M_{11}은 23을 약수로 가진다. 즉 $2047=23\times 89$로 소수가 아니다.
   (3) $M_{29}=536870911$이 약수를 가지면, $58k+1$로 23200 이하인 소수로 약수를 가진다. 즉 M_{29}이 약수를 가지면, 59, 233, 291 등이다. 실제로 M_{29}은 233을 약수로 가진다. 즉 $536870911=233\times 2304167$로 소수가 아니다.

6. 정리 3.2.5에 의하여 소수 p와 정수 a에 대하여 $a^p \equiv a \pmod{p}$이다. 따라서 (1), (2)와 (3)이 분명하다.

연습문제 3.3

1. $\text{ord}_{15}1=1$, $\text{ord}_{15}2=4$, $\text{ord}_{15}4=2$, $\text{ord}_{15}7=4$, $\text{ord}_{15}8=4$, $\text{ord}_{15}11=2$, $\text{ord}_{15}13=4$, $\text{ord}_{15}14=2$

2. (1) $\text{ord}_{23}5^2=\dfrac{22}{(2,\ 22)}=11$ (2) $\text{ord}_{23}5^4=\dfrac{22}{(4,\ 22)}=11$

(3) $\text{ord}_{23}5^5=\dfrac{22}{(5,\ 22)}=22$ (4) $\text{ord}_{23}5^{11}=\dfrac{22}{(11,\ 22)}=2$

(5) $\text{ord}_{23}5^{12}=\dfrac{22}{(12,\ 22)}=11$ (6) $\text{ord}_{23}5^{15}=\dfrac{22}{(15,\ 22)}=22$

3. $\varphi(22)=10$개

4. 먼저 $1 \le x \le 3$인 정수해는 $x=1$, $y=1$과 $x=3$, $y=2$뿐이다. 이제 주어진 방정식이 해 $x=a$, $y=b$ $(a \ge 4)$를 가진다고 하자. 이 때, $2^a=3^b-1$이고 $2^4 | 2^a$이므로 $3^b \equiv 1 \pmod{16}$이다. 한편, $3^1 \equiv 3$, $3^2 \equiv 9$, $3^3 \equiv 11$, $3^4 \equiv 1 \pmod{16}$이므로 $\text{ord}_{16}3=4$이다. 따라서 적당한 양의 정수 k에 대하여 $b=4k$이다. 한편, $3^b \equiv 3^{4k} \equiv (3^4)^k \equiv 1^k \equiv 1 \pmod{5}$이므로 $2^a=3^b-1 \equiv 0 \pmod{5}$이고, 이것은 $5|2^a$임을 뜻하게 되어 모순이다. 따라서 정수해는 $x=1$, $y=1$과 $x=3$, $y=2$뿐이다.

5. (1) 3의 위수는 $\varphi(17)=16$의 약수이고 $3^8 \equiv 16 \bmod 17$이므로 16이다.

(2) 3의 위수는 $\varphi(29)=28$의 약수이고 $3^{14} \equiv 28 \bmod 29$이므로 28이다.

(3) $\text{ord}_{493}3=[\text{ord}_{17}3,\ \text{ord}_{29}3]=[16,\ 28]=112$이다.

6. (1) 5의 위수는 $\varphi(37)=36$의 약수이고 36이다.

(2) 15의 위수는 $\varphi(37)=36$의 약수이고 36이다.

(3) $5\cdot15\equiv1 \bmod 37$이므로 정리 3.3.5에 의하여 $\mathrm{ord}_{37}15=\mathrm{ord}_{37}15^{-1}=\mathrm{ord}_{37}5$ $=36$

연습문제 3.4

1. (1) 6 (2) 5 (3) 3 (4) 5

2. (1) 22 (2) 11 (3) 22 (4) 22

3. (1) $n=2$이면, $x^2-1\equiv0 \bmod p$이면 $(x-1)(x+1)\equiv0 \bmod p$이므로 $x\equiv1 \bmod p$ 또는 $x\equiv-1 \bmod p$이다. 따라서 2개 이하의 해를 가진다.

   (2) 이제, $k<n$에 대하여 $x^k-1\equiv0 \bmod p$이 k개 이하의 해를 가진다고 하고 $x^n-1\equiv0 \bmod p$의 근을 생각하자. 그러면, $x^n-1\equiv(x-1)(x^{n-1}+x^{n-2}+\cdots+x+1)\equiv0 \bmod p$이고 $(x^{n-1}+x^{n-2}+\cdots+x+1)\equiv0 \bmod p$는 수학적 귀납법의 가정에 의하여 $n-1$개 이하의 해를 가지므로 $x^n-1\equiv0 \bmod p$는 n개 이하의 해를 가진다.

4. (1) $12=2^2\cdot3$이므로 원시근이 존재하지 않는다.

   (2) 소수이므로 원시근이 존재하고 $\varphi(29-1)=2\cdot6=12$개이다.

   (3) $2\cdot5^2$이므로 원시근이 존재하고 원시근은 $\varphi(\varphi(50))=\varphi(20)=8$개다.

   (4) 원시근이 존재하며 원시근은 $\varphi(\varphi(7^5))=\varphi(7^4\cdot6)=7^3\cdot6\cdot2=4116$개다.

5. 정리 3.4.4에 의하여 $g^{\frac{p-1}{2}}\equiv-1 \bmod p$이고 $h^{\frac{p-1}{2}}\equiv-1 \bmod p$이다. 따라서 $(gh)^{\frac{p-1}{2}}\equiv g^{\frac{p-1}{2}}h^{\frac{p-1}{2}}\equiv(-1)(-1)\equiv1 \bmod p$이므로 gh의 위수는 $\frac{p-1}{2}$ 이하이다. 따라서 gh는 법 p에 관한 원시근이 아니다.

6. $(-g)^{\frac{p-1}{2}}\equiv(-1)^{\frac{p-1}{2}}(g)^{\frac{p-1}{2}}\equiv(-1) \bmod p$이므로 정리 3.4.4에 의하여 $(-g)$도 원

시근이다.

연습문제 3.5

1. (1) $(3,\ 17)=1$이고 $3^i \not\equiv 1 \pmod{17}$ $(1 \le i < 16)$이며 $3^{16} \equiv 1 \pmod{17}$이므로 $\mathrm{ord}_{17}3=16$이므로 원시근이다.

(2)

a	1	2	3	4	5	6	7	8	9	10	11	12	13	14	15	16
$3^k \bmod 17$	3	9	10	13	5	15	11	16	14	8	7	4	12	2	6	1

(3)

a	1	2	3	4	5	6	7	8	9	10	11	12	13	14	15	16
$\mathrm{ind}_3 a$	0	14	1	12	5	15	11	10	2	3	7	13	4	9	6	8

(4) $\varphi(\varphi(17))=\varphi(16)=8$개이고 원시근은 3, 10, 5, 11, 14, 7, 12, 6이다.

(5)

k	1	2	3	4	5	6	7	8	9	10	11	12	13	14	15	16
$\mathrm{ind}_3 k$	16	14	1	12	5	15	11	10	2	3	7	13	4	9	6	8
$\mathrm{ind}_5 k$	16	6	13	12	1	3	15	2	10	7	11	9	4	5	14	8
$\mathrm{ind}_6 k$	16	2	15	4	11	1	5	6	14	13	9	3	12	7	10	8
$\mathrm{ind}_7 k$	16	10	3	4	15	13	1	14	6	9	5	7	12	11	2	8
$\mathrm{ind}_{10} k$	16	10	11	4	7	5	9	14	6	1	13	15	12	3	2	8
$\mathrm{ind}_{11} k$	16	2	7	4	3	9	13	6	14	5	1	11	12	15	10	8
$\mathrm{ind}_{12} k$	16	6	5	12	9	11	7	2	10	15	3	1	4	13	14	8
$\mathrm{ind}_{14} k$	16	14	9	12	13	7	3	10	2	11	15	5	4	1	6	8

2. 주어진 합동식에 지수를 취하면 $\mathrm{ind}_3 3+23\ \mathrm{ind}_3 x \equiv \mathrm{ind}_3 7 \bmod 16$이고 간단히 하면, $23\ \mathrm{ind}_3 x \equiv 11-1 \equiv 10 \bmod 16$이고 $7\ \mathrm{ind}_3 x \equiv 10 \bmod 16$이다. 따라서 $\mathrm{ind}_3 x \equiv 6 \bmod 16$이고 $x \equiv 15 \bmod 17$이다.

3. 주어진 합동식에 지수를 취하면 $x\ \mathrm{ind}_3 12 \equiv \mathrm{ind}_3 7 \bmod 16$이고 간단히 하면, $13x \equiv 11 \bmod 16$이다. 따라서 $x \equiv 7 \bmod 16$이다.

4. (1) $2^8 \equiv 1 \bmod 17$이므로 해를 가진다.

(2) $2^9 \equiv -1 \bmod 19$이므로 해를 가지지 않는다.

(3) $5^5 \equiv 1 \bmod 11$이므로 해를 가진다.

(4) $7^5 \equiv -1 \bmod 11$이므로 해를 가지지 않는다.

5. (1) 주어진 합동식에 지수를 취하면 $8\ \mathrm{ind}_3 x \equiv \mathrm{ind}_3 1 \equiv 0 \bmod 16$이다. 따라서 $\mathrm{ind}_3 x \equiv 2t \bmod 16$ $(t=0,\ 1,\ 2,\ 3,\ 4,\ 5,\ 6,\ 7)$이다. 그러므로 $x \equiv 1 \bmod 17$, $x \equiv 9 \bmod 17$, $x \equiv 13 \bmod 17$, $x \equiv 15 \bmod 17$, $x \equiv 16 \bmod 17$, $x \equiv 8 \bmod 17$, $x \equiv 4 \bmod 17$, $x \equiv 2 \bmod 17$이다.

(2) 주어진 합동식에 지수를 취하면 $4\ \mathrm{ind}_3 x \equiv \mathrm{ind}_3 1 \equiv 0 \bmod 16$이다. 따라서 $\mathrm{ind}_3 x \equiv 4t \bmod 16$ $(t=0,\ 1,\ 2,\ 3)$이다. 그러므로 $x \equiv 1 \bmod 17$, $x \equiv 13 \bmod 17$, $x \equiv 16 \bmod 17$, $x \equiv 4 \bmod 17$이다.

(3) 주어진 합동식에 지수를 취하면 $8\ \mathrm{ind}_3 x \equiv \mathrm{ind}_3 4 \equiv 12 \bmod 16$이다. 따라서 $2\ \mathrm{ind}_3 x \equiv 3 \bmod 4$이고 $(2,\ 4) \nmid 3$이므로 해가 없다.

6. (1) g가 원시근임으로 $R=\{g^0,\ g^1,\ \cdots,\ g^{\varphi(m)-1}\}$은 m을 법으로 모두 다른 서로소인 원소이다. 따라서 R은 $\varphi(m)$개의 원소를 가지므로 기약잉여계이다.

(2) 문제 3.1.4에 의하여 $m \geq 3$이면 $\varphi(m)$는 짝수이다. g, h는 원시근이므로 적당한 원시근 a에 대하여 $(i,\ \varphi(m))=1$이고 $(j,\ \varphi(m))=1$인 i와 j가 존재하여 $g \equiv a^i \bmod m$이고 $h \equiv a^j \bmod m$이다. $\varphi(m)$이 짝수이므로 i와 j는 적어도 홀수이다. 한편, $gh \equiv a^{i+j} \bmod m$이고 $i+j$는 짝수이므로 $(i+j,\ \varphi(m)) \neq 1$이다. 따라서 gh는 원시근이 아니다.

(3) $m=2$인 경우에 $1 \equiv -1 \bmod 2$이므로 성립한다. 문제 3.1.4에 의하여 $m \geq 3$이면 $\varphi(m)$는 짝수이다. 따라서 g가 원시근이므로 $g^{\frac{p-1}{2}} \equiv -1 \bmod p$이고

$$\begin{aligned}
&g^1 \cdot g^2 \cdots g^{\varphi(m)-2} \cdot g^{\varphi(m)-1} \cdot g^{\varphi(m)} \\
&\equiv g^{\varphi(m)} \cdot (g^1 \cdot g^{\varphi(m)-1}) \cdot (g^2 \cdot g^{\varphi(m)-2}) \cdots (g^{\frac{p-1}{2}-1} \cdot g^{\frac{p-1}{2}+1}) \cdot g^{\frac{p-1}{2}} \\
&\equiv (-1) \bmod m
\end{aligned}$$

이다.

(4) 집합 $S=\{a_1, a_{2,} \cdots, a_{\varphi(m)}\}$이 법 m에 관한 기약잉여계이면, 적당한 원소 $a_i=g$가 되어 $S=\{g^0, g^1, \cdots, g^{\varphi(m)-1}\}$이 된다. 따라서 $a_1 \cdot a_2 \cdots a_{\varphi(m)} \equiv g^0 \cdot g^1 \cdots g^{\varphi(m)-1} \equiv -1 \bmod m$이다.

연습문제 3.6

1. 0.075

2. $0.024\overline{1}$

3. $0.032_{(6)}$

4. $0.0\overline{925}$

5. 소수 59는 2를 원시근으로 가지며

$$\begin{aligned}\frac{2^{58}-1}{59} &= 4885260612740877 \\ &= 2^{52}+2^{49}+2^{45}+2^{44}+2^{42}+2^{41}+2^{40}+2^{35}+2^{34}+2^{33}+2^{32}+2^{30} \\ &\quad +2^{27}+2^{26}+2^{24}+2^{23}+2^{22}+2^{21}+2^{20}+2^{18}+2^{16}+2^{13}+2^{10}+2^{9} \\ &\quad +2^{8}+2^{3}+2^{2}+2^{0}\end{aligned}$$

$$\frac{1}{59}=0.\overline{0000010010001101110000111101001101111101010011100001101}_{(2)}$$

$$\frac{32}{59}=0.\overline{1001000110111000011110100110111110101001110000110100000}_{(2)}$$

제4장

연습문제 4.2

1. 실제로 독자가 곱셈과 나눗셈을 하는데 걸리는 시간을 재어 보아라. 또한, 115979까지 소수가 9600개로 예측하고 추정하여 보아라.

2. 합이 954이므로 529가 포함되어야 한다. 따라서 $954-529=425$이다. 또, 425에는 243이 포함되어야 하므로 $425-243=182$이다. 같은 방법으로 112가 포함되어야 하고 $182-112=70$이다. 같은 방법으로 계속하면 다음과 같은 부분집합을 얻는다. $\{15, 55, 112, 243, 529\}$

3. (1) $m_1 \le 2^{100} < m_2$, $m_1+m_2 \le 2^{100}+2^{101}=3\cdot 2^{100} < m_3$이다. 이제, $k \ge 2$일 때, $\sum_{i=1}^{k} m_i \le 2^{100}+2^{101}+\cdots+2^{100+k-1}=2^{100}\{2^k-1\} < m_{k+1}$이다.

   (2) 각 구간은 2^{100}개의 수가 있으므로 n개의 원소를 가지는 초증가수열은 2^{100n}개이다.

4. $30=2^4+2^3+2^2+2$을 이용하면 $(11^2)(11^4)(11^8)(11^{16})$이므로 7회이고 $30=6\cdot 5$이므로 $\left[\{(11^2)(11^4)\}^2\right]^2\{(11^2)(11^4)\}$으로부터 6회이다. 따라서 6회이다.

연습문제 4.3

1. (1) $t^2-s^2=\left(\frac{p+q}{2}\right)^2-\left(\frac{p-q}{2}\right)^2=pq=n$ 또는 $t^2-s^2=(t+s)(t-s)=pq=n$

   (2) (1)에서 주어진 t와 s로부터 $t+s$와 $t-s$를 r하면 $t+s=p$이고 $t-s=q$이다.

   (3) $t=21$, $s^2=t^2-n=4$이므로 $n=t^2-s^2=21^2-2^2=(21+2)(21-2)=23.19$이다.

   (4) $t=83$이면 $t^2-6887=2$는 완전제곱수가 아니다. 이제 $t=84$이면 $t^2-6887=169=13^2$이다. 따라서 $p=84+13=97$이고 $q=84-13=71$이므로 6887

$=97\cdot71$이다.

2. (1) 사용자 B가 공개한 공개키 e_B를 이용하여 암호문 $C\equiv m^{e_B}\ (\text{mod } n_B)$를 계산해서 B에게 보낸다.
   (2) A는 자신의 개인키 d_A를 이용하여 $C_A=s^{d_A}\ (\text{mod } n_A)$로 변환하여 보낸다.
   (3) 사용자 B는 암호문 C를 자신의 개인키 d_B를 이용하여 $C^{d_A}\equiv m \text{ mod } n_B$를 구하여 평문을 얻고 A가 보낸 서명 C_A를 A의 공개키 e_A를 이용하여 $C_A^{e_B} \text{ mod } n_A=s$를 얻으므로 전문을 송신한 사람이 A임을 확인한다.

연습문제 4.4

1. 초항 a이고 공비 r인 등비수열의 제n항은 $a_n=ar^{n-1}$이고 이때, 이 수열의 합은

$$S_n=\frac{a(r^n-1)}{r-1}\text{이므로}\quad a_{n+1}-S_n=\frac{ar^n(r-1)-a(r^n-1)}{r-1}=\frac{ar^{n-1}(r^2-2r)+a}{r-1}>0$$

이다. 따라서 공비가 2 이상인 수열은 초증가수열이다.

2. S와 T가 초증가수열이므로 $s_1+\cdots+s_{n-1}<s_n$이고 $t_1+\cdots+t_{n-1}<t_n$이다.
   (1) $ks_1+\cdots+ks_{n-1}=k(s_1+\cdots+s_{n-1})<ks_n$이므로 kS는 초증가 수열이다.
   (2) $(s_1+t_1)+\cdots(s_{n-1}+t_{n-1})=\{s_1+\cdots+s_{n-1}\}+\{t_1+\cdots+t_{n-1}\}<s_n+t_n$이므로 $S+T$는 초증가수열이다.
   (3) $s_1^k+\cdots+s_{n-1}^k<(s_1+\cdots+s_{n-1})^k<s_n^k$가 성립한다. 따라서 S^k는 초증가수열이다.
   (4) $s_1t_1+\cdots+s_{n-1}t_{n-1}<(s_1+\cdots+s_{n-1})(t_1+\cdots+t_{n-1})<s_nt_n$가 성립한다. 따라서 ST는 초증가수열이다.

3. (1) $1+3=4<7$, $1+3+7=11<15$, $1+3+7+15=26<35$,
   $1+3+7+15+35=61<71$, $1+3+5+7+15+35+71=132<151$,
   $1+3+5+7+15+35+71+151=283<311$이 성립하므로 초증가수열이다.

(2) $1+15+35+151+311=513$

(3) $267=3+7+35+71+151$이므로 01101110이다.

(4) $37 \cdot 1 \equiv 37 \bmod 601$, $37 \cdot 3 \equiv 111 \bmod 601$, $37 \cdot 7 \equiv 259 \bmod 601$, $37 \cdot 15 \equiv 555 \bmod 601$, $37 \cdot 35 \equiv 93 \bmod 601$, $37 \cdot 71 \equiv 223 \bmod 601$ $37 \cdot 151 \equiv 178 \bmod 601$, $37 \cdot 311 \equiv 88 \bmod 601$이므로 $\{37, 111, 259, 555, 93, 223, 178, 88\}$이다.

(5) $601=16 \cdot 37+9$이고 $37=4 \cdot 9+1$이므로 $1=37+(-4) \cdot 9=65 \cdot 37+(-4) \cdot 601$ 이다. 따라서 65이다.

(6) $37+555+93+178+88=951$

(7) 10011011

연습문제 4.5

1. $18^{15} \equiv 29^7 \equiv 8 \bmod 37$이므로 8이다.

2. $40^{16} \equiv 17^9 \equiv 21 \bmod 47$이므로 21이다.

3. $9 \cdot 8^{-9} \equiv 6 \bmod 13$이므로 평문은 6이다.

4. (1) Euclid 호제법에 의하여 $d_A=1549$이고 $d_B=1307$이다.

   (2) 사용자 A는 $25^{109} \equiv 878 \bmod 2011$을 구하고 878을 사용자 B에게 전송한다. 그러면, 사용자 B는 $878^{203} \equiv 215 \bmod 2011$를 구하여 사용자 A에게 전송한다.

   사용자 A는 자신의 키를 이용하여 $215^{1549} \equiv 1062 \bmod 2011$을 구하여 1062를 사용자 B에게 전송한다. 마지막으로 사용자 B는 자신의 키를 이용하여 $1062^{1307} \equiv 25 \bmod 2011$를 구하여 정보 25를 얻는다.

연습문제 4.6

1. (1) 제1단계에서 54를 이진수열로 표현하여 (110110)을 얻고 제2단계에서 SX, SX, S, SX, SX, S를 얻는다. 따라서 수열 왼편의 ‘SX’를 소거하여 (S, X,

S, S, X, S, X, S)를 얻는다. 즉, a^2 mod n, a^3 mod n, a^6 mod n, a^{12} mod n, a^{13} mod m, a^{26} mod n, a^{27} mod n, a^{54} mod n의 순서대로 계산하면, 곱셈연산은 8회가 된다.

(2)

루프수	2단계에서의 M	3단계에서의 Y	4, 6단계에서의 M	7단계에서의 Z
1	54		27	a^2 mod n
2	27	a^2 mod n	13	a^4 mod n
3	13	a^6 mod n	6	a^8 mod n
4	6		3	a^{16} mod n
5	3	a^{22} mod n	1	a^{32} mod n
6	1	a^{54} mod n	0	

a^{54} mod n를 계산하기 위해 요구되는 곱셈연산의 횟수는 8회가 된다.

(3)

e의 이진수열	i	Y
1	5	a mod n
1	4	a^3 mod n
0	3	a^6 mod n
1	2	a^{13} mod n
1	1	a^{27} mod n
0	0	a^{54} mod n

a^{54} mod n를 계산하기 위해 요구되는 곱셈연산의 횟수는 8회가 된다.

2. a^{54} mod n을 $a^{54}=(a^9)^6$를 이용하면

$y \equiv a^9 \bmod n \equiv \{(a^2 \bmod n)^2\}^2 \cdot a \bmod n$: 4회의 곱셈연산

$z \equiv y^6 \bmod n \equiv (y^2 \bmod n)^2 \cdot y^2 \bmod n$: 3회의 곱셈연산

즉, 총 7회의 곱셈연산이 필요하다.

또는, a^2 mod n, a^4 mod n, a^6 mod n, a^{12} mod n, a^{18} mod n, a^{36} mod n, a^{54} mod n의 순서대로 계산하면 7회의 연산이 된다.

3. (1) 제1단계에서 55를 이진수열로 표현하여 (110111)을 얻고 제2단계에서 SX, SX, S, SX, SX, SX를 얻는다. 따라서 수열 왼편의 'SX'를 소거하여 (S, X,

S, S, X, S, X, S, X)를 얻는다. 즉, a^2 mod n, a^3 mod n, a^6 mod n, a^{12} mod n, a^{13} mod m, a^{26} mod n, a^{27} mod n, a^{54} mod n, a^{55} mod n의 순서대로 계산하면, 곱셈연산은 9회가 된다.

(2)

루프수	2단계에서의 M	3단계에서의 Y	4,6단계에서의 M	7단계에서의 Z
1	55	a mod n	27	a^2 mod n
2	27	a^3 mod n	13	a^4 mod n
3	13	a^7 mod n	6	a^8 mod n
4	6		3	a^{16} mod n
5	3	a^{23} mod n	1	a^{32} mod n
6	1	a^{54} mod n	0	

a^{54} mod n를 계산하기 위해 요구되는 곱셈연산의 횟수는 9회가 된다.

(3)

e의 이진수열	i	Y
1	5	a mod n
1	4	a^3 mod n
0	3	a^6 mod n
1	2	a^{13} mod n
1	1	a^{27} mod n
1	0	a^{55} mod n

a^{54} mod n를 계산하기 위해 요구되는 곱셈연산의 횟수는 9회가 된다.

(4) a^{55} mod n을 $a^{55} = (a^{11})^5$를 이용하면

$y \equiv a^{11} \bmod n \equiv \{(a^2 \bmod n)^2\}^2 \cdot a^2 \bmod n \cdot a \bmod n$: 5회의 곱셈연산

$z \equiv y^5 \bmod n \equiv (y^2 \bmod n)^2 \cdot y \bmod n$: 3회의 곱셈연산

즉, 총 8회의 곱셈연산이 필요하다.

또는, a^2 mod n, a^4 mod n, a^6 mod n, a^{12} mod n, a^{18} mod n, a^{36} mod n, a^{54} mod n의 순서대로 계산하면 7회의 연산이 된다.

제5장

연습문제 5.1

1. 홀수인 소수 p에 대하여, 기약잉여계 $\mathbb{Z}_p^* = \{1, 2, \cdots, p-1\}$에는 정리 5.1.2에 의하여 법 p에 관한 이차잉여와 이차비잉여가 각각 $\dfrac{p-1}{2}$개씩 있다. 따라서 $\left(\dfrac{1}{p}\right)+\left(\dfrac{2}{p}\right)+\cdots+\left(\dfrac{p-1}{p}\right)=0$

2. (1) -1 ($\because$ $61 \equiv 5 \bmod 8$)　　(2) -1 ($\because$ $23 \equiv 3 \bmod 4$)

   (3) $\left(\dfrac{3}{173}\right)=\left(\dfrac{173}{3}\right)=\left(\dfrac{2}{3}\right)=-1$

3. (1) $\left(\dfrac{2}{p}\right)$와 $\left(\dfrac{3}{p}\right)$이 부호가 다른 경우에는 둘 중 하나가 이차잉여이다. 한편, $\left(\dfrac{2}{p}\right)$와 $\left(\dfrac{3}{p}\right)$이 부호가 같은 경우 $\left(\dfrac{6}{p}\right)=\left(\dfrac{2}{p}\right)\left(\dfrac{3}{p}\right)$이므로 $\left(\dfrac{6}{p}\right)$이 이차잉여이다. 따라서 2, 3, 6 중에 적어도 하나는 법 p에 관한 이차잉여이다.

   (2) 정리 5.1.4에 의하여 완전제곱수 4, 9는 이차잉여이다.

4. (1) $\left(\dfrac{7}{61}\right)=\left(\dfrac{61}{7}\right)=\left(\dfrac{5}{7}\right)=\left(\dfrac{7}{5}\right)=\left(\dfrac{2}{5}\right)=-1$

   (2) $\left(\dfrac{11}{23}\right)=-\left(\dfrac{23}{11}\right)=-\left(\dfrac{1}{11}\right)=-1$

   (3) $\left(\dfrac{23}{173}\right)=\left(\dfrac{173}{23}\right)=\left(\dfrac{12}{23}\right)=\left(\dfrac{2}{23}\right)^2\left(\dfrac{3}{23}\right)=-\left(\dfrac{23}{3}\right)=-\left(\dfrac{2}{3}\right)=1$

5. (1) $\left(\dfrac{189}{317}\right)=\left(\dfrac{3}{317}\right)^3\left(\dfrac{7}{317}\right)=\left(\dfrac{3}{317}\right)\left(\dfrac{7}{317}\right)$을 구하면, $\left(\dfrac{3}{317}\right)=\left(\dfrac{317}{3}\right)=\left(\dfrac{2}{3}\right)=-1$ 이고 $\left(\dfrac{7}{317}\right)=\left(\dfrac{317}{7}\right)=\left(\dfrac{2}{7}\right)=1$이므로 $\left(\dfrac{189}{317}\right)=-1$이다. 따라서 합동식은 해를 갖지 않는다.

(2) $\left(\frac{217}{997}\right)=\left(\frac{7}{997}\right)\left(\frac{31}{997}\right)$을 구하면, $\left(\frac{31}{997}\right)=\left(\frac{997}{31}\right)=\left(\frac{5}{31}\right)=\left(\frac{31}{5}\right)=\left(\frac{1}{5}\right)=1$이고 $\left(\frac{7}{997}\right)=\left(\frac{997}{7}\right)=\left(\frac{3}{7}\right)=-\left(\frac{7}{3}\right)=-\left(\frac{1}{3}\right)=-1$이므로 $\left(\frac{217}{997}\right)=-1$이다. 따라서 합동식은 해를 갖지 않는다.

6. $\left(\frac{-2}{p}\right)=\left(\frac{-1}{p}\right)\left(\frac{2}{p}\right)=1 \Leftrightarrow \left(\frac{-1}{p}\right)=\left(\frac{2}{p}\right)=1$ 또는 $\left(\frac{-1}{p}\right)=\left(\frac{2}{p}\right)=-1$이다. 한편, $\left(\frac{-1}{p}\right)=\left(\frac{2}{p}\right)=1 \Leftrightarrow \left(\frac{-1}{p}\right)=1$이고 $\left(\frac{2}{p}\right)=1 \Leftrightarrow p\equiv 1 \bmod 4$이고 $p\equiv \pm 1 \bmod 8$ $\Leftrightarrow p\equiv 1 \bmod 8$이고, $\left(\frac{-1}{p}\right)=\left(\frac{2}{p}\right)=-1 \Leftrightarrow \left(\frac{-1}{p}\right)=-1$이고 $\left(\frac{2}{p}\right)=-1$ $\Leftrightarrow p\equiv 3 \bmod 4$이고 $p\equiv \pm 3 \bmod 8 \Leftrightarrow p\equiv 3 \bmod 8$이다. 그러므로 $\left(\frac{-2}{p}\right)=1$ $\Leftrightarrow p\equiv 1 \bmod 8$ 또는 $p\equiv 3 \bmod 8$이다.

7. (1) $\left(\frac{3}{p}\right)=(-1)^{\frac{p-1}{2}}\left(\frac{p}{3}\right)$이므로 $\left(\frac{3}{p}\right)=1 \Leftrightarrow (-1)^{\frac{p-1}{2}}=\left(\frac{p}{3}\right)=1$ 또는 $(-1)^{\frac{p-1}{2}}$ $=\left(\frac{p}{3}\right)=-1$이다. 한편, $(-1)^{\frac{p-1}{2}}=\left(\frac{p}{3}\right)=1 \Leftrightarrow p\equiv 1 \bmod 4$이고 $p\equiv 1 \bmod 3$ $\Leftrightarrow p\equiv 1 \bmod 12$이다. 또, $(-1)^{\frac{p-1}{2}}=\left(\frac{p}{3}\right)=-1 \Leftrightarrow p\equiv -1 \bmod 4$이고 $p\equiv -1 \bmod 3 \Leftrightarrow p\equiv -1 \bmod 12$이다. 따라서 $\left(\frac{3}{p}\right)=1 \Leftrightarrow p\equiv \pm 1 \bmod 12$ 이다.

(2) $\left(\frac{-3}{p}\right)=\left(\frac{-1}{p}\right)\left(\frac{3}{p}\right)=(-1)^{\frac{p-1}{2}}(-1)^{\frac{p-1}{2}}\left(\frac{p}{3}\right)=\left(\frac{p}{3}\right)$이므로 $\left(\frac{-3}{p}\right)=1 \Leftrightarrow$ $\left(\frac{p}{3}\right)=1 \Leftrightarrow p\equiv 1 \bmod 3$이고 $p\equiv 1 \bmod 2$ (p는 홀수인 소수) $\Leftrightarrow p\equiv 1 \bmod 6$ 이다.

연습문제 5.2

1. (1) 107은 소수이고 $\left(\frac{11}{107}\right)=-\left(\frac{107}{11}\right)=-\left(\frac{8}{11}\right)=-\left(\frac{2}{11}\right)=1$이므로 해가 2개이다.

   (2) $x^2\equiv 11 \bmod 143 \Leftrightarrow x^2\equiv 11 \bmod 11\equiv 0 \bmod 11$이고 $x^2\equiv 11 \bmod 13$이다.

   한편, $\left(\frac{11}{13}\right)=\left(\frac{13}{11}\right)=\left(\frac{2}{11}\right)=-1$이므로 $x^2\equiv 11 \bmod 13$은 해를 갖지 않는다.

   따라서 $x^2\equiv 11 \bmod 143$는 해를 갖지 않는다. 해를 갖지 않는다.

   (3) $x^2\equiv -1 \pmod{13\cdot 17} \Leftrightarrow x^2\equiv -1 \bmod 13$이고 $x^2\equiv -1 \bmod 17$이다. 한편, $\left(\frac{-1}{13}\right)=\left(\frac{-1}{17}\right)=1$이므로 $x^2\equiv -1 \bmod 13$이고 $x^2\equiv -1 \bmod 17$는 각각 2개의 해를 가진다. 따라서 중국인의 나머지 정리에 의하여

   $x^2\equiv -1 \pmod{13\cdot 17}$는 4개의 해를 가진다.

   (4) $x^2\equiv 1 \pmod{11\cdot 13\cdot 17} \Leftrightarrow x^2\equiv 1 \bmod 11,\ x^2\equiv 1 \bmod 13,\ x^2\equiv 1 \bmod 17$이므로 중국인의 나머지 정리에 의하여 8개의 해를 가진다.

2. $19635=3\cdot 5\cdot 7\cdot 11\cdot 17$이므로 $|\mathbb{Z}^*_{19635}|=\varphi(19635)=2\cdot 4\cdot 6\cdot 10\cdot 16=2^9\cdot 3\cdot 5$이다.

   한편 이차잉여의 개수는 $\frac{2^9\cdot 3\cdot 5}{2^5}=240$이다.

3. $x^2\equiv 860 \bmod 11021 \Leftrightarrow x^2\equiv 860 \bmod 103$이고 $x^2\equiv 860 \bmod 107 \Leftrightarrow x^2\equiv$ $36 \bmod 103$이고 $x^2\equiv 4 \bmod 107 \Leftrightarrow x\equiv \pm 6 \bmod 103$이고 $x\equiv \pm 2 \bmod 107$이다. 여기에서 중국인의 나머지 정리를 이용하기 위하여 M_i와 N_i를 구한다. 먼저, $M_1=107$이므로 $107N_1\equiv 1 \bmod 103$ 또는 $4N_1\equiv 1 \bmod 103$이다. 따라서 $N_1=26$이다. 또한, $M_2=103$이므로 $103N_2\equiv 1 \bmod 107$ 또는 $4N_2\equiv -1 \bmod 107$이다. 따라서 $N_2=80$이다. 따라서

$$x\equiv 6\cdot 107\cdot 26+2\cdot 103\cdot 80\equiv 109 \bmod 11021,$$
$$x\equiv 6\cdot 107\cdot 26-2\cdot 103\cdot 80\equiv 212 \bmod 11021$$
$$x\equiv -6\cdot 107\cdot 26+2\cdot 103\cdot 80\equiv 10809 \bmod 11021$$

$$x \equiv -6 \cdot 107 \cdot 26 - 2 \cdot 103 \cdot 80 \equiv 10912 \bmod 11021$$

연습문제 5.3

1. (1) $4389^2 = 19263321 \equiv 100 \bmod 12533$이므로 4389는 합동식의 해이다.

   (2) $4389^2 \equiv 10^2 \bmod 12533$이므로 $(4389-10,\ 12533) = 151$이고 $(4389+10,\ 12533) = 83$이다. 따라서 $12533 = 83 \cdot 151$이다.

   (3) $x^2 \equiv 25 \bmod 12533 \Leftrightarrow x^2 \equiv 25 \bmod 83$이고 $x^2 \equiv 25 \bmod 151 \Leftrightarrow x \equiv \pm 5 \bmod 83$이고 $x \equiv \pm 5 \bmod 151$이다. 여기에서 중국인의 나머지 정리를 이용하기 위하여 M_i와 N_i를 구한다. 먼저, $M_1 = 151$이므로 $151N_1 \equiv 1 \bmod 83$ 또는 $68N_1 \equiv 1 \bmod 83$이다. 따라서 $N_1 = 11$이다.
   또한, $M_2 = 83$이므로 $83N_2 \equiv 1 \bmod 151$이다. 따라서 $N_2 = 131$이다. 따라서

$$x \equiv 5 \cdot 151 \cdot 11 + 5 \cdot 83 \cdot 131 \equiv 5 \bmod 12533,$$
$$x \equiv 5 \cdot 151 \cdot 11 - 5 \cdot 83 \cdot 131 \equiv 8461 \bmod 12533,$$
$$x \equiv -5 \cdot 151 \cdot 11 + 5 \cdot 83 \cdot 131 \equiv 4072 \bmod 12533,$$
$$x \equiv -5 \cdot 151 \cdot 11 - 5 \cdot 83 \cdot 131 \equiv 12528 \bmod 12533$$

2. 암호화함수는 $C = P(P+7) \bmod 437$이고 평문 ATTACK에 대응되는 숫자는 1, 20, 20, 1, 3, 11이므로 암호화함수에 대입하면, 8, 103, 103, 8, 30, 198이다. 역으로, 암호문이 008, 060, 013, 103, 253이고 복호함수는 $D(C) = \sqrt{\frac{49}{4} + C} - \frac{7}{2} \equiv \sqrt{340 + C} - 222 \bmod 437$이다.
   $C = 8$: $\sqrt{348}$을 구하려면 $x^2 \equiv 348 \bmod 437$을 구하여야 한다. 즉, $x^2 \equiv 6 \bmod 19$이고 $x^2 \equiv 3 \bmod 23$이다. $x \equiv \pm 5 \bmod 19$이고 $x \equiv \pm 7 \bmod 23$이다.
   따라서, $23N_1 \equiv 1 \bmod 19$에서 $4N_1 \equiv 1 \bmod 19$이고 $N_1 = 5$이다. 또, $19N_2 \equiv 1 \bmod 23$에서 $4N_1 \equiv -1 \bmod 23$이고 $N_1 = 17$이다. 그러므로

$$x \equiv 5 \cdot 23 \cdot 5 + 7 \cdot 19 \cdot 17 \equiv 214 \bmod 437\text{에서 } D(1) \equiv 429 \bmod 437$$
$$x \equiv 5 \cdot 23 \cdot 5 - 7 \cdot 19 \cdot 17 \equiv 23 \bmod 437\text{에서 } D(1) \equiv 238 \bmod 437$$
$$x \equiv -5 \cdot 23 \cdot 5 + 7 \cdot 19 \cdot 17 \equiv 414 \bmod 437\text{에서 } D(1) \equiv 192 \bmod 437$$

$$x \equiv -5 \cdot 23 \cdot 5 - 7 \cdot 19 \cdot 17 \equiv 223 \bmod 437\text{에서 } D(1) \equiv 1 \bmod 437$$

따라서 8에 대한 평문은 1에 대응되는 A이다.
같은 방법으로, 201, 330, 144, 044에 대응되는 평문을 각각 구하면 V, O, I, D 이므로 평문은 AVOID이다.

연습문제 5.4

1. (1) $\left(\dfrac{5}{1463}\right)=\left(\dfrac{5}{7\cdot 11\cdot 19}\right)=\left(\dfrac{5}{7}\right)\left(\dfrac{5}{11}\right)\left(\dfrac{5}{19}\right)=-1$

(왜냐하면, $\left(\dfrac{5}{7}\right)=\left(\dfrac{7}{5}\right)=\left(\dfrac{2}{5}\right)=-1$, $\left(\dfrac{5}{11}\right)=\left(\dfrac{11}{5}\right)=\left(\dfrac{1}{5}\right)=1$이고

$\left(\dfrac{5}{19}\right)=\left(\dfrac{19}{5}\right)=\left(\dfrac{4}{5}\right)=1$)

(2) $\left(\dfrac{45}{1463}\right)=\left(\dfrac{3}{1463}\right)^2\left(\dfrac{5}{1463}\right)=-1$

2. 홀수 n의 표준분해를 $n=p_1^{e_1}p_2^{e_2}\cdots p_r^{e_r}$이라 하자.

(1) 임의의 홀수인 소수 p에 대하여 $\left(\dfrac{1}{p}\right)=1$이므로 정의에 의하여

$\left(\dfrac{1}{n}\right)=\left(\dfrac{1}{p_1^{e_1}p_2^{e_2}\cdots p_r^{e_r}}\right)=\left(\dfrac{1}{p_1}\right)^{e_1}\left(\dfrac{1}{p_2}\right)^{e_2}\cdots\left(\dfrac{1}{p_1}\right)^{e_r}=1$이다.

(2) 홀수인 소수 p에 대하여 $a \equiv b \bmod p$이면 $\left(\dfrac{a}{p}\right)=\left(\dfrac{b}{p}\right)$이므로 정의에 의하여

$$\begin{aligned}\left(\frac{a}{n}\right)&=\left(\frac{a}{p_1^{e_1}p_2^{e_2}\cdots p_r^{e_r}}\right)\\&=\left(\frac{a}{p_1}\right)^{e_1}\left(\frac{a}{p_2}\right)^{e_2}\cdots\left(\frac{a}{p_r}\right)^{e_r}\\&=\left(\frac{b}{p_1}\right)^{e_1}\left(\frac{b}{p_2}\right)^{e_2}\cdots\left(\frac{b}{p_r}\right)^{e_r}\end{aligned}$$

$$=\left(\frac{b}{p_1^{e_1}p_2^{e_2}\cdots p_r^{e_r}}\right)$$

$$=\left(\frac{b}{n}\right)$$

(3) $\left(\frac{ab}{n}\right)=\left(\frac{ab}{p_1^{e_1}p_2^{e_2}\cdots p_r^{e_r}}\right)$

$$=\left(\frac{ab}{p_1}\right)^{e_1}\left(\frac{ab}{p_2}\right)^{e_2}\cdots\left(\frac{ab}{p_r}\right)^{e_r}$$

$$=\left(\frac{a}{p_1}\right)^{e_1}\left(\frac{a}{p_2}\right)^{e_2}\cdots\left(\frac{a}{p_r}\right)^{e_r}\left(\frac{b}{p_1}\right)^{e_1}\left(\frac{b}{p_2}\right)^{e_2}\cdots\left(\frac{b}{p_r}\right)^{e_r}$$

$$=\left(\frac{a}{p_1^{e_1}p_2^{e_2}\cdots p_r^{e_r}}\right)\left(\frac{b}{p_1^{e_1}p_2^{e_2}\cdots p_r^{e_r}}\right)$$

$$=\left(\frac{a}{n}\right)\left(\frac{b}{n}\right)$$

$\left(\frac{a^2}{n}\right)=\left(\frac{a}{n}\right)^2=1$이고 $\left(\frac{a^2b}{n}\right)=\left(\frac{a}{n}\right)^2\left(\frac{b}{n}\right)=\left(\frac{b}{n}\right)$

3. 홀수 r_1, r_2에 대하여 r_1^2-1, r_2^2-1은 4의 배수이므로 $(r_1^2-1)(r_2^2-1)\equiv 0 \bmod 16$이다. 따라서 $r_1^2r_2^2-r_1^2-r_2^2+1\equiv 0 \bmod 16$ 또는 $r_1^2r_2^2-1\equiv r_1^2-1+r_2^2-1 \bmod 16$이므로 $\frac{r_1^2r_2^2-1}{8}\equiv\frac{r_1^2-1}{8}+\frac{r_2^2-1}{8} \bmod 2$이다. 따라서

$$\frac{r_1^2r_2^2\cdots r_k^2-1}{8}\equiv\frac{r_1^2-1}{8}+\frac{r_2^2-1}{8}+\cdots+\frac{r_k^2-1}{8} \bmod 2$$

이 성립한다면,

$$\frac{r_1^2r_2^2\cdots r_k^2r_{k+1}^2-1}{8}\equiv\frac{(r_1^2r_2^2\cdots r_k^2)r_{k+1}^2-1}{8}$$

$$\equiv\frac{(r_1^2r_2^2\cdots r_k^2-1)}{8}+\frac{r_{k+1}^2-1}{8} \bmod 2$$

$$\equiv\left(\frac{r_1^2-1}{8}+\frac{r_2^2-1}{8}+\cdots+\frac{r_k^2-1}{8}\right)+\frac{r_{k+1}^2-1}{8} \bmod 2$$

이므로 수학적 귀납법에 의하여 정리 5.4.2의 (2)가 성립한다.

4. (1) $\left(\frac{-1}{n}\right)=1 \Leftrightarrow (-1)^{\frac{n-1}{2}}=1 \Leftrightarrow \frac{n-1}{2}\equiv 0 \bmod 2 \Leftrightarrow n\equiv 1 \bmod 4$

$\left(\frac{-1}{n}\right)=-1 \Leftrightarrow (-1)^{\frac{n-1}{2}}=-1 \Leftrightarrow \frac{n-1}{2}\equiv 1 \bmod 2 \Leftrightarrow n\equiv 3 \bmod 4$

(2) $\left(\frac{2}{n}\right)=1 \Leftrightarrow (-1)^{\frac{n^2-1}{8}}=1 \Leftrightarrow n^2-1\equiv 0 \bmod 16 \Leftrightarrow n\equiv \pm 1 \bmod 8$

$\left(\frac{2}{n}\right)=-1 \Leftrightarrow (-1)^{\frac{n^2-1}{8}}=-1 \Leftrightarrow n^2-1\equiv 8 \bmod 16 \Leftrightarrow n\equiv \pm 3 \bmod 8$

5. (1) $143\equiv 7 \bmod 8$이므로 $\left(\frac{2}{143}\right)=1$이다.

(2) $x^2\equiv 2 \bmod 143 \Leftrightarrow x^2\equiv 2 \bmod 11$이고 $x^2\equiv 2 \bmod 13$이다.

한편, $\left(\frac{2}{11}\right)=-1=\left(\frac{2}{13}\right)$이므로 $x^2\equiv 2 \bmod 11$와 $x^2\equiv 2 \bmod 13$는 해를 갖지 않는다. 따라서 $x^2\equiv 2 \bmod 143$는 해를 갖지 않는다.

6. (1) $\left(\frac{82}{143}\right)=\left(\frac{2}{143}\right)\left(\frac{41}{143}\right)=\left(\frac{143}{41}\right)=\left(\frac{20}{41}\right)=\left(\frac{2}{41}\right)^2\left(\frac{5}{41}\right)=\left(\frac{41}{5}\right)=\left(\frac{1}{5}\right)=1$

(2) $\left(\frac{82}{11}\right)=\left(\frac{5}{11}\right)=\left(\frac{11}{5}\right)=\left(\frac{1}{5}\right)=1$이고 $\left(\frac{82}{13}\right)=\left(\frac{4}{13}\right)=\left(\frac{2}{13}\right)^2=1$이므로 해를 가진다. 즉, $x^2\equiv 82 \bmod 11 \Leftrightarrow x^2\equiv 5 \bmod 11 \Leftrightarrow x\equiv \pm 4 \bmod 11$이고 $x^2\equiv 82 \bmod 13 \Leftrightarrow x^2\equiv 4 \bmod 13 \Leftrightarrow x\equiv \pm 2 \bmod 13$이다. 한편, $13N_1\equiv 1 \bmod 11$으로부터 $2N_1\equiv 1 \bmod 11$이고 $N_1=6$이다. 또 $11N_2\equiv 1 \bmod 13$으로부터 $2N_2\equiv -1 \bmod 13$이고 $N_2=6$이다. 그러므로

$$x\equiv 4\cdot 13\cdot 6+2\cdot 11\cdot 6\equiv 15 \bmod 143,$$
$$x\equiv 4\cdot 13\cdot 6-2\cdot 11\cdot 6\equiv 37 \bmod 143,$$

$$x \equiv -4 \cdot 13 \cdot 6 + 2 \cdot 11 \cdot 6 \equiv 106 \bmod 143,$$
$$x \equiv -4 \cdot 13 \cdot 6 - 2 \cdot 11 \cdot 6 \equiv 128 \bmod 143$$

7. $\left(\frac{45}{1463}\right)=\left(\frac{1463}{45}\right)=\left(\frac{23}{45}\right)=\left(\frac{45}{23}\right)=\left(\frac{-1}{23}\right)=-1$

제6장

연습문제 6.1

1. (1) $a_0=\left[\frac{59}{17}\right]=3$이고 $x_0=\frac{59}{17}-3=\frac{8}{17}$, $a_1=\left[\frac{17}{8}\right]=2$이고

$x_1=\frac{17}{8}-2=\frac{1}{8}$, $a_2=\left[\frac{8}{1}\right]=8$이고 $x_2=0$이므로

$\frac{59}{17}=3+\cfrac{1}{2+\cfrac{1}{8}}$ 또는 $\frac{59}{17}=\langle 3\,;\,2,\ 8\rangle$이다.

(2) 같은 방법으로 $\frac{73}{291}=\cfrac{1}{3+\cfrac{1}{1+\cfrac{1}{72}}}$ 또는 $\frac{73}{291}=\langle 0\,;\,3,\ 1,\ 72\rangle$이다.

2. (1)

i	-2	-1	0	1	2	3	4	5
a_i			2	3	1	3	5	2
h_i	0	1	2	7	9	34	179	392
k_i	1	0	1	3	4	15	79	173

로부터 $\frac{392}{173}$

(2)

i	-2	-1	0	1	2	3	4
a_i			1	2	3	4	5
h_i	0	1	1	3	10	43	225
k_i	1	0	1	2	7	30	157

로부터 $\frac{225}{157}$

3. (1) 양의 정수 b에 대하여 $\frac{1}{a_1} > \frac{1}{a_1+b}$이므로 $a_0+\frac{1}{a_1} > a_0+\frac{1}{a_1+b}$이다.

(2) 위의 (1)결과에 의하여 $a_0+\cfrac{1}{a_1+\cfrac{1}{a_2}} < a_0+\cfrac{1}{a_1+\cfrac{1}{a_2+b}}$이다.

4. $h_ik_{i-2}-h_{i-2}k_i=(a_ih_{i-1}+h_{i-2})k_{i-2}-h_{i-2}(a_ik_{i-1}+k_{i-2})$

$=a_i(h_{i-1}k_{i-2}-h_{i-2}k_{i-1})$

$=a_i(-1)^i$ (정리 6.1.5의 (2)에 의하여)

5. (1) 연분수$\langle 1;1,\ 1,\ 1,\ \cdots\rangle$을 x라 놓으면 $x=1+\frac{1}{x}$, $x>0$이다. 따라서

$x^2-x-1=0$이고 $x=\frac{1\pm\sqrt{5}}{2}$이다. 그러므로 $x=\frac{1+\sqrt{5}}{2}$이다.

(2) 주어진 비례식으로부터 $x(x-1)=1$과 $x>0$으로부터 $x=\frac{1+\sqrt{5}}{2}$이다.

(3)

i	-2	-1	0	1	2	3	4	$\cdots$	$n-2$	$n-1$	n
a_i			1	1	1	1	1	$\cdots$	1	1	1
h_i	0	1	1	2	3	5	8	$\cdots$	h_{n-2}	h_{n-1}	h_n

으로부터 $h_n=h_{n-2}+h_{n-1}$이다.

6. (1) $a_0=[\sqrt{2}-1]=0,\ x_0=\sqrt{2}-1$이므로

$a_1=\left[\frac{1}{\sqrt{2}-1}\right]=[\sqrt{2}+1]=2,\ x_1=\sqrt{2}-1=x_0$이다.

따라서 $a_2=a_1,\ x_2=x_1\cdots$이다. 따라서 $\sqrt{2}-1=\langle 0;2,\ 2,\ \cdots\rangle$이다.

(2) $a_0=\left[\frac{\sqrt{2}+1}{2}\right]=1,\ x_0=\frac{\sqrt{2}-1}{2}$이므로

$a_1=\left[\frac{2}{\sqrt{2}-1}\right]=[2(\sqrt{2}+1)]=4,\ x_1=2(\sqrt{2}-1)$이다. 이 과정을 계속 반복하면, $a_2=\left[\frac{1}{2(\sqrt{2}-1)}\right]=\left[(\frac{\sqrt{2}+1)}{2}\right]=a_0=1,\ x_2=x_0$이다.

따라서 $\dfrac{(\sqrt{2}+1)}{2}=\langle 1\,;4,\ 1,\ 4,\ \cdots\rangle$이다.

7. (1) $\langle 3\,;1,\ 2,\ 1,\ 2,\ \cdots\rangle$을 구하기 위하여 $\langle 1\,;2,\ 1,\ 2,\ \cdots\rangle=x$라 놓으면

$x>0$이고 $x=\langle 1\,;2,\ x\rangle=1+\dfrac{1}{2+\dfrac{1}{x}}=1+\dfrac{x}{2x+1}$이다.

정리하면, $2x^2-2x-1=0$이므로 $x=\dfrac{1+\sqrt{3}}{2}$이다.

따라서 $\langle 3\,;1,\ 2,\ 1,\ 2,\ \cdots\rangle=3+\dfrac{2}{1+\sqrt{3}}=2+\sqrt{3}$이다.

(2) $\langle 3\,;2,\ 1,\ 2,\ 1,\ \cdots\rangle$을 구하기 위하여 $\langle 2\,;1,\ 2,\ 1,\ \cdots\rangle=x$라 놓으면

$x>0$이고 $x=\langle 2\,;1,\ x\rangle=2+\dfrac{1}{1+\dfrac{1}{x}}=2+\dfrac{x}{x+1}$이다.

정리하면, $x^2-2x-2=0$이므로 $x=1+\sqrt{3}$이다.

따라서 $\langle 3\,;1,\ 2,\ 1,\ 2,\ \cdots\rangle=3+\dfrac{1}{1+\sqrt{3}}=\dfrac{5+\sqrt{3}}{2}$이다.

연습문제 6.2

1. 정리 6.1.5의 (2)를 이용하면

$$\begin{aligned} h_nk_{n+1}-h_{n+1}k_n &= (-1)\{h_{n+1}k_n-h_nk_{n+1}\}=(-1)(-1)^{n+2} \\ &= (-1)^{n+3}=(-1)^{n+1} \end{aligned}$$

이다.

2. $n\geq 1$일 때, $\left|\xi-\dfrac{a}{b}\right|<|\xi-u_n|$이면, $k_n\leq b$을 증명하기 위하여 $b<k_n$이라고 가정하자. 그러면, 가정에 의하여 $0<b<k_n$이므로 부등식 $\left|\xi-\dfrac{a}{b}\right|<|\xi-u_n|$의 좌변과 우변에 각각 $b,\ k_n$을 곱하면 $|b\xi-a|<|k_n\xi-h_n|$이 성립한다. 정리 6.2.2의 (1)에 의하여 $k_{n+1}\leq b$이다. 한편, $n\geq 1$일 때, $k_n<k_{n+1}$이므로 $k_n<$

$k_{n+1} \leq b$로 되어 모순이 생긴다. 따라서 (2)가 성립한다.

3. $a_0 = [e] = 2$이고

$$x_0 = e-2, \qquad a_1 = \left[\frac{1}{e-2}\right] = 1 \text{이고}$$

$$x_1 = \frac{1}{e-2} - 1 = \frac{3-e}{e-2}, \qquad a_2 = \left[\frac{e-2}{3-e}\right] = 2 \text{이고}$$

$$x_2 = \frac{e-2}{3-e} - 2 = \frac{3e-8}{3-e}, \qquad a_3 = \left[\frac{3-e}{3e-8}\right] = 1 \text{이고}$$

$$x_3 = \frac{3-e}{3e-8} - 1 = \frac{11-4e}{3e-8}, \qquad a_4 = \left[\frac{3e-8}{11-4e}\right] = 1 \text{이고}$$

$$x_4 = \frac{3e-8}{11-4e} - 1 = \frac{7e-19}{11-4e}, \qquad a_5 = \left[\frac{11-4e}{7e-19}\right] = 4$$

$$\vdots \qquad\qquad \vdots$$

이다. 따라서 $\langle 2\,;\,1,\ 2,\ 1,\ 1,\ 4,\ \cdots\rangle$로부터 표를 만들면

i	-2	-1	0	1	2	3	4	5
a_i			2	1	2	1	1	4
h_i	0	1	2	3	8	11	19	87
k_i	1	0	1	1	3	4	7	32

이므로 $u_2 = \frac{8}{3}$, $u_3 = \frac{11}{4}$이고 $u_4 = \frac{19}{7}$이다.

4. $a_0 = [\sqrt{3}] = 1$이고

$$x_0 = \sqrt{3}-1, \qquad a_1 = \left[\frac{1}{\sqrt{3}-1}\right] = \left[\frac{\sqrt{3}+1}{2}\right] = 1 \text{이고}$$

$$x_1 = \frac{\sqrt{3}+1}{2} - 1 = \frac{\sqrt{3}-1}{2}, \qquad a_2 = \left[\frac{2}{\sqrt{3}-1}\right] = [\sqrt{3}+1] = 2$$

$$x_2 = \sqrt{3}-1 = x_0, \qquad a_3 = \left[\frac{1}{x_2}\right] = 1 = a_1 \text{이고}$$

$x_3 = x_1$, $\qquad\qquad a_4 = a_2 = 2$

$\vdots \qquad\qquad\qquad \vdots$

이다. 따라서 $\langle 1\,;\,1,\ 2,\ 1,\ 2,\ 1,\ 2,\ \cdots\rangle$로부터 표를 만들면

i	-2	-1	0	1	2	3	4	5	6	7	8	9
a_i			1	1	2	1	2	1	2	1	2	1
h_i	0	1	1	2	5	7	19	26	71	97	265	362
k_i	1	0	1	1	3	4	11	15	41	56	153	209

으로부터 $u_9 = \dfrac{362}{209} = 1.732057\cdots$가 되어 소수 5자리까지 얻을 수 있다.

연습문제 6.3

1. (1) $(\Leftarrow)$ 분명하다.

$(\Rightarrow)$ $u \neq 0$이라 하면, $v \neq 0$이다. 따라서 $\sqrt{d} = \dfrac{-u}{v}$이다. 그러나 좌변은 무리수이고 우변은 유리수가 되어 모순이다.

(2) $(\Leftarrow)$ 분명하다.

$(\Rightarrow)$ $u + v\sqrt{d} = u' + v'\sqrt{d}$이면, $(u-u') + (v-v')\sqrt{d} = 0$이다. 따라서 (1)에 의하여 $u-u'=0$이고 $v-v'=0$이다. 그러므로 $u=u'$이고 $v=v'$이다.

(3) 모든 유리수 u는 $u = u + 0\cdot\sqrt{d}$이므로 u는 $\mathbb{Q}(\sqrt{d})$의 원소이다. 따라서 $\mathbb{Q} \subseteq \mathbb{Q}(\sqrt{d})$이다.

2. $\langle \bar{2} \rangle = \sqrt{2} + 1$이고 $\langle 1\,;\,\bar{2} \rangle = \sqrt{2}$이다.

실제로, $\langle 1\,;\,\bar{2}\rangle = 1 + \dfrac{1}{\langle \bar{2} \rangle} = 1 + \dfrac{1}{\sqrt{2}+1} = \sqrt{2}$이다.

3. $\langle 1\,;\,\overline{1,\ 2}\rangle = \xi$이므로 $1 + \dfrac{1}{\langle \overline{1\,;\,2} \rangle} = \xi$

(1) $\langle a+1\,;\,\overline{1,\ 2}\rangle = a + 1 + \dfrac{1}{\langle \overline{1\,;\,2}\rangle} = a + \xi$이다.

(2) $\xi-1=\dfrac{1}{\langle\overline{1\,;2}\rangle}=\langle 0\,;\overline{1,\ 2}\rangle$

4. $\langle\overline{1\,;2,\ 3}\rangle=x$라고 놓으면, $x=1+\cfrac{1}{2+\cfrac{1}{3+\cfrac{1}{x}}}=1+\dfrac{3x+1}{7x+2}$이다. 따라서

$7x^2-8x-3=0$이고 $x>0$이므로 $x=\dfrac{4+\sqrt{37}}{7}$이다.

(1) $\langle 1\,;2,\ x\rangle=1+\cfrac{1}{2+\cfrac{1}{x}}=1+\cfrac{1}{2+\cfrac{7}{4+\sqrt{37}}}=\dfrac{\sqrt{37}+9}{11}$

(2) $\langle 2\,;1,\ x\rangle=2+\cfrac{1}{1+\cfrac{1}{x}}=2+\cfrac{1}{1+\cfrac{7}{4+\sqrt{37}}}=\dfrac{\sqrt{37}+25}{12}$

5. (1) $\langle 6\,;\overline{1,\ 1,\ 1,\ 1,\ 6}\rangle=\langle\overline{6\,;1,\ 1,\ 1,\ 1}\rangle$

(2) $\langle 4\,;\overline{8}\rangle$ (3) $\langle 3\,;\overline{6,\ 3}\rangle$

(4) $\langle 4\,;\overline{6,\ 3}\rangle$

6. (1) $\langle\overline{d}\rangle=x$라고 하면, $x>0$이고 $x=d+\dfrac{1}{x}$이다. 따라서 $x^2-dx-1=0$이므로 $x=\dfrac{d+\sqrt{d^2+4}}{2}$이다.

(2) $d=2a$를 (1)의 결과에 대입하면,

$\langle a\,;\overline{2a}\rangle=a+\dfrac{1}{\langle\overline{2a}\rangle}=a+\dfrac{2}{2a+\sqrt{4d^2+4}}=a+\dfrac{1}{a+\sqrt{a^2+1}}=\sqrt{a^2+1}$

이다.

7. (1) $\sqrt{2}=\sqrt{1^2+1}=\langle 1\,;\overline{2}\rangle$

(2) $\sqrt{26}=\sqrt{5^2+1}=\langle 5\,;\overline{10}\rangle$

(3) $\sqrt{3026}=\sqrt{55^2+1}=\langle 55\ ;\ \overline{110}\rangle\langle 55\ ;\ \overline{110}\rangle$

8. 이차무리수 ξ가 $\xi>1$과 $-1<\bar{\xi}<0$을 만족한다고 가정하자. 이때,

$$\xi_0=\xi,\ a_0=[\xi_0]=1\text{이고 } \xi_{i+1}=\frac{1}{\xi_i-a_i},\ a_{i+1}=[\xi_{i+1}]=1\ (i\geq 0)$$

이라고 하면, $\xi=\langle a_0\ ;\ a_1,\ a_2,\ \cdots,\ a_n,\ \cdots\rangle$이다. 가정에서 $\xi>1$이므로 $a_0\geq 1$이므로 $a_0,\ a_1,\ \cdots,\ a_n,\ \cdots$은 모두 양의 정수이다. 이제 $-1<\bar{\xi}=\bar{\xi}_0<0$을 이용하여 임의의 $i\ (\geq 0)$에 대하여 $-1<\bar{\xi}_i<0$임을 수학적 귀납법을 이용하여 증명한다. 즉, $-1<\bar{\xi}_i<0$을 가정하면, $\frac{1}{\xi_{i+1}}=\xi_i-a_i$이므로 $\frac{1}{\bar{\xi}_{i+1}}=\bar{\xi}_i-a_i$이다. 한편, $a_i\geq 1$이므로 $\frac{1}{\bar{\xi}_{i+1}}=\bar{\xi}_i-a_i<-1$이고 $-1<\bar{\xi}_{i+1}<0$이다. 특히, 임의의 $i\ (\geq 0)$에 대하여 $-\frac{1}{\bar{\xi}_{i+1}}>-1$이고 $-\frac{1}{\bar{\xi}_{i+1}}-a_i=-\bar{\xi}_i$이므로

$$0<-\frac{1}{\bar{\xi}_{i+1}}-a_i=-\bar{\xi}_i<1,\ a_i=\left[-\frac{1}{\bar{\xi}_{i+1}}\right]\ (i\geq 0)$$

이다. 한편, ξ는 2차 무리수이므로 순환단순연분수이고 적당한 정수 $j,\ k\ (k>j\geq 0)$가 존재하여 $\xi_j=\xi_k$이고 $\bar{\xi}_j=\bar{\xi}_k$이다. 또한, $j\geq 1$일 때 $a_{j-1}=\left[-\frac{1}{\bar{\xi}_j}\right]=\left[-\frac{1}{\bar{\xi}_k}\right]=a_{k-1}$이고 $x_{j-1}=\xi_{k-1}$이다. 같은 방법으로 계속하면 $\xi_0=\xi_{k-j}$이므로 $\xi=\langle a_0\ ;\ a_1,\ \cdots,\ a_{k-j-1},\ \xi_{k-j}\rangle=\langle a_0\ ;\ a_1,\ \cdots,\ a_{k-j-1},\ \xi_0\rangle$
$=\langle\overline{a_0\ ;\ a_1,\ \cdots,\ a_{k-j-1}}\rangle$이다.

역으로, $\xi=\langle\overline{a_0\ ;\ a_1,\ \cdots,\ a_{r-1}}\rangle,\ r\geq 1$이라고 가정하자. 먼저 $a_0=a_r$이므로 $a_0\geq 1$이고 $i>1$이다. 한편, ξ의 제 i 근사분수를 $u_i=\frac{h_i}{k_i}$라고 하면 $\xi=\langle\overline{a_0\ ;\ a_1,\ \cdots,\ a_{r-1}}\rangle=\langle a_0\ ;\ a_1,\ \cdots,\ a_{r-1},\ \xi\rangle=\frac{\xi h_{r-1}+h_{r-2}}{\xi k_{r-1}+k_{r-2}}$이다. 이 식을 정리하면 $k_{r-1}\xi^2+(k_{r-2}-h_{r-1})\xi-h_{r-2}=0$이고 ξ는 이차방정식 $k_{r-1}x^2+(k_{r-2}$

$-h_{r-1})x-h_{r-2}=0$의 근이다. 즉, ξ와 $\bar{\xi}$는 $f(x)=k_{r-1}x^2+(k_{r-2}-h_{r-1})x-h_{r-2}=0$의 근이다. 또한 a_0, a_1, $\cdots$, a_{r-1}은 모두 양의 정수이므로 정의에 의하여

$$1=h_1 \leq h_0 < h_1 < h_2 < \cdots \quad k_{-2}=1,\ k_{-1}=0, \quad 1=k_0 \leq k_1 < k_2 < \cdots$$

이다. 따라서 $f(0)=-h_{r-2}<0$이고 $f(-1)=k_{r-1}-k_{r-2}+h_{r-1}-h_{r-2}>0$이므로 이차방정식의 한 근은 -1과 0사이에 있다. 한편, $\xi>1$이므로 $\bar{\xi}$가 -1과 0 사이에 있다. 즉, $\xi>1$이고 $-1<\bar{\xi}<0$이다.

연습문제 6.4

1. (1)

i	0	1	2	3	4	5	6	7	8
a_i	133	1	2	4	2	3	1	2	1
b_i mod n	133	134	401	1738	3877	13369	17246	12115	11488
b_i^2 mod n	−184	83	−56	107	17809	161	17796	149	17785
인수분해	$(-1)2^3 23$		$(-1)2^3 7$		$(-1)2^6$	$7\cdot 23$	$(-1)7\cdot 11$		$(-1)2^3 11$

(2) 401, 3877, 17246, 11488이다.

(3) $401\cdot 3877\cdot 17246\cdot 11488 \equiv 7272 \bmod 17873$이고 $2^6\cdot 7\cdot 11 \equiv 4928 \bmod 17873$이다. 따라서 $(7272-4928,\ 17873)=293$이고 $(7272+4928,\ 17873)=61$이다. 따라서 $17873=61\cdot 293$이다.

찾아보기

저자 약력

이 민 섭

서울대학교 사범대학 수학과
서강대학교 대학원 수학과 (이학석사)
University of Alabama 대학원 (Ph.D)
Queensland University of Technology (Australia)
ISRC 방문연구원(1992.12~1994.2)
단국대학교 수학과 교수 (1980.3~현재)
단국대학교 첨단과학대학 학장 (2003.7~2005.6)
충정수학회 이사, 부회장 (1990~2004)
한국정보보호학회 이사, 부회장, 회장 (1995~현재)

정수론과 암호학

2007년 9월 1일 초 판 발행
2023년 7월 5일 개정판 4쇄 발행

저 자 / 이민섭
발행자 / 오판근
발행처 / 교우사

주 소 / 서울특별시 동대문구 약령시로 8 교우빌딩 2층
전 화 / 925-2861(代), 편집부 / 925-2825
팩 스 / 925-2860

E–mail / kyowoo@kyowoo.co.kr
http://www.kyowoo.co.kr

등록 / 1994. 3. 24 제6-0256호

ISBN 978-89-8172-705-5 (93410)

값 24,000 원